JN184252

数学書房選書 6

ガウスの数論世界をゆく

正多角形の作図から相互法則・数論幾何へ

栗原将人 著

桂 利行・栗原将人・堤 誉志雄・深谷賢治 編集

数学書房

編集

桂 利行
法政大学

栗原将人
慶應義塾大学

堤 誉志雄
京都大学

深谷賢治
ストーニー・ブルック大学

選書刊行にあたって

数学は体系的な学問である．基礎から最先端まで論理的に順を追って組み立てられていて，順序正しくゆっくり学んでいけば，自然に理解できるようになっている反面，途中をとばしていきなり先を学ぼうとしても，多くの場合，どこかで分からなくなって進めなくなる．バラバラの知識・話題の寄せ集めでは，数学を学ぶことは決してできない．数学の本，特に教科書のたぐいは，この数学の体系的な性格を反映していて，がっちりと一歩一歩進むよう書かれている．

一方，現在研究されている数学，あるいは，過去においても，それぞれそのときに研究されていた数学は，一本道でできあがってきたわけではない．大学の数学科の図書室に行くと，膨大な数の数学の本がおいてあるが，書いてあることはどれも異なっている．その膨大な数学の内容の中から，100 年後の教科書に載るようになることはほんの一部である．教科書に載るような，次のステップのための必須の事柄ではないけれど，十分面白く，意味深い数学の話題はいっぱいあって，それぞれが魅力的な世界を作っている．

数学を勉強するには，必要最低限のことを能率よく勉強するだけでなく，時には，個性に富んだトピックにもふれて，数学の多様性を感じるのも大切なのではないだろうか．

このシリーズでは，それぞれが独立して読めるまとまった話題で，高校生の知識でも十分理解できるものについての解説が収められている．書いてあるのは数学だから，自分で考えないで，気楽に読めるというわけではないが，これが分からなければ先には一歩も進めない，というようなものでもない．

読者が一緒に楽しんでいただければ，編集委員である私たちも大変うれしい

2008 年 9 月

編者

C. F. Gauss (1777–1855)

はじめに

この本はカール・フリードリッヒ・ガウス (1777-1855) の数学を題材にして，なるべく多くの方々に，“お話”ではない本物の数学のおもしろさを知ってもらいたいと願って書いた本である．そこで，本を読むための前提の知識としては，高校の数学程度 (2 次方程式，三角関数など) とし，大学の数学は仮定しなかった[1)]．一般の大学生や進んだ高校生，さらには理系出身の一般の方々を，読者として念頭に置いている．

ガウスは，代数学，整数論，幾何学，解析学，応用数学と数学のすべての分野で (さらには電磁気学や天文学でも) 新しい扉を開き，大きな足跡を残したドイツの大数学者である．数学者の王とも呼ばれた．世界を驚かせたガウスの最初の大発見は，

「正 17 角形が定規とコンパスで作図可能であること」

であり，これは 1796 年 3 月 30 日，ガウスが若干 18 歳のときに行われた (3 月 29 日夜からの思索が 30 日の朝に結実したものと思われる)．伝説によれば，この発見でガウスは数学の道に進むことを決意したという．実際，ガウスの有名な「数学日記」はこの日付から始まるのである．

ガウスは自分の理論をその後，円の分割の理論として，1801 年に出版された「数論研究」(Disquisitiones Arithmeticae[2)]) [1] の第 7 章で詳しく展開した．この「数論研究」はその後の数学の流れを作りあげる真に革新的な本であった．こ

[1)] 大学数学を使わずに説明したために，知識のある読者にはかえってわかりにくくなってしまっている部分もある．大学数学の知識を持った読者は，進んだ数学の言葉に直せる部分に気づいたら，どんどんその知識を使って読んでほしい．

[2)] ラテン語の arithmeticae は arithmetica を形容詞にした語で「数論の」という意味である．全体では「数論の研究」という意味になる．arithmetica は英語では arithmetic であるが，この言葉が現在は死語になっているという俗説が (ガウスの数論に絡んで述べられることが) 昔からある．しかしそんなことはなく，数学の世界で今でも普通に (初等算術の意味ではなく) 使われている．私自身も自分の論文で使ったことがある．あるいはもっと単純に，arithmetic

の後，アーベルもガロアもディリクレもこのガウスの本を徹底的に研究することによって自分の数学を作っていくのである．たとえば，ガロア理論 (どのような方程式が根号を使って解くことができるか，ということを含む理論) の最初のアイディアは，まさにこのガウスによる円の分割の理論から抽出されたのである．19 世紀の数学の爆発的発展は，ガウスの「数論研究」に始まったと言ってよく，ガウスの理論は数学の大鉱脈，大金鉱だったのだと言える．

さて，数学界の巨匠ガウスと対比して，私はいつも同時代の音楽界の巨匠ベートーヴェン (1770-1827) のことを思う．「数論研究」の出版された 1801 年は有名な「月光ソナタ」(ピアノソナタ第 14 番) が作曲された年で，その後ベートーヴェンはいわゆる中期の作品群，充実した数多くの作品がひしめく世界に突入していく．ベートーヴェンの音楽は，コンサートに行って，あるいは名演奏の録音で，多くの人達が楽しむことができる．ベートーヴェンの音楽は深刻すぎる，と言われたバブルの軽い時代もあったが，それでも (専門的な数学に比べれば) 非常に多くの人々がベートーヴェンの音楽を CD 等で気軽に楽しめるのは間違いない．ベートーヴェンの音楽を完璧に演奏できる人は限られているが，それを万人が聴いて楽しむことができる．

ひるがえって数学はどうだろうか．大学受験のようなテクニックの数学ではなく，また通俗解説書にあるような数学の「お話」ではない (たとえて言えば，コマーシャルソングで名曲の一部を聴くだけでない) 本格的な数学のおもしろさは，どのくらいの人々に伝わっているだろうか．音楽を楽しむ人たちと同じくらい多くの人たちが，数学の世界を楽しめないだろうか．高等教育がこれだけ広がっている現代の日本である．高度に専門化する前の近代の幕開けに生まれたガウスの数学なら，もっと多くの人が，音楽を楽しむように楽しめるはずと考えたのが，この本を書く動機である．

ガウスの「数論研究」には，さまざまなテーマが取り上げられているのだが，本書は「円の分割」にテーマを絞って書くことにした (ガウスの数学を総花的に紹介するといった書き方はしない)．今までの本ではほとんど取り上げられたことのないガウス周期と呼ばれる複素数を主役にする．これは円の分割 (正多角形の作図)

---

geometry という分野があることを聞いたことのある読者もいるだろう．ガウスにとっての arithmetica は整数の理論にからむもののことで，たとえば有限体の理論として，現代では代数学に組み入れられていることも，十分に arithmetica であった．また，現代でも代数的整数論に分類されるような「数論研究」第 7 章の内容は，当然すべて arithmetica であった．

に関するガウスの理論に不可欠の数である．そして，正 17 角形の作図のためには，たとえば $\cos\frac{360^\circ}{17}$ の値を知るために，一歩一歩進んでいくのだが，その一歩一歩進む過程の一般論を探求していく．最初の一歩は 2 次の無理数の世界である．そこでは，**2 次ガウス周期の基本定理** (定理 4.1.1) を数通りの方法で証明する．そうすると有名な**平方剰余の相互法則**に自然に導かれる．平方剰余の相互法則はガウスの数学の中でも大変よく知られているテーマで，普通の初等整数論の本ではこれを目標とすることも多いが，円の分割を目標とすれば，これは最初の一歩にすぎず，次の一歩が重要である．次の一歩は 4 次無理数の世界である．その世界に進むために，「数論研究」(1801) を越えて，ガウスの 1828 年の論文「4 次剰余の理論 第 1 部」[3] の内容を詳しく説明する．目標とするのは **4 次ガウス周期の基本定理** (定理 5.7.1，定理 5.7.2) である．ガウスはこの定理を論文には書いておらず，注意深い読者 (ラテン語の原文で lectores attenti) は気づくだろう，と書いているだけである．「注意深い読者」となって，この定理を定式化し完全に証明しようと思う．簡単な言葉に直すと，これは三角関数の値に関する式を与える．読者は，この本のさまざまなところに，今まで見たことのない三角関数の値の式を見つけるだろう．4 次ガウス周期の基本定理を得た後，その応用として **4 乗剰余の相互法則**へも進んでいく．

若き日のガウスの「数学日記」は，正 17 角形の作図で始まるが，最後に記された定理は，1814 年 7 月 9 日ガウス 37 歳のときのもので，ある**楕円曲線の $\mathbb{F}_p$ 有理点の個数の計算**である (現代の目から見て，非常に重要な定理である)．4 次ガウス周期について調べてきたことを使うと，この定理にも完全な証明を与えることができる (§6.3 参照)．読者は，ガウス周期を通じて，正 17 角形の作図からこの有理点の個数の計算まで，**ガウスのアイディアがまっすぐにつながっていること**を知るだろう．

このようなガウスの数学は，アーベルやガロアに大きな影響を与えただけでなく (また高木貞治・E. アルティンの類体論への道を切り開いただけでなく)，現代数学に直接の大きな影響を与えている．20 世紀の大数学者 A. ヴェイユが**ヴェイユ予想**を構想したきっかけは，ガウスの上記の論文「4 次剰余の理論 第 1 部」[3] を読んだことであった．最後の第 6 章では，この本で主題としたガウスの数学と直接つながっているヴェイユ予想に進む．また，上記のガウス日記に現れる楕円曲線に関連して，(フェルマ予想の証明で有名になった) **谷山・志村・ヴェイユ予想**について解説する．

この本の内容

もう少し詳しくこの本の内容を述べておこう.

第 1 章は導入であり, 正多角形の作図が, 1 の n 乗根の世界を考えることによって見通しよくわかるようになる, というガウスの最初の発見について説明する. 定規とコンパスで作図可能なものがどのようなものか, ということについても説明する.

第 2 章は, 第 3 章以降の議論に必要なものの準備であり, いわゆる初等整数論を展開する (ただし, 有限体 $\mathbb{F}_p$ を用いた説明を最初から行う). 第 3 章以降で特に必要なのは, 有限体の乗法群 $\mathbb{F}_p^\times$ の部分群による剰余類分割である. 群論の知識は仮定しないで説明するが, 群論の初歩も付録につけておいたので, 適宜参照するとよいと思う.

第 3 章では, いよいよこの本の主役である**ガウス周期**が導入される. 具体的な素数に対して, ガウス周期がみたす方程式やその値を計算する. このことによって, たとえば次のような三角関数の関係式が証明できる.

$$\sin\frac{2\pi}{7}+\sin\frac{4\pi}{7}+\sin\frac{8\pi}{7}=\frac{\sqrt{7}}{2}$$

$$\sin\frac{2\pi}{13}+\sin\frac{6\pi}{13}+\sin\frac{18\pi}{13}=\frac{\sqrt{26-6\sqrt{13}}}{4}$$

$$\sin\frac{2\pi}{41}+\sin\frac{20\pi}{41}+\sin\frac{32\pi}{41}+\sin\frac{36\pi}{41}+\sin\frac{49\pi}{41}$$
$$=\frac{1}{8}\sqrt{164+12\sqrt{41}+(14+2\sqrt{41})\sqrt{82-10\sqrt{41}}-16\sqrt{82+10\sqrt{41}}}$$

最初の 2 つの式は第 3 章に, 3 つ目の式は第 5 章の §5.8 にある. 具体的な素数 p (上では $p=7, 13, 41$) に対しては, このような式は第 3 章の結果だけで形式的に計算できる. こういう数式の背後にある一般論を第 4 章以降で追求していく.

第 4 章では, 2 次のガウス周期を詳しく調べる. その最も基本的な性質は, ガウスが「数論研究」第 7 章 §356 で証明した性質だが, それを **2 次ガウス周期の基本定理**とこの本では呼ぶことにし, この章で 3 通りの証明を与える. ガウスが「数論研究」で与えた証明はガロア理論的なものだが (§4.5 で紹介する), この本では 2 次曲線の点の数を数えることによって数論幾何的に証明する (アイディアはガウスの論文 [3] から取ったもので, 次の章のウォーミングアップになる).

そして，2 次ガウス周期の基本定理を用いて**平方剰余の相互法則**を証明する．ここに述べる証明は，(代数的な取り扱いに若干の違いがあるものの) ほぼガウスの第 7 証明[3)] である．2 次周期の基本定理を使った平方剰余相互法則の証明は，ガウス「数学日記」によれば，1796 年 9 月 2 日に得られている．

平方剰余相互法則の高次剰余への一般化が，ガウスの整数論の最重要課題 (のひとつ) であり，1820 年代になると，ついに論文が発表され始める．最初の論文が，上記の 1828 年の論文「4 次剰余の理論 第 1 部」[3] であり，4 次曲線の $\mathbb{F}_p$ 有理点の数の計算から始まっている．第 5 章では，この計算を詳しく紹介する．この計算がガウス周期の決定に使えることは，論文「4 次剰余の理論 第 1 部」[3] ではほのめかされているだけである．しかし，われわれのガウス周期の探求ではこれは最重要であると考え，第 5 章 §5.7 で定式化して **4 次ガウス周期の基本定理**と呼ぶことにし，きちんとした証明を与えた．読者は，**まずこの定理を目標にして，この本を読むとよい**．

ガウスの目標は **4 乗剰余の相互法則**であった．ガウスはその定式化を 1832 年の論文「4 次剰余の理論 第 2 部」[4] で述べたが，証明は与えなかった．4 乗剰余相互法則の証明をこの本で与えることは，設定したレベルを越えるのではないか，と最初危惧したが，一歩一歩進むことで，むしろ数学ができあがっていく過程を描写できるのではないかと考え，結局§5.9, §5.10, §5.11 でその証明に向かっていくことにした．§5.9 で述べるように，現代の普通の証明で使うような道具は何も使わず，4 次ガウス周期の基本定理だけを手に持って，4 乗剰余相互法則の山に歩いて登攀することを目指した．具体的には，「4 乗剰余相互法則ではガウス整数 (整数 a, b に対して $a+bi$ の型の数) が必要である」といったような紋切り型の説明は行わず，第 4 章の平方剰余相互法則の証明の類似をたどると何が言えるか，ということから出発し (§5.9)，まずはどんな定式化ができるか，ということから追求していった．迂回はするかもしれないが，何とか 4 乗剰余相互法則の山頂に近づき，§5.11 の最後では，登頂を敢行する．この 3 つの節によって，ガウ

[3)] ガウスは生前に平方剰余相互法則の異なる証明を 6 つ出版した．2 次周期の基本定理から平方剰余相互法則が導かれることを 2 次周期の基本定理の証明後ガウスはすぐに気づき (「数学日記」の記述からそれがわかる)，その証明を含む新しい章を「数論研究」のために用意することにした．しかしながら，ページ数と予算の関係からかこの原稿が出版されることはなく，この章はガウスの死後に遺稿として出版されたのである ([5])．そこでは，平方剰余の相互法則に 2 通りの証明が与えられているが，代数的取り扱いが異なっているだけで，本質的には同じアイディアに基づいているので，これをガウスの第 7 証明と呼ぶことが多い (詳しくは§4.6 参照)．

スが論文「4 次剰余の理論 第 1 部」で述べた定理は相互法則全体を視野に入れて書かれたものであり，それを本質的に使って 4 乗剰余相互法則の証明ができることを納得してもらえると思う．

第 6 章では，現代の数学への橋渡しとして，射影空間とその中の曲線 (射影曲線) について述べる．曲線の有理点の数を数えるときには，射影空間の中で数えたほうがよい．第 4 章，第 5 章で述べたガウスの結果が，射影空間の中ではどのようになるか，ということを計算すると，ある法則が見えてくる．これが有名な**ヴェイユ予想**である．また，ガウスが考えた楕円曲線を詳しく見ることにより，有理数体上の楕円曲線に関する**谷山・志村・ヴェイユ予想**に進む．この部分は，すべての用語を完全に解説できず，またすべてに証明をつけることもできないが，ガウスの話が現代の数学につながっていることをわかってもらえればよいと思っている．

なお，本書は「ガウスの数論」を題材にするが，すべてをガウスが書いた通りに説明する，という本ではない．ガウスとは少し違う証明を与えたり，ガウスが書かなかった証明を説明している場面もある (たとえば上で説明したような 4 乗剰余相互法則の証明など)．もちろん，重要な部分におけるガウスの考え方については十分に説明した．また，ガウスの書いたものを引用するときは，必ず原典から訳出した．

この本の読み方のヒント

この本は教科書風の書き方をわざとしなかった (あるいはしないように努めた) が，第 6 章の途中までは証明をすべてきちんとつけた数学の本である．

この本に限らず，数学の本の読み方に関して述べる．

数学の本は小説を読むように，たくさんのページ数を一気に読むことは普通はできない．いろいろな性質や証明が書いてあって，それを自分で確かめたり，理解したりしながら進まねばならないからである．こんなに時間がかかっても進まない，と思わず，時間がかかっても問題はまったくない，と思ってほしい．

私は，現在勤務している大学の付属の女子高で出張講義をしたとき，「この性質が成り立つことの説明は今日はしません」と言ったところ，生徒達から「なんでー？ それじゃ，あたしたち今日眠れなくなっちゃう」という声が飛んで来て，あわてて証明をつけた経験がある．このように，「なぜ成立するか」という疑問に答えるのが証明なのである．しかし，「なぜ」ということより，全体像が知りたいときは，証明を飛ばして読んでもよい．また，もし途中から読めるようなら，途中から読んでもよい．複雑な証明は後にまわして，次に進むという手もある．もっともこの本は数学のおもしろさを証明もこめてわかってもらいたい，と思って書いた本なので，枝葉ではない主要な流れの証明は最終的にはきちんと読んでもらいたいと考えている．証明の中に書いてある内容がわからないときもあるだろう．そういうときは，例を考えたり，特別な場合を考えたり，自分でいろいろ考えるのがよい．そういうことに費やした時間は決して無駄ではない．むしろ，そういう時間が自分の数学能力の血肉を作るのである．数学ができるようになるには，自分でいろいろ考えることが最も大事である．

この本の特徴のひとつは，たくさんの計算例を載せたことである (この本は普通の整数を扱っているので，実例がたくさん計算できる)．整数に関する性質や三角関数の値について，たくさんの数値例を与えた．筆算でも電卓でもコンピュータでもよい．ぜひ自分でも計算してみてもらいたい．そうすることによって，理論がしっかりと自分のものになるだろう．

この本を書いているうちに頭に浮かんだ読者のイメージに，剣道の稽古にも懸命だった中学生の頃の自分があった．数学以外にもいろいろなことに興味があるさまざまな人達に読んでもらえることを願っている．

最近は集合について，高校以下であまり教えないので，きわめて基本的なことだが，ここでひとつだけ説明しておきたい．

$F(x)$ が x についての文章または式のとき，

$$S = \{x \mid F(x)\}$$

という記号は，$F(x)$ をみたす x 全体の集合を表す (集合論的には S が集合にならない場合もあるが，この本では集合になるものだけを扱っている)．x が S の**元**とは，S の**要素**ということと同じ意味である．また，A を集合とするとき，

$$S' = \{x \in A \mid F(x)\}$$

は A の元 (要素) で，$F(x)$ をみたすもの全体を集めた A の部分集合のことである．

この本を書くにあたり，たくさんの方々にお世話になりました．ガウスの原典を読むにあたって，ラテン語についてのたくさんの質問に答えてくれた (本を書き始めた頃，慶應義塾大学の大学院生で，現在大阪市大の) 佐野昂迪さんに感謝します．また，この本の草稿を読んでくれた (慶應義塾大学現 4 年生の) 奥田真子君，臺信直人君，牧田恵寛君に感謝します．2016 年度の 1 年生の授業 (セミナー) では，この本の草稿段階のものをテキストとして用い，熱心で活発なセミナーとなりました．そのときの受講生の皆さんに感謝します．最後に，表紙のデザインの原案を考えてくれた娘の智子に，そして本の題を一緒に考えて下さった数学書房の横山伸さんに感謝します．

私はこの本を片手間には書きませんでした．研究論文を書くときと同じように，数学する魂をこめたつもりです．数学の発見のおもしろさを伝えるためには，数学の魂がこもっていなければならないと思ったからです．もしこの本によって数学の持つ楽しみがほんの少しでも伝わることがあるのならば，これに優る喜びはありません．

2017 年 1 月

栗原 将人

目次

第 1 章

三角関数の値と 1 の n 乗根

この章では，ガウスの円周等分の理論の準備を行う．円周の n 等分を作図するという問題から出発して，1 の n 乗根 (という複素数) を調べるのが重要であることを説明する．具体的な三角関数の値を計算し，たとえば正 5 角形，正 15 角形，正 30 角形は定規とコンパスで作図可能だが，正 7 角形，正 9 角形は不可能であることなども説明する．この章は，1 の n 乗根の世界への導入である．

1.1　円の n 等分と正 n 角形

n を 3 以上の整数として，与えられた円の円周を n 等分するという問題を考えよう．もう少し正確に書くと，円 C とその上の点 P_0 が与えられたとき，P_0 から

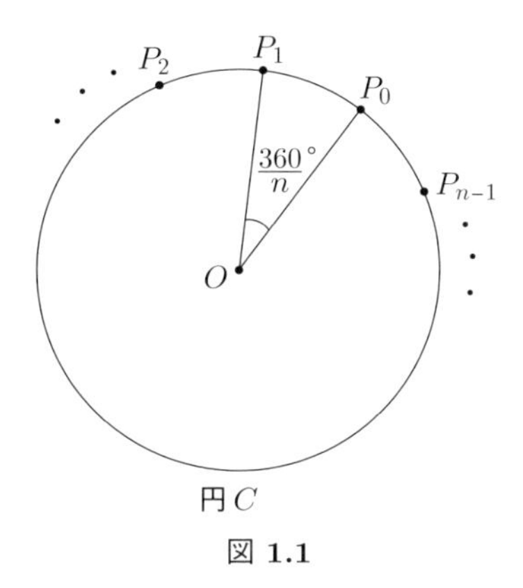

図 1.1

$\overparen{P_0P_1}, \overparen{P_1P_2}, \ldots, \overparen{P_{n-1}P_0}$ という n 個の円弧が等しくなるような点 $P_1, \ldots, P_{n-1}$ を定規とコンパスで作図できるか，という問題を，まず考えたい．$P_0P_1 \cdots P_{n-1}$ は C を外接円に持つ正 n 角形になる．そこで，もしこのような点が作図できたなら，$\frac{360}{n}^\circ$ という角度が作図できる．というのは，円の二つの弦の垂直二等分線の交点として，円の中心 O が得られるので (図 1.2 参照)，$\angle P_0OP_1 = \frac{360}{n}^\circ$ が作

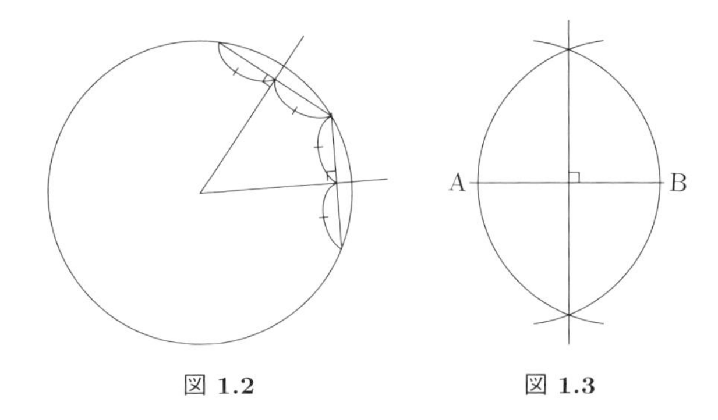

図 1.2　　図 1.3

図できるからである．(垂直二等分線の作図については右の図 1.3 を参照．)

逆に，角度 $\frac{360}{n}^{\circ}$ が作図できるなら，円の中心からその角度を使って，直線を引くことにより，$P_1, \ldots, P_{n-1}$ を作図することができる (角度 θ と線分 AB が与えられたとき，$\angle \mathrm{CAB} = \theta$ となる C の作図の方法については図 1.4 参照).

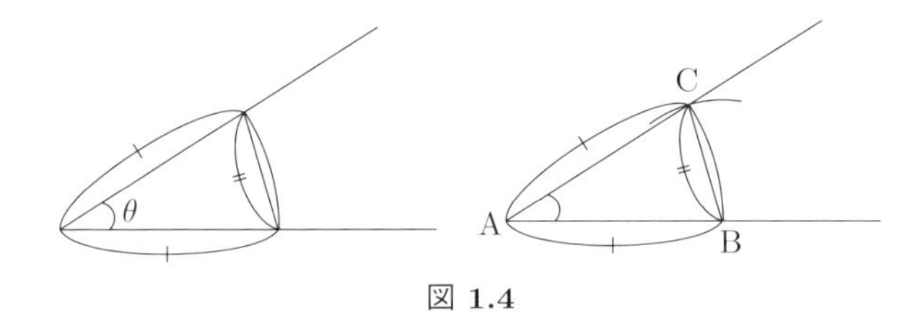

図 1.4

したがって，この問題は角度 $\frac{360}{n}^{\circ}$ が作図できるか，とも言い換えられる．

この考え方で行けば，たとえば円を 6 等分するには，角度 60° が作図できればよく，図 1.5 のように P_0 を中心として半径 P_0O の円を書き，円 C との交点を P_1 とすれば，P_0OP_1 は正三角形で，$\angle P_0OP_1 = 60^{\circ}$ であり，これで正 6 角形が描ける (図 1.5).

4 等分したいのなら，もちろん，P_0O の延長と円との交点を P_2 として，P_0P_2 の垂直二等分線と C との交点を図 1.6 のように P_1, P_3 とすればよい．

円の n 等分が可能のとき，角の 2 等分という方法を用いれば (図 1.7 参照)，円の $2n$ 等分も可能である．この考え方を続ければ，円の $2^m n$ 等分も可能である．

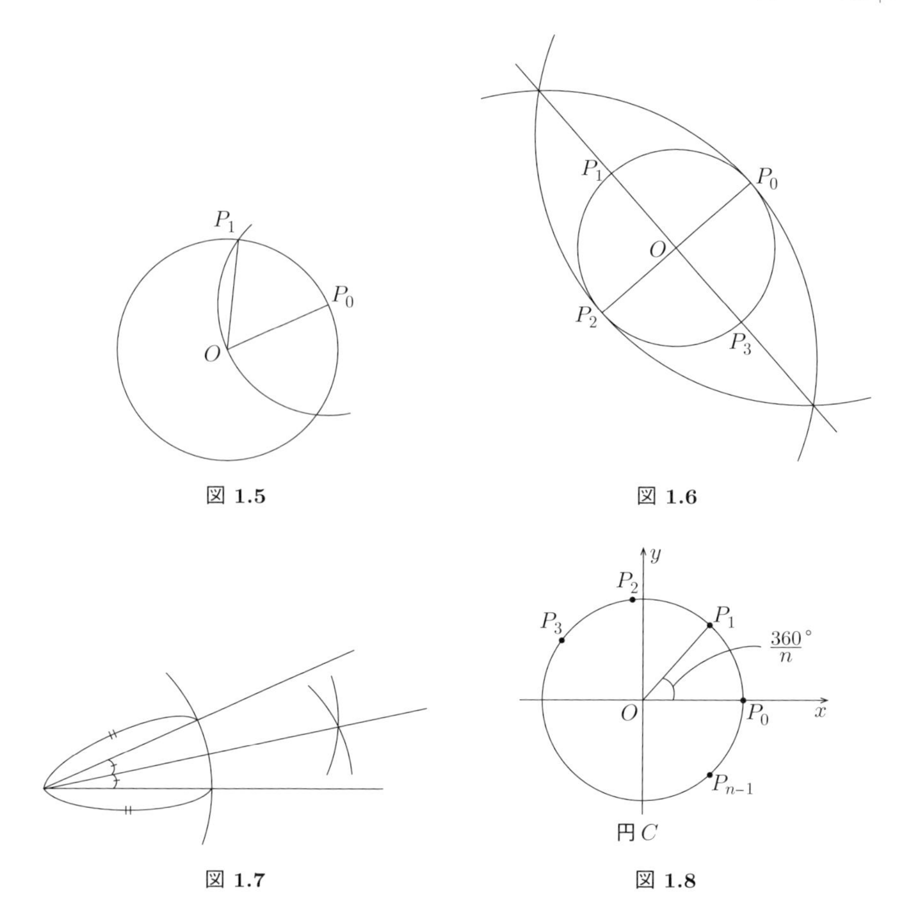

図 1.5

図 1.6

図 1.7

図 1.8

ここで，座標を使ってもう少し組織的に考えてみよう．与えられた円 C に対して，その中心を O とし，半径を 1 とするように座標を入れ，図 1.8 のように P_0, $P_1, P_2, \dots, P_{n-1}$ を取ると，その座標は

$$P_0 = (1, 0),\ P_1 = \left(\cos\frac{360^\circ}{n}, \sin\frac{360^\circ}{n}\right),$$
$$P_2 = \left(\cos 2\frac{360^\circ}{n}, \sin 2\frac{360^\circ}{n}\right), \dots,$$
$$P_{n-1} = \left(\cos(n-1)\frac{360^\circ}{n}, \sin(n-1)\frac{360^\circ}{n}\right)$$

と表せることになる．こうしてみると，$\cos\frac{360^\circ}{n}$ という長さが作図可能なら，円の n 等分は可能である．というのは，もし $\cos\frac{360^\circ}{n}$ という長さが作図可能なら，

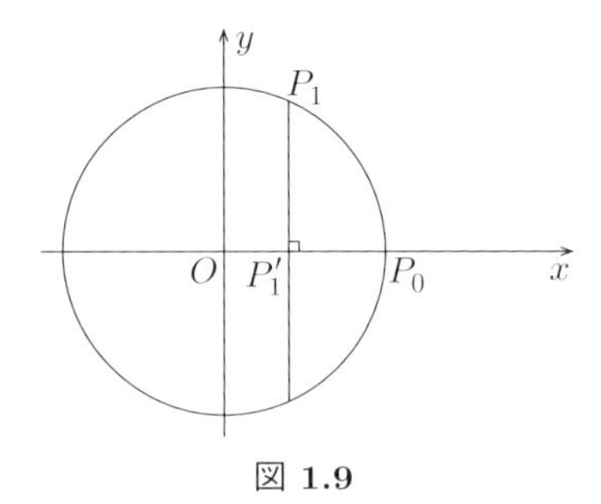

図 1.9

$P_1' = (\cos\frac{360}{n}^\circ, 0)$ として，P_1' を通る OP_0 と垂直な直線を作図すれば，円 C との交点として P_1 が得られるからである (図 1.9).

もちろん，$\cos\frac{360}{n}^\circ$ ではなく，$\sin\frac{360}{n}^\circ$ という長さがわかってもよい．こうして，円の n 等分が作図可能かどうか，という問題は $\cos\frac{360}{n}^\circ$ という長さ，もしくは $\sin\frac{360}{n}^\circ$ という長さが作図可能かどうか，という問題と同値であることがわかる.

こう考えてくると，問題はまずは三角関数の値についての問題となる.

1.2 $\cos 72^\circ$ と正 5 角形

$n = 5$ の場合を考えよう．前節で述べたように，$\cos 72^\circ$ さえ作図できれば，円を 5 等分することができる．そこで，この値を求めたいと思う.

ところで，三角関数の値できっちりと書けるものを，読者はどれだけ知っているだろうか．$\sin 30^\circ = \frac{1}{2}$, $\cos 30^\circ = \frac{\sqrt{3}}{2}$, $\sin 45^\circ = \frac{\sqrt{2}}{2}$, $\cos 45^\circ = \frac{\sqrt{2}}{2}$ などは三角関数を学ぶとすぐにわかる値である．「きっちり書ける」というのは，$\cos 45^\circ = 0.70710678\cdots$ のような近似値ではなく，$\frac{\sqrt{2}}{2}$ のような正確な値のことを意味する．近似値と正確な値は，数学の世界では天と地ほども違う．さらに進んで加法定理を使えば，$\sin 75^\circ = \frac{\sqrt{6}+\sqrt{2}}{4}$, $\cos 75^\circ = \frac{\sqrt{6}-\sqrt{2}}{4}$ などもわかるし，半角公式 ($\sin^2\frac{\theta}{2} = \frac{1-\cos\theta}{2}$, $\cos^2\frac{\theta}{2} = \frac{1+\cos\theta}{2}$) を使えば，$\sin 22.5^\circ = \frac{\sqrt{2-\sqrt{2}}}{2}$, $\cos 22.5^\circ = \frac{\sqrt{2+\sqrt{2}}}{2}$ などもわかる.

しかし，$\cos 72^\circ$ は普通の高校の教科書にはないかもしれないので，この値をまずはきちんと計算したい.

$$3 \times 72^\circ = 216^\circ = 180^\circ + 36^\circ, \quad 2 \times 72^\circ = 144^\circ = 180^\circ - 36^\circ$$

であるから,

$$\cos 216^\circ = \cos 144^\circ$$

である．したがって，

$$\cos(3 \times 72^\circ) = \cos 216^\circ = \cos 144^\circ = \cos(2 \times 72^\circ)$$

であり，3 倍角の公式 ($\cos 3\theta = 4\cos^3\theta - 3\cos\theta$) と倍角公式 ($\cos 2\theta = 2\cos^2\theta - 1$) を使うと，$\cos 72^\circ$ は

$$4\cos^3 72^\circ - 3\cos 72^\circ = 2\cos^2 72^\circ - 1$$

をみたす．ということは，$\cos 72^\circ$ は

$$4x^3 - 3x = 2x^2 - 1$$

の解である．この方程式は，

$$4x^3 - 2x^2 - 3x + 1 = (x-1)(4x^2 + 2x - 1) = 0$$

と変形でき，$\cos 72^\circ \neq 1$ であるから，$\cos 72^\circ$ は

$$4x^2 + 2x - 1 = 0$$

の解である．この方程式を解の公式で解いて，$\cos 72^\circ > 0$ であることに注意すると，解の公式の $\pm$ の部分の符号は $+$ を取らねばならず，

$$\cos 72^\circ = \frac{-1 + \sqrt{5}}{4}$$

とわかる．

$\cos 72^\circ$ がわかれば，$\sin 72^\circ$ もすぐにわかる．$\cos^2\theta + \sin^2\theta = 1$ であるから，

$$\sin 72^\circ = \sqrt{1 - \cos^2 72^\circ} = \frac{\sqrt{10 + 2\sqrt{5}}}{4}$$

となる．

この結果は，次のように初等幾何的にも証明できる．次の図 1.10 で，三角形 ABC は底角が 72°，頂角が 36°，底辺 BC が長さ 1 である二等辺三角形で，BD

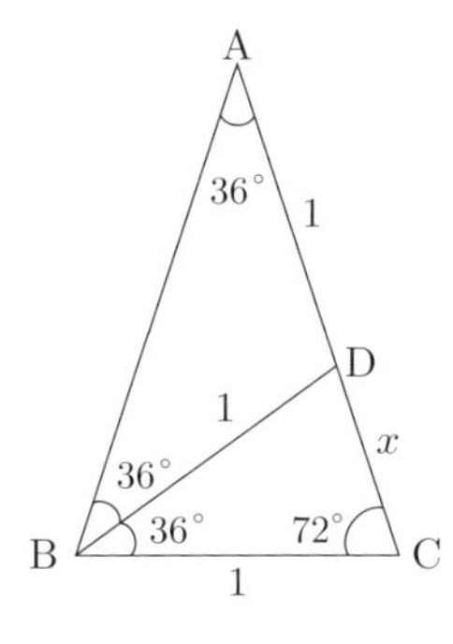

図 1.10

は角 B の二等分線である．CD の長さを x とおくと，三角形 DAB と三角形 BCD は共に二等辺三角形で，AD=BD=BC= 1 なので，AC= $1+x$ となる．このとき，三角形 ABC と三角形 BCD は相似なので，

$$(1+x):1=1:x$$

となる．よって，$x>0$ より，$x=\frac{-1+\sqrt{5}}{2}$ である (AB:BC は黄金比を与えている)．よって，

$$\cos 72^\circ=\frac{\frac{1}{2}\mathrm{BC}}{\mathrm{AB}}=\frac{1}{2(1+x)}=\frac{-1+\sqrt{5}}{4}$$

となる．

それでは，正 5 角形は作図できるだろうか．

1 という長さが与えられたとき，正の実数 a が作図できるとは，§1.1 の最後に書いたように座標平面で考えて，a という長さが作図可能である，ということにする．これは，点 $(a,0)$ が作図できると言っても同じである．そこで，任意の実数 a に対して，a が作図可能であるとは，点 $(a,0)$ が作図できることと定義しよう．このとき，次の性質が証明できる．

(i) a, b が作図できるとき，$a\pm b$, ab は作図できる．
(ii) a, b が作図でき，$b\neq 0$ のとき，$\frac{a}{b}$ は作図できる．
(iii) a が作図でき，$a>0$ のとき，$\sqrt{a}$ は作図できる．

(i), (ii) については，次の図 1.11, 1.12, 1.13 を見てもられば，問題ないだろう．ここでは $a, b>0$ として図を描いているが，そうでないときも煩雑になるが場合分けして考えれば，問題なくできることがわかる．

(iii) については，次の図 1.14 の通りである．ここに，図 1.14 の円 C の方程式は

$$\left(x-\frac{a-1}{2}\right)^2+y^2=\left(\frac{a+1}{2}\right)^2$$

であり，この円と y 軸の交点は，円の方程式に $x=0$ を代入して

$$y^2=\left(\frac{a+1}{2}\right)^2-\left(\frac{a-1}{2}\right)^2=a$$

を得るので，$(0,\pm\sqrt{a})$ であることがわかる．あるいは，三角形 OPR と三角形 ORQ の相似を使って，$OP:OR=OR:OQ$ からも $OR=\sqrt{a}$ が出る．

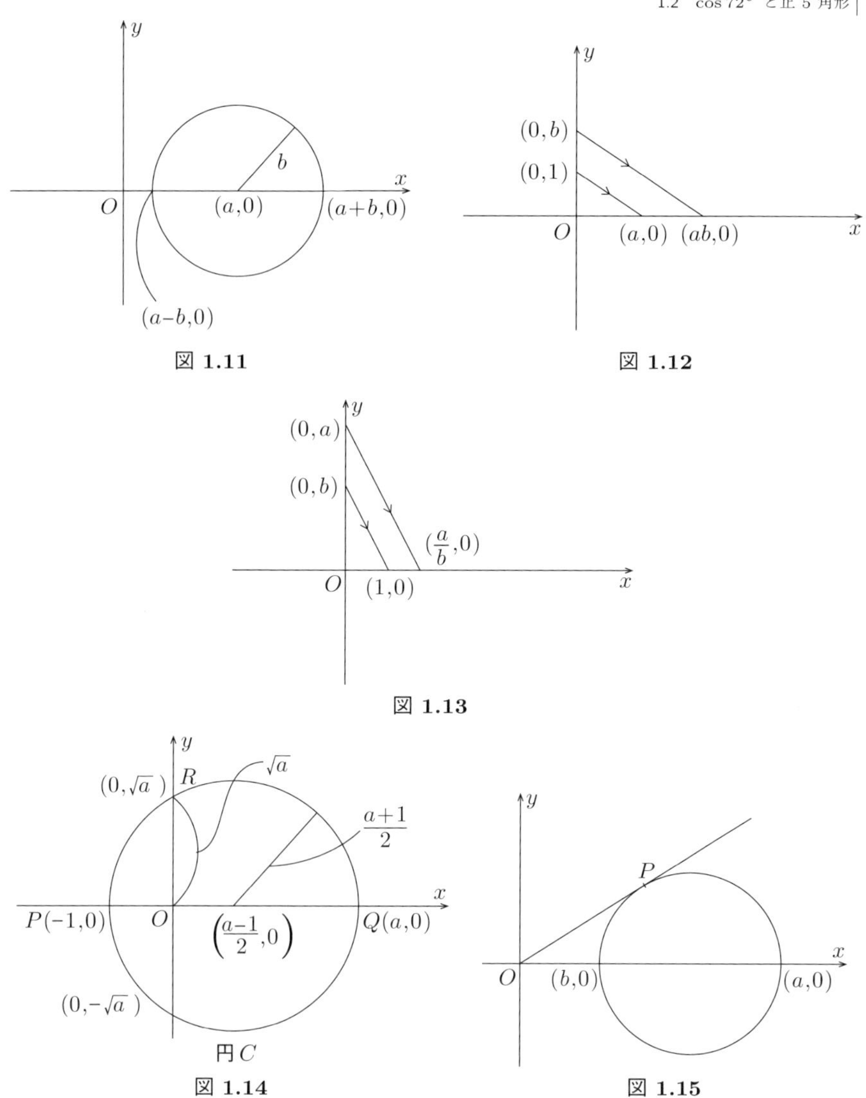

図 1.11

図 1.12

図 1.13

図 1.14

図 1.15

なお，ユークリッドの原論には，与えられた長方形と同じ面積を持つ正方形の作図法が説明されている．座標を用いてユークリッドの方法を説明すると，与えられた長方形の 2 辺を a, b $(a > b)$ としてその方法は，$(\frac{a+b}{2}, 0)$ を中心として半径 $\frac{a-b}{2}$ の円を描き，原点からその円に接線を引けば，接点を P として，OP が求める正方形の一辺になる (図 1.15 参照)，というものである (方べきの定理 [1])

より $OP^2 = ab$ となることがわかる). この方法を使っても, (a, 1 という辺を持つ長方形を使って) $\sqrt{a}$ が作図できる.

以上により, すべての整数は作図可能である. というのは 0 はもちろん作図可能で, 0 以外の整数は $\pm(1+\cdots+1)$ の形に書けるので (i) から作図可能である. また有理数も $\frac{\text{整数}}{\text{整数}}$ と書けるので (ii) により作図可能である. m を正の有理数とすると, $\sqrt{m}$ も (iii) により, 作図可能である. よって, 任意の有理数 a, b に対して, $b \neq 0$ のとき, (i), (ii) を使って, $\frac{a\pm\sqrt{m}}{b}$ も作図可能である.

以上により, $\cos 72°$ は作図可能で, したがって正 5 角形も作図可能である. (ユークリッドの「原論」では, 図 1.10 の二等辺三角形 ABC を作図することにより, 正 5 角形を作図している. 三角形 ABC の作図は, AC が与えられたとき, 点 D を CD : DA が黄金比を持つように作図するのだが, その作図法は, 幾何的に $\frac{-1+\sqrt{5}}{2}$ を作る, という方法でなされている.)

1.3 弧度法

そろそろ度でなく, 弧度法で三角関数を表したい (高校でも習うように, 三角関数の微積分など少し進んだ数学を記述するには弧度法の方が都合がよい). 角度を表すときに, 180° を π と表し, $d°$ を $\frac{d}{180}\pi$ で表すのが弧度法である. したがって, 90° は $\frac{\pi}{2}$ となり, 45° は $\frac{\pi}{4}$ となり, 30° は $\frac{\pi}{6}$ となる.

これが弧度法の普通の説明である. しかし, 弧度法で θ を表して, 三角関数 $\cos\theta, \sin\theta$ を考えるというのがやりたいことなので, 実は角度という概念を使わずに定義することもできる. 座標平面上の原点を中心とする単位円 C の上を, 点 P が (1,0) から左回りに動くとき, 円弧の上を距離 θ だけ進んだ点の座標を

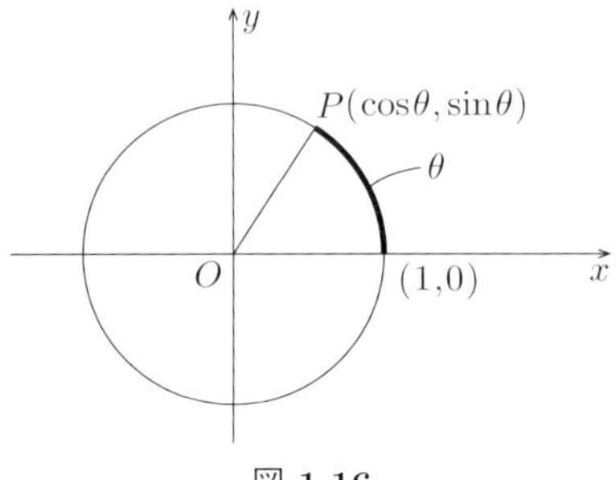

図 1.16

$(\cos\theta, \sin\theta)$ と定義する．つまり，$\cos\theta, \sin\theta$ は円弧の長さ θ に x 座標，y 座標を対応させる関数であると定義する．こう説明すると，円弧の長さが決まれば，点は決まるので，角度という概念を無理に使う必要はない．

この表示だと前節の結果は，

$$\cos\frac{2\pi}{5} = \frac{-1+\sqrt{5}}{4}$$

となる．

1.4　複素平面と 1 の n 乗根

ガウスが最初に気づいたアイディアは，三角関数 $\cos\frac{2\pi}{n}$ あるいは $\sin\frac{2\pi}{n}$ を考えるのではなく，複素数

$$\cos\frac{2\pi}{n} + i\sin\frac{2\pi}{n}$$

を考える，ということだった．この複素数を，$\zeta = \cos\frac{2\pi}{n} + i\sin\frac{2\pi}{n}$ とおく．ζ がみたす方程式は，ド・モアブルの公式により

$$\zeta^n = 1$$

であり，三角関数がみたす式よりずっと簡単である．このことから，ζ の方が三角関数の値よりずっと扱いやすくなる．

$1, \zeta, \zeta^2, \ldots, \zeta^{n-1}$ は複素平面に図 1.17 のように表示され，これらは正 n 角形をなすことがわかる．

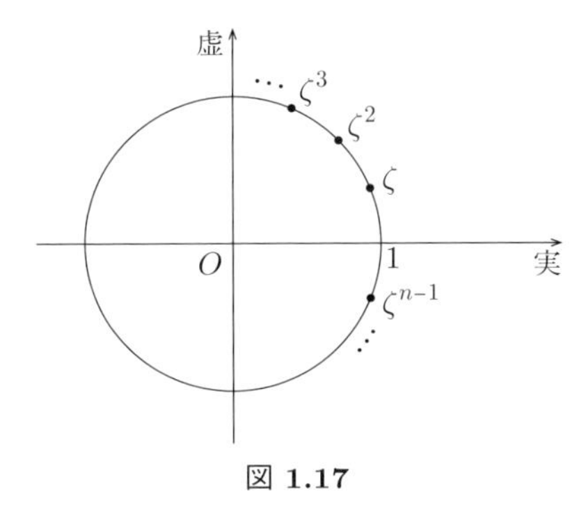

図 1.17

$x^n = 1$ をみたす数を 1 の n **乗根**と呼ぶが，$1, \zeta, \zeta^2, \ldots, \zeta^{n-1}$ が方程式 $x^n = 1$ の n 個の解であり，1 の n 乗根なのである．

$n=5$ のときを考え，今度は ζ を使って，$\cos\frac{2\pi}{5}$ を求めてみよう．ζ を使うので，今から述べる考え方の方が，円の分割という気持ちに近い．

$$\zeta=\cos\frac{2\pi}{5}+i\sin\frac{2\pi}{5}$$

とおく．まずは上で述べたように，$\zeta^5=1$ である．つまり，ζ は $x^5=1$ という方程式の解である．この方程式を解いていく．

$$x^5-1=(x-1)(x^4+x^3+x^2+x+1)=0$$

である．$\zeta\neq1$ であるから，ζ は

$$x^4+x^3+x^2+x+1=0 \tag{1.1}$$

の解である．このように，真中の項に対して係数が対称になっている方程式は，**相反方程式**と呼ばれる．このような方程式を解くには，次のような定石がある．$t=x+\frac{1}{x}$ とおく．上の方程式 (1.1) を x^2 で割ると，

$$x^2+x+1+\frac{1}{x}+\frac{1}{x^2}=0$$

となる．これを t で書き換えると，$t^2=x^2+2+\frac{1}{x^2}$ だから，

$$t^2+t-1=0 \tag{1.2}$$

となる．今，$x=\zeta$ は方程式 (1.1) をみたしているので，

$$\begin{aligned}t&=\zeta+\zeta^{-1}\\&=\left(\cos\frac{2\pi}{5}+i\sin\frac{2\pi}{5}\right)+\left(\cos\frac{2\pi}{5}-i\sin\frac{2\pi}{5}\right)\\&=2\cos\frac{2\pi}{5}\end{aligned}$$

は方程式 (1.2) の解である．$2\cos\frac{2\pi}{5}>0$ に注意して方程式 (1.2) の正の解を選べば，

$$2\cos\frac{2\pi}{5}=\frac{-1+\sqrt{5}}{2}$$

となる．したがって，

$$\cos\frac{2\pi}{5}=\frac{-1+\sqrt{5}}{4}$$

を得る (後に §3.3 の最初で，また別の方法で $\cos\frac{2\pi}{5}$ を計算する)．

1.5 正 7 角形

正 5 角形に対して考えた上の方法を正 7 角形にも適用してみよう．$x^7=1$ を解いて，$\cos\frac{2\pi}{7}$ がみたす方程式を求めよう．

$$x^7-1=(x-1)(x^6+x^5+x^4+x^3+x^2+x+1)$$

なので，$x^6+x^5+x^4+x^3+x^2+x+1=0$ を解きたい．$t=x+\frac{1}{x}$ とおく．

$$\begin{aligned}x^3+x^2+x+1+\frac{1}{x}+\frac{1}{x^2}+\frac{1}{x^3}&=t^3-3t+t^2-2+t+1\\&=t^3+t^2-2t-1\end{aligned}$$

より，$2\cos\frac{2\pi}{7}$ は

$$t^3+t^2-2t-1=0 \tag{1.3}$$

の解である．($\cos\frac{2\pi}{5}$ のときと同様，この式は 3 倍角公式と 4 倍角公式からも出すこともできる．また後に §3.4 において，別の方法で方程式 (1.3) を導出する．)

正 7 角形は定規とコンパスで作図できない．

完全な証明ではないが，本質的な部分を説明する．このことを示すには，今まで述べてきたことから，$\cos\frac{2\pi}{7}$ が定規とコンパスで作図できないことを示せばよい．

α が有理数係数の代数方程式の解になるような無理数であるとする．α を解に持つ有理数係数の方程式のうち，次数が最小のものを考え，その次数が n であるとき，α は n **次の無理数**であると言う．たとえば，$\sqrt{2}$ や $\frac{-1+\sqrt{5}}{4}$ は 2 次の無理数である．$\sqrt[4]{2}$ は 4 次の無理数である．

方程式 (1.3) は有理数の範囲でこれ以上因数分解しない (もし因数分解するとすると，ガウスの補題と呼ばれる補題 (第 4 章の補題 4.4.2) により，整数の範囲で因数分解することになる．このとき，(1 次式) $\times$ (2 次式) になるはずで，1 次因子で可能性があるのは $t\pm 1$ だけであるが，$t=\pm 1$ はこの方程式の解ではなく，これ以上因数分解できない)．よって，(1.3) は $2\cos\frac{2\pi}{7}$ を解に持つ次数が最小の有理数係数方程式である (もし 2 次式 $g(x)$ で $2\cos\frac{2\pi}{7}$ を解に持つものがあれば，$g(x)$ は (1.3) を割り切ることになるので，そのような $g(x)$ は存在しないことがわかる)．したがって，$2\cos\frac{2\pi}{7}$ は 3 次の無理数である．

さて，定規とコンパスを使って作図されていく点の座標は，円が 2 次の曲線であることから，すべて 2 次方程式を何度か繰り返して解くことによって得られる．x が作図可能であるとすると，2 次方程式を何度か繰り返して解くことによって，

x が得られるので，x は整数と $\pm, \times, \div, \sqrt{*}$ を何度か繰り返し使って得られる数である．そこで，x は (適当な負でない整数 m に対して) 2^m 次の無理数となることが示せるのである．たとえば，整数と $\pm, \times, \div, \sqrt{*}$ で書かれる数

$$\sqrt{\sqrt{1+\sqrt{2}}+\sqrt{3}}$$

を考えると，$1+\sqrt{2}$ は 2 次の無理数 ($x^2-2x-1=0$ の解)，$\sqrt{1+\sqrt{2}}$ は 4 次の無理数 ($x^4-2x^2-1=0$ の解)，$\sqrt{1+\sqrt{2}}+\sqrt{3}$ は 8 次の無理数 ($(x-\sqrt{3})^4-2(x-\sqrt{3})^2-1=0$ を整理して，$x^4+16x^2+2=4\sqrt{3}(x^3+2x)$ が得られるので，両辺を 2 乗して $x^8-16x^6+68x^4-128x^2+4=0$ の解であることがわかる; これは有理数の範囲でこれ以上因数分解しない (既約多項式である))，$\sqrt{\sqrt{1+\sqrt{2}}+\sqrt{3}}$ は 16 次の無理数 ($x^{16}-16x^{12}+68x^8-128x^4+4=0$ の解) である．なお，線形代数の次元の概念を使うと，いちいち方程式を求めなくても，このような無理数の次数が 2 の冪であることを証明することができる．

以上のように何度作図を繰り返しても，現れるのは 2 の冪を次数に持つ無理数ばかりであり，3 次の無理数は現れない．**作図可能な数は 2^m 次の無理数**なのである．よって，$2\cos\frac{2\pi}{7}$ は作図可能ではなく，$\cos\frac{2\pi}{7}$ も作図可能ではない．

また，同様に $\cos\frac{2\pi}{9}$ は 3 倍角の公式により，

$$8x^3-6x+1=0$$

の解となるが，これは 3 次の無理数であり，やはり定規とコンパスで作図不能である．$\frac{2\pi}{3}$ という角度は作図できるが，$\frac{2\pi}{9}$ はできないわけだから，角の 3 等分が定規とコンパスで作図不可能であることも，このことは示している．

1.6 円分数の世界

m_1, m_2 は互いに素な 3 以上の整数で，n が $n=m_1m_2$ と書けているとする．今，正 m_1 角形と正 m_2 角形が作図可能であるとき，正 $n=m_1m_2$ 角形も作図可能となる．なぜなら，

$$m_1x+m_2y=1$$

という x, y の不定方程式は，m_1 と m_2 が互いに素だから，整数解を持つ (これは最近，高校でも教えるようになった定理だが，第 2 章の命題 2.1.3 でも説明と証明を与えたので参照してほしい)．両辺を n で割ると，

$$\frac{x}{m_2}+\frac{y}{m_1}=\frac{1}{n}$$

である．よって，

$$\cos\frac{2\pi}{n}=\cos\left(\frac{2x\pi}{m_2}+\frac{2y\pi}{m_1}\right)$$

であり，$\cos\frac{2\pi}{m_1}$, $\cos\frac{2\pi}{m_2}$ は仮定により，整数と $\pm$, $\times$, $\div$, $\sqrt{*}$ で表されているので，上の式を加法定理で展開して，$\cos\frac{2\pi}{n}$ も整数と $\pm$, $\times$, $\div$, $\sqrt{*}$ で表せることがわかる．よって，$\cos\frac{2\pi}{n}$ は作図可能である．

たとえば，$15=3\times 5$ のとき，$5x+3y=1$ は $x=2$, $y=-3$ という整数解を持ち，

$$\begin{aligned}\cos\frac{2\pi}{15}&=\cos\left(\frac{4\pi}{3}-\frac{6\pi}{5}\right)=\cos\frac{4\pi}{3}\cos\frac{6\pi}{5}+\sin\frac{4\pi}{3}\sin\frac{6\pi}{5}\\&=\frac{1}{2}\cdot\frac{1+\sqrt{5}}{4}+\frac{\sqrt{3}}{2}\cdot\frac{\sqrt{10-2\sqrt{5}}}{4}\\&=\frac{1}{8}\left(1+\sqrt{5}+\sqrt{30-6\sqrt{5}}\right)\end{aligned}$$

となり，§1.2 の (i), (ii), (iii) で述べたことから，正 15 角形は作図可能であることがわかる．(なお，$\cos\frac{2\pi}{15}$ は 4 次の無理数である．というのは，上の表示から $(8x-1-\sqrt{5})^2=30-6\sqrt{5}$ の解であり，この式を整理して $8x^2-2x-3=\sqrt{5}(2x-1)$ を得るが，これを 2 乗して整理すれば，

$$64x^4-32x^3-64x^2+32x+4=0$$

の解であることがわかるからである．なお，この式は有理数の範囲でこれ以上因数分解しない．)

一般の n に関して考えるときは，n を素因数分解して考え，正 m 角形が作図可能なら正 $2^e m$ 角形も作図可能であることに注意して，上の方法を順次使っていけば，問題を 3 以上の素数の冪の場合，すなわち $n=p^e$ (p は 3 以上の素数) の形に帰着できることがわかる．

この本では，これから一番基本的な n が素数の場合 ($n=p$ の場合) を考えて行くことにする．

p を 3 以上の素数として，

$$\zeta=\cos\frac{2\pi}{p}+i\sin\frac{2\pi}{p}$$

とおく．考えている数 p をはっきりさせるためには，ζ を ζ_p と添え字をつけて

書くこともある.

§1.5 で d 次の無理数という概念を定義したが, ζ は $p-1$ 次の無理数であることを第 4 章で証明する (命題 4.4.1, 系 4.4.3 参照).

$$p-1=\ell_1\cdots\ell_r$$

と素因数分解しよう. ζ という無理数の性質を調べるために, ガウスは, 一歩一歩登っていくという方針を取る. つまりまずは ℓ_1 次の無理数の世界, 次に $\ell_1\ell_2$ 次の無理数の世界, 次に $\ell_1\ell_2\ell_3$ 次の無理数の世界と進み, 最後に ζ のことを理解する, という方針で進むのである. たとえば $p=17$ のときは $p-1=16=2^4$ だから, 2 次の無理数, 4 次の無理数, 8 次の無理数, 16 次の無理数と進んでいき (§5.8 参照), ζ の様子がわかる. 特に, 正 17 角形は定規とコンパスで作図可能であることが示せる.

この方針で進むと, 個々の p に対しては, それなりに具体的な計算ができる (たとえば $p=17$ に対して, ζ を求めようと思えば第 3 章の積公式 (定理 3.3.1) があれば十分である). しかしながら, この本で考えたいのは, 一般の p でどのような一般論が成り立つかということである. 第 2 章で必要な事柄を準備をした後に, 第 3 章では円の分割の理論で主役となるガウス周期を導入する. そして, 第 4 章で 2 次の無理数の世界, 第 5 章で 4 次の無理数の世界を詳しく調べて行くことにする.

なお, $\sum_{i=1}^{p-1} a_i\zeta^i$ (a_i は有理数) という形の数を**円分数**, このような数全体の集合 (を四則演算をこめて考えたもの) を**円分体** (今の場合, 円の p 分体) と言う (体の一般的な定義については付録 A1-8 を参照).

第 2 章

有限体 ― 初等整数論 ―

この章では，いわゆる初等整数論を展開する．ただし，普通に合同式を使って解説するのではなく，素数 p に対して p 個の元からなる有限体 $\mathbb{F}_p$ を導入して，説明していく．合同式は，ガウスの「数論研究」[1] で初めて導入された．合同式の理論は，それまでの混沌とした整数の理論をきわめてすっきりと整理しただけでなく，現代数学における同値関係の定義のお手本にもなった．しかしながら，「数論研究」の第 7 章やその後に書かれたガウスの論文 [3], [4] などを読むと，ガウスの頭の中には，合同式だけではなく，有限体 $\mathbb{F}_p$ が数学的対象として意識されていたことは間違いないと思われる．そこで，この本では最初から，有限体を導入して話を進めることにする．

この章は第 3 章以降の準備であり，後に使う大事な性質は，$p-1$ 個の $\overline{1}$, $\overline{2}, \ldots, \overline{p-1}$ を剰余類というものに分けて，長方形の形に並べることである (§2.7, §2.8 参照).

2.1 有限体 $\mathbb{F}_p$ (p が 0 となる世界)

p を素数として，前の章と同様に，

$$\zeta = \cos\frac{2\pi}{p} + i\sin\frac{2\pi}{p}$$

とおく．p を固定していることを明記したいときは，ζ_p と書くことにする．ζ に対して，その冪 (べき) ζ^n を考えよう．$\zeta, \zeta^2, \zeta^3, \ldots$ は図 2.1 のように複素平面上の単位円の上で，正多角形の頂点をなすが，$\zeta^p = 1$ だから，$n \geq p$ に対しても ζ^n を考えていくと，$\zeta^{p+1} = \zeta, \zeta^{p+2} = \zeta^2, \ldots$ と進むことになる．負の n に対しても考えると，やはり $\zeta^p = 1$ を使って，$\zeta^{-1} = \zeta^{p-1}, \zeta^{-2} = \zeta^{p-2}, \ldots$ となっていることがわかる．このように整数 n に対して ζ^n を考えると，整数は無限個あるが，現れる数は p 個しかない．それらは，図のように循環していることがわかる．

ガウスの導入した合同式を使ってこのことを表してみる．整数 a, b に対して，

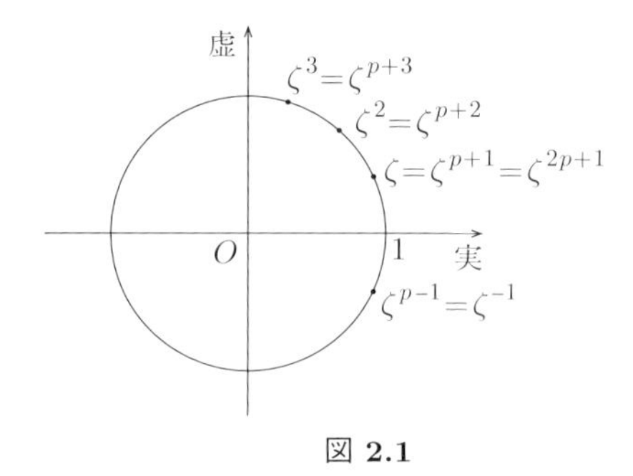

図 2.1

$$a \equiv b \pmod p$$

であるとは，

$$a - b = pk$$

となるような整数 k が存在すること，と定義される．これは，a, b を p で割ったときの余りが等しい，と説明することもできる (ただし，余りは $0, 1, \ldots, p-1$ から選ぶことにする)．たとえば，$3 \equiv 8 \pmod 5$, $-2 \equiv 19 \pmod 7$, $10000 \equiv 100 \pmod{11}$ というわけである．さて，このとき

$$a \equiv b \pmod p \text{ であれば } \quad \zeta^a = \zeta^b$$

が成り立つ．証明しようと思えば，それは簡単である．$a \equiv b \pmod p$ というのは，$a - b = pk$ となるような整数 k があることだから，このとき，

$$\zeta^a = \zeta^{b+pk} = \zeta^b \zeta^{pk} = \zeta^b (\zeta^p)^k = \zeta^b$$

と計算して結論を得る．また，上の命題は逆も成立する．この証明は読者にまかせよう．

つまり，a と b を，p で割ったときの余りが等しければ，$\zeta^a = \zeta^b$ となるのである．さて，余りが等しいものを等しいと考えると，次のような世界を展開していくことができる．整数 n に対して，$\overline{n}$ という記号を用意しよう．そして，2 つの整数 a, b を p で割ったときの余りが等しいとき，つまり $a \equiv b \pmod p$ のとき，

$$\overline{a} = \overline{b}$$

と書くことにしよう．すなわち，

$$\overline{a} = \overline{b} \iff a \equiv b \pmod p$$

である．ガウスの合同式 $a \equiv b \pmod p$ と比べて p が記号に現れていないことが弱点だが，本当の $=$ を使うことによって，数学的実体として扱える点が長所で

ある．$\overline{0}, \overline{1}, \overline{2}, \ldots, \overline{p-1}$ という p 個の記号を用意しておけば，$\overline{n}$ はこのうちのどれか一つと必ず一致する (n を割ったときの余りは $0, 1, \ldots, p-1$ のどれか一つと一致するので)．そこで，この p 個の記号全体を

$$\mathbb{F}_p = \{\overline{0}, \overline{1}, \overline{2}, \ldots, \overline{p-1}\}$$

と書くことにしよう．ここで，上で述べたことから，

$$\begin{aligned} \overline{a} = \overline{b} \quad &\Longleftrightarrow \quad a \equiv b \pmod p \\ &\Longleftrightarrow \quad \zeta^a = \zeta^b \end{aligned}$$

であることにも注意しておく．このように，$\mathbb{F}_p$ の世界は普通の数の世界ともつながっている．

現代数学では，$\overline{a}$ は付録の §A1-5 のように，集合として定義される．p で割って a あまる整数全体の集合を $\overline{a}$ と書くのである．つまり，

$$\begin{aligned} \overline{a} &= \{x \in \mathbb{Z} \mid x \equiv a \pmod p\} \\ &= \{pn + a \mid n \in \mathbb{Z}\} \end{aligned}$$

である．もっと詳しいことについては，付録の群論の章を見てほしい．ただ，ここでは $\overline{a}$ を集合と見なくても "上の性質をみたす記号" と理解するだけで十分に先に進むことができる．

まず，最初の大事なことは，$\mathbb{F}_p$ の世界で**たし算 (加法) ができる**ことである．すなわち，

$$\overline{a} + \overline{b} = \overline{a+b}$$

と定義する．つまり，$p = 7$ とすると，

$$\overline{3} + \overline{5} = \overline{8}$$

と定義したことになるが，$\mathbb{F}_7$ の世界では $\overline{8} = \overline{1}$ だったので，

$$\overline{3} + \overline{5} = \overline{1}$$

となるのである．同様に，$\mathbb{F}_7$ の世界で，$\overline{1} + \overline{1} = \overline{2}$, $\overline{5} + \overline{6} = \overline{4}$, $\overline{100} + \overline{200} = \overline{6}$ である．

このたし算で，$\overline{0}$ は加えても値が変わらないから，普通の世界の 0 と同じ役割を果たす．$\overline{p} = \overline{0}$ なので，この世界は p を 0 と思った世界，$p = 0$ の世界であることがわかる．

定義がきちんとしていること 数学では，定義をやみくもにするわけにはいかない．$\mathbb{F}_p$ の世界で加法を定義したが，この定義が「きちんとした定義になっているか」(英語では well-defined と言う) を確かめる必要がある．どういうことかと言うと，たとえば，$\mathbb{F}_7$ の世界で，$\overline{5}+\overline{6}=\overline{4}$ であるが，$\overline{5}$ は $\overline{12}$ とも $\overline{-2}$ とも書け，また $\overline{6}$ は $\overline{13}$ とも $\overline{-8}$ とも書けるので，たとえば $\overline{12}+\overline{-8}$ も $\overline{5}+\overline{6}$ と同じ値になることを確かめないと，「きちんとした定義」になっているとは言えないのである．ということは，「きちんとした定義になっている」ことを示すためには，一般の $\mathbb{F}_p$ の世界で

$$\overline{a}=\overline{c},\ \overline{b}=\overline{d} \implies \overline{a+b}=\overline{c+d}$$

を確かめなければならない．確かめてみよう．$\overline{a}=\overline{c}, \overline{b}=\overline{d}$ であることは，$a-c=pk,\ b-d=p\ell$ となる整数 k, ℓ が存在することであった．このとき，

$$(a+b)-(c+d)=p(k+\ell)$$

となる．これは $a+b \equiv c+d \pmod p$ となることを導く，つまり $\overline{a+b}=\overline{c+d}$ である．以上のように，この世界のたし算は「きちんとした定義」であることがわかった．

同様にして，$\mathbb{F}_p$ の世界でかけ算も定義できる．

$$\overline{a}\times\overline{b}=\overline{ab}$$

と定義するのである．たとえば，$p=7$ とすると，$\overline{3}\times\overline{5}=\overline{15}=\overline{1}$ であり，$\overline{1}\times\overline{1}=\overline{1},\ \overline{5}\times\overline{6}=\overline{2},\ \overline{100}\times\overline{200}=\overline{1}$ である．このかけ算が「きちんとした定義」であることの証明は読者にまかせよう (このためには，

$$\overline{a}=\overline{c},\ \overline{b}=\overline{d} \implies \overline{ab}=\overline{cd}$$

を示せばよいことに注意しておく)．

まとめると，次が得られた．

命題 2.1.1 $\mathbb{F}_p$ の元 $\overline{a}, \overline{b}$ に対して，$\overline{a}+\overline{b}=\overline{a+b},\ \overline{a}\times\overline{b}=\overline{ab}$ と定義することにより，加法と乗法が定義される．

定義により，$\overline{a}+\overline{b}=\overline{a+b}$, であるから，両者を同じ意味で使うことにする．また，乗法についても同様に，$\overline{a}\times\overline{b}$ と $\overline{ab}$ は同じものとしてこれから扱う．$\overline{a}\overline{b}$ という表記も同じ意味で使う．

さて，引き算が $\overline{a}-\overline{b}=\overline{a-b}$ で定義できる (きちんとした定義になっている)

ことは，これも簡単な計算で確かめられる．それでは，割り算はどうだろうか．a, b を整数とするとき，$a \div b$ はもはや整数ではないので，割り算は無理なようにも見える．しかしながら，次のように考えると，割り算もできるのである．まず 0 で割るということは普通の世界でもできないから，$\overline{b} \neq \overline{0}$ なる $\overline{b} \in \mathbb{F}_p$ を考える．$\overline{a} \div \overline{b}$ とは，$\overline{b} \times \overline{x} = \overline{a}$ となる $\overline{x}$ のことであると考える．たとえば，$p = 7$ のとき，$\overline{3} \times \overline{4} = \overline{5}$ だから，$\overline{5} \div \overline{3} = \overline{4}$ である．$p = 13$ のとき，$\overline{3} \times \overline{6} = \overline{5}$ だから，$\overline{5} \div \overline{3} = \overline{6}$ である．このような $\overline{x}$ はいつでも存在するだろうか．

これに答えるのが，次の定理である．この定理の証明には p が素数であることが本質的に使われる．

定理 2.1.2 $\mathbb{F}_p$ の世界で，$\overline{b} \neq \overline{0}$ とすると，ある $\overline{x} \in \mathbb{F}_p$ で

$$\overline{b} \times \overline{x} = \overline{a}$$

となるものがただ一つ存在する．

証明 条件の $\overline{b} \times \overline{x} = \overline{a}$ は $\overline{bx} = \overline{a}$ という意味だから，普通の整数の言葉に直すと，「$bx - a = pk$ となる整数 k が存在する」という意味になる．つまり，

$$bx - pk = a$$

となるような整数 x, k が存在することを証明できればよいのである．$\overline{b} \neq \overline{0}$ なので，b と p は互いに素である．だから，上の方程式が整数解 x, k を持つことは，日本では数年前から高校の教材となった内容である．高校の教科書を参照する必要がないように，ここでもきちんと証明を与えておこう．ユークリッドまでさかのぼる古典的証明があるのだが，ここでは (ギリシア時代なら認められなかったかもしれない) 現代的な証明を与える．集合

$$S = \{n \mid n = bx - pk \text{ となるような整数 } x, k \text{ が存在する}\}$$

が整数全体となれば，$a \in S$ となることがわかり，上の方程式に整数解が存在したことになる．そこで，S が整数全体となることを証明しようと思う．$(x, k) = (0, -1)$ ととれば $p \in S$ がわかるので，S は空集合ではないし正の整数が入っていることもわかる．そこで，S に含まれる正の整数のうち最小のものを m としよう．まず次を示す．

- S の元はすべて m の倍数である．

その証明：n を S の元として，$n = bx - pk$ と書く．n が m の倍数であることを証明する．n を m で割ったときの余りを r とする．つまり，$n = cm + r$,

$0 \leq r < m$ となる整数 c, r を取る．m は S の元だから，$m = bx_0 - pk_0$ と書けている．よって，

$$r = n - cm = (bx - pk) - c(bx_0 - pk_0) = b(x - cx_0) - p(k - ck_0)$$

となって，$r \in S$ である．m は S に含まれる最小の正整数ととってあったので，$0 \leq r < m$ より $r = 0$ でなければならない．よって，n は m で割り切れる．

今証明した性質を使うと，$p \in S$ だから，p は m の倍数である．p は素数だから，$m = 1$ か $m = p$ のどちらかである．

まず，$m = p$ だとする．$b = b \cdot 1 - 0 \cdot p \in S$ だから，上で証明したことから，b は m の倍数である．$m = p$ を仮定しているので，b は p の倍数になるが，これは $\overline{b} = \overline{0}$ を意味しており，$\overline{b} \neq \overline{0}$ に矛盾する．よって，$m \neq p$ であり，故に $m = 1$ である．

よって，任意の整数 a に対して，

$$a = a \cdot 1 = a \cdot m = b(ax_0) - p(ak_0)$$

となり，$a \in S$ であることがわかる．よって，S は整数全体の集合になる．これで，定理の証明の前半 ($\overline{x}$ の存在の証明) が終わった (この証明に興味を持った読者は，現代数学の本でイデアルについて調べてみるとよい)．

次に，$\overline{x}$ がただ一つ存在することを証明しよう．

$$\overline{a} = \overline{b} \times \overline{x} = \overline{b} \times \overline{x'}$$

と書けたとして，$\overline{x} = \overline{x'}$ を示す．$\overline{b} \times \overline{x} = \overline{b} \times \overline{x'}$ を普通の整数の言葉に直すと，$bx = a + pk$, $bx' = a + pk'$ となるような整数 k, k' が存在する，ということである．最初の式から次の式を引くと，$bx - bx' = pk - pk'$ となる．したがって，$b(x - x') = p(k - k')$ である．左辺が p で割り切れるわけだが，b が p と互いに素だから，$x - x'$ が p で割り切れねばならない．これは，$\overline{x} = \overline{x'}$ を意味している．以上により，定理が証明された． □

特に，$\overline{b} \neq \overline{0}$ のとき，$\overline{b}\overline{x} = \overline{1}$ となる $\overline{x} \in \mathbb{F}_p$ を $\overline{b}^{-1}$ と書く．

以上のように，$\mathbb{F}_p$ には加減乗除の四則演算が定義される．このように四則演算を考えた対象 $\mathbb{F}_p$ のことを (位数 p の) **有限体**という (体の一般的な定義については付録 A1-8 を参照)．有限体は，現代では暗号・符号理論などのセキュリティ関係の応用数学でも重要な役割を果たしている．

定理 2.1.2 の証明で使った (証明した) 一次不定方程式についての有名な性質もここにまとめておこう.

命題 2.1.3 a, b を互いに素な整数とするとき, x, y についての方程式

$$ax + by = 1$$

は整数解を持つ.

証明は上で述べたのとまったく同じ方法でできる.

2.2 有限体の乗法群

$\mathbb{F}_p$ の $\overline{0}$ でない元は何乗かすると, 必ず $\overline{1}$ になる. たとえば, $p = 17$ とすると,

$$\overline{1}^1 = \overline{1}$$
$$\overline{2}^8 = \overline{256} = \overline{17 \times 15 + 1} = \overline{1}$$

(あるいは $\overline{2}^8 = (\overline{2}^4)^2 = \overline{16}^2 = \overline{-1}^2 = \overline{1}$ と計算してもよい)

$$\overline{3}^{16} = \overline{9}^8 = \overline{81}^4 = \overline{85-4}^4 = \overline{-4}^4 = \overline{16}^2 = \overline{-1}^2 = \overline{1}$$
$$\overline{4}^4 = \overline{16}^2 = \overline{-1}^2 = \overline{1}$$
$$\overline{5}^{16} = \overline{25}^8 = \overline{8}^8 = \overline{64}^4 = \overline{68-4}^4 = \overline{-4}^4 = \overline{1}$$
$$\cdots$$

といったところである.

一般論で証明しよう. p を素数として, $\overline{a}$ を $\overline{0}$ ではない $\mathbb{F}_p$ の元とする. $\overline{a}$ は何乗しても $\overline{0}$ になることはない. それは, a と p が互いに素なので, a の冪 a^n も p と互いに素だからである. $\overline{a}$ の冪

$$\overline{a}, \overline{a}^2, \overline{a}^3, \overline{a}^4, \ldots, \overline{a}^p$$

を考えよう. $\mathbb{F}_p$ の $\overline{0}$ ではない元は全部で $p-1$ 個しかないので, 上に書いた p 個の元の中には必ず等しいものが存在する. つまり, $1 \leq s < t \leq p$ をみたす整数 s, t で

$$\overline{a}^s = \overline{a}^t$$

となるものがある. この世界で $\overline{0}$ でない元の割り算はできるわけだから (定理 2.1.2), $\overline{a}^s$ で両辺を割って

$$\overline{a}^{t-s} = \overline{1}$$

となる. 以上により, 次が証明された.

命題 2.2.1 p を素数として，$\overline{a}$ を $\overline{0}$ ではない $\mathbb{F}_p$ の元とするとき，

$$\overline{a}^n = \overline{1}$$

をみたす正の整数 n が存在する．

$\overline{0}$ ではない $\mathbb{F}_p$ の元 $\overline{a}$ に対して，$\overline{a}^n = \overline{1}$ をみたす**最小の正整数** n を $\overline{a}$ の**位数**と言う．

$\overline{1}$ の位数は 1 であり，$\overline{a}$ が $\overline{0}, \overline{1}$ でなければ，$\overline{a}$ の位数は 2 以上である．また，上の証明から $\overline{a}$ の位数は $p-1$ 以下の整数であることがわかる．

位数について，さらに強く次の定理 2.2.2 を証明することができる．その前にひとつだけ記号 $\mathbb{F}_p^\times$ を準備しよう．$\mathbb{F}_p$ から $\overline{0}$ を除いた集合を $\mathbb{F}_p^\times$ と書く．

$$\mathbb{F}_p^\times = \{\overline{1}, \overline{2}, \ldots, \overline{p-1}\}$$

ということになる．$\mathbb{F}_p^\times$ は，かけ算 (乗法) に関して閉じている．これは，$\overline{a}, \overline{b} \in \mathbb{F}_p^\times$ に対して，$\overline{a}\overline{b} \in \mathbb{F}_p^\times$ が成り立つということである．また，$\mathbb{F}_p^\times$ の各元は乗法に関して逆元を持つ．これは，$\overline{a} \in \mathbb{F}_p^\times$ に対して，$\overline{a} \cdot \overline{x} = \overline{1}$ となる $\overline{x} \in \mathbb{F}_p^\times$ があるということ (定理 2.1.2) を意味する．$\overline{a}^n = \overline{1}$ であるとすると，$\overline{a} \cdot \overline{x} = \overline{a}^n$ の両辺を $\overline{a}$ で割って，$\overline{x} = \overline{a}^{n-1}$ とも表せる．現代の言葉で言うと，$\mathbb{F}_p^\times$ は乗法に関して群をなすのである (正確な定義などについては付録 §A1-1 を参照)．

定理 2.2.2 $\mathbb{F}_p^\times$ の任意の元 $\overline{a}$ に対して，$\overline{a}$ の位数は $p-1$ の約数である．

ガウス「数論研究」にある証明をそのまま紹介しようと思う．この定理は，付録 §A1-4 で述べるように，一般の群で成り立つ定理なのだが，「数論研究」にあるガウスの証明は，現代の群論の教科書に載っている証明と言葉づかいなども含めてまったく同じである．こういう部分を読むと，現代数学がガウスによって開拓されたことをまざまざと感じる．

$\overline{a}$ の位数を n として，n が $p-1$ の約数であることを証明しよう．

$$H = \{\overline{1}, \overline{a}, \overline{a}^2, \ldots, \overline{a}^{n-1}\}$$

とおく．上に書いた $\overline{1}, \overline{a}, \overline{a}^2, \ldots, \overline{a}^{n-1}$ はすべて異なる．というのは，もし $0 \leq s < t \leq n-1$ の範囲の整数 s, t に対して，$\overline{a}^s = \overline{a}^t$ であると仮定すると，$\overline{a}^{t-s} = \overline{1}$ となり，n の最小性に矛盾するからである．したがって，H は n 個の元からなる．

もし，$H = \mathbb{F}_p^\times$ であれば，$n = p-1$ であり，定理は証明されている．もし，

H の方が $\mathbb{F}_p^\times$ より真に小さければ，H に属さない $\overline{b}_2 \in \mathbb{F}_p^\times$ をとる．

$$b_2H = \{\overline{b}_2, \overline{b}_2\overline{a}, \overline{b}_2\overline{a}^2, \ldots, \overline{b}_2\overline{a}^{n-1}\}$$

とおく．b_2H は $\overline{b}_2$ で決まるのだから，本来は $\overline{b}_2H$ と書くのが正しいが，記号が煩雑になるのを避けて，上のように書くことにする．b_2H も n 個の元からなる．というのは，もし $0 \leq s < t \leq n-1$ の範囲の整数 s, t に対して，$\overline{b}_2\overline{a}^s = \overline{b}_2\overline{a}^t$ であると仮定すると，$\overline{b}_2\overline{a}^s$ で割ることにより，やはり $\overline{a}^{t-s} = \overline{1}$ が導かれ，これは n の最小性に矛盾するからである．また，

$$H \cap b_2H = \emptyset$$

である．というのは，$x \in H \cap b_2H$ とすると，$x = \overline{b}_2\overline{a}^s = \overline{a}^t$ と書けることになるが，この式を $\overline{a}^s$ で割ると，$\overline{b}_2 = \overline{a}^{t-s}$ となり，$\overline{b}_2 \in H$ がわかるが，これは $\overline{b}_2$ を取ったときの取り方に矛盾している．

もし，$\mathbb{F}_p^\times = H \cup b_2H$ であれば，$n = \frac{p-1}{2}$ であり，定理は証明されている．そこで，$H \cup b_2H$ が $\mathbb{F}_p^\times$ より真に小さいとする．今度は，$\overline{b}_3 \in \mathbb{F}_p^\times$ を $H \cup b_2H$ に属さないようにとる．

$$b_3H = \{\overline{b}_3, \overline{b}_3\overline{a}, \overline{b}_3\overline{a}^2, \ldots, \overline{b}_3\overline{a}^{n-1}\}$$

とおく．b_2H のときとまったく同じ証明で，b_3H も n 個の元からなることがわかる．また，

$$b_3H \cap (H \cup b_2H) = \emptyset$$

である．というのは，b_3H の元 $\overline{b}_3\overline{a}^s$ が $H \cup b_2H$ に属すると仮定すると，$\overline{b}_3\overline{a}^s = \overline{a}^t$ と書けるか，または $\overline{b}_3\overline{a}^s = \overline{b}_2\overline{a}^t$ と書けることになる．最初の場合には，$\overline{b}_3 = \overline{a}^{t-s}$ となり，$\overline{b}_3 \in H$ である．2 番目の式が成り立つと，$\overline{b}_3 = \overline{b}_2\overline{a}^{t-s}$ となり，$\overline{b}_3 \in b_2H$ となってしまう．いずれの場合も，$\overline{b}_3$ を取ったときの取り方に矛盾している．よって，b_3H の元は $H \cup b_2H$ には属さず，$b_3H \cap (H \cup b_2H) = \emptyset$ である．

以上の操作を繰り返すと，$\overline{b}_2, \ldots, \overline{b}_m$ をうまく取って，$\mathbb{F}_p^\times$ の元全体を次のように長方形の形に並べられることがわかる．

$\overline{1}$	$\overline{a}$	$\overline{a}^2$	...	$\overline{a}^{n-1}$
$\overline{b}_2$	$\overline{b}_2\overline{a}$	$\overline{b}_2\overline{a}^2$	...	$\overline{b}_2\overline{a}^{n-1}$
...	...	...	...	...
...	...	...	...	...
$\overline{b}_m$	$\overline{b}_m\overline{a}$	$\overline{b}_m\overline{a}^2$	...	$\overline{b}_m\overline{a}^{n-1}$

$\mathbb{F}_p^\times$ は $p-1$ 個の元からなるので，上の長方形の中にある元の数を数えると，

$$mn = p - 1$$

を得る．したがって，n は $p-1$ の約数となり，定理 2.2.2 の証明が終了した．(興味のある読者は，付録の群論にあるラグランジュの定理 (§A1-3, A1-4) と比較してほしい．)

$\mathbb{F}_p^\times$ の元を上のように長方形の形に並べること (群論の言葉では，剰余類に分割すること; §A1-3 参照) は，この本の中で非常に重要な役割を果たすので，具体的な例をいくつか書いておくことにする．

$p=5$ に対して，$a=4$, $b_2=2$ ととると，

$$\boxed{\begin{array}{cc} \overline{1} & \overline{4} \\ \overline{2} & \overline{3} \end{array}}$$

$p=13$ に対して，$a=3$, $b_2=2$, $b_3=4$, $b_4=8$ ととると，

$$\boxed{\begin{array}{ccc} \overline{1} & \overline{3} & \overline{9} \\ \overline{2} & \overline{6} & \overline{5} \\ \overline{4} & \overline{12} & \overline{10} \\ \overline{8} & \overline{11} & \overline{7} \end{array}}$$

$p=13$ に対して，$a=4$, $b_2=2$ ととると，

$$\boxed{\begin{array}{cccccc} \overline{1} & \overline{4} & \overline{3} & \overline{12} & \overline{9} & \overline{10} \\ \overline{2} & \overline{8} & \overline{6} & \overline{11} & \overline{5} & \overline{7} \end{array}}$$

$p=17$ に対して，$a=4$, $b_2=3$, $b_3=9$, $b_4=10$ ととると，

$$\boxed{\begin{array}{cccc} \overline{1} & \overline{4} & \overline{16} & \overline{13} \\ \overline{3} & \overline{12} & \overline{14} & \overline{5} \\ \overline{9} & \overline{2} & \overline{8} & \overline{15} \\ \overline{10} & \overline{6} & \overline{7} & \overline{11} \end{array}}$$

問 2.1 $p=11$, $a=5$, $b_2=2$ として上と同様の表を完成させよ．また，$p=19$, $a=5$, $b_2=2$ として上と同様の表を完成させよ．

位数に関してもうひとつ，次の事実もこれからよく使うので証明しておく．

命題 2.2.3　$\overline{a} \in \mathbb{F}_p^\times$ の位数を n とする．正の整数 m に対して $\overline{a}^m = \overline{1}$ が成り立つとすると，n は m の約数である．

証明　まず位数の定義から，$n \leq m$ である．n が m の約数でないと仮定する．すると，m を n で割ったときの余り k は 0 ではなく，$0 < k < n$ をみたす正の整数である．$m = nq + k$ (q は正の整数) と書けるので，

$$\overline{a}^k = \overline{a}^{m-nq} = \overline{a}^m(\overline{a}^n)^{-q} = \overline{1}$$

となり，このことは n の最小性に矛盾する．よって，n は m の約数である．□

通常，フェルマの小定理と呼ばれる次の定理は，定理 2.2.2 からすぐに従う．

定理 2.2.4 (**フェルマの小定理**)　$\overline{a} \neq \overline{0}$ なる任意の $\overline{a} \in \mathbb{F}_p$ に対して，

$$\overline{a}^{p-1} = \overline{1}$$

が成立する．普通の整数の言葉で上の結果を述べると，p と素な任意の整数 a に対して，

$$a^{p-1} \equiv 1 \pmod{p}$$

が成立する．

証明　定理 2.2.2 から，$\overline{a}$ の位数を n とすると，n は $p-1$ の約数である．よって $\overline{a}^n = \overline{1}$ となるが，n は $p-1$ の約数なので，$\frac{p-1}{n}$ は整数で，

$$\overline{a}^{p-1} = (\overline{a}^n)^{\frac{p-1}{n}} = \overline{1}$$

が成り立ち，前半部分が証明された．後半部分は，前半部分を整数の言葉に直しただけである．□

筆者はこの定理を中学に入ったばかりの頃に，実例と共に聞き，大変に美しい定理であると思った．たぶん，感激した最初の数学の定理だったのではないかと思う．しかも当時読んでいたある本に，「数学者になりたいなら，この定理を自分自身で証明できるかどうかが試金石になる」と書いてあったために，12 歳の私は本気になってこの定理の証明に取り組んだ (学校の授業を全部聞かずに，この定理の証明に没頭した)．結果として，自力では証明できなかったが，群論を学んだ後にこの定理を聞いても，ほとんど感動は得られないようなので，このような体験も無駄ではなかったと今では思っている．

2.3　$\mathbb{F}_p$ 上の方程式

次に進む前に，$\mathbb{F}_p$ を係数に持つ方程式についての準備をしておく．

$\mathbb{F}_p$ が加減乗除のできる世界であることから，$\mathbb{F}_p$ を係数に持つ方程式を考えると，実数の世界で方程式を考えたときと同じように話を進めることができる．このようなことに最初に気づいたのは，オイラーだった．

二変数の多項式も第 4 章以降では重要な役割を果たすのだが，ここでは，まず一変数の方程式の様子を述べる．$\mathbb{F}_p$ 上の (一変数) 多項式とは，

$$f(x) = \alpha_0 x^n + \alpha_1 x^{n-1} + \cdots + \alpha_n \qquad (\alpha_0, \ldots, \alpha_n \in \mathbb{F}_p)$$

の形の式のことである．ここで，α_i は $\overline{a}_i$ の型の元であるが，単純に α_i と書いている．$\alpha_0 \neq \overline{0}$ のとき，この式は n 次式であると言う．$\mathbb{F}_p$ 上の x を変数とする多項式全体を $\mathbb{F}_p[x]$ と表す．

命題 2.3.1　$f(x)$ が $\mathbb{F}_p$ 上の多項式であり，$f(x) = g(x)h(x)$ ($g(x)$, $h(x) \in \mathbb{F}_p[x]$) と二つの多項式の積に因数分解されているとする．$\alpha \in \mathbb{F}_p$ が $f(x)$ の解であるとすると，つまり $f(\alpha) = \overline{0}$ であるとすると，$g(\alpha) = \overline{0}$ であるか $h(\alpha) = \overline{0}$ であるかのどちらかが成り立つ．つまり，α は $g(x)$ か $h(x)$ のどちらかの解である．

証明 $g(\alpha) \neq \overline{0}$ であると仮定する．定理 2.1.2 から $g(\alpha)g(\alpha)^{-1} = \overline{1}$ となる $g(\alpha)^{-1} \in \mathbb{F}_p^\times$ が存在する．$f(\alpha) = g(\alpha)h(\alpha) = \overline{0}$ であるから，$g(\alpha)^{-1}$ を $g(\alpha)h(\alpha) = \overline{0}$ の両辺にかけると，$h(\alpha) = \overline{0}$ を得る．つまり，$g(\alpha) = \overline{0}$ または $h(\alpha) = \overline{0}$ のどちらかが成り立つ．　□

命題 2.3.2 (因数定理)　$\alpha \in \mathbb{F}_p$ が $\mathbb{F}_p$ 上の n 次の多項式 $f(x)$ の解であるとする．このとき，$f(x) = (x - \alpha)g(x)$ となるような $n-1$ 次の多項式 $g(x) \in \mathbb{F}_p[x]$ が存在する．つまり，$f(x)$ は $x - \alpha$ で割り切れる．

証明 高校で扱う因数定理と同じ方法で証明できる．

$f(x) = \alpha_0 x^n + \alpha_1 x^{n-1} + \cdots + \alpha_n$ $(\alpha_0, \ldots, \alpha_n \in \mathbb{F}_p)$ とすると，

$$\begin{aligned} f(x) = (x-\alpha)(&\alpha_0 x^{n-1} + (\alpha_0\alpha + \alpha_1)x^{n-2} + (\alpha_0\alpha^2 + \alpha_1\alpha + \alpha_2)x^{n-3} \\ &+ \cdots + (\alpha_0\alpha^{n-1} + \alpha_1\alpha^{n-2} + \cdots + \alpha_{n-1})) \end{aligned}$$

と分解できる．ここで，$\alpha_0\alpha^n + \alpha_1\alpha^{n-1} + \cdots + \alpha_n = \overline{0}$ を使った．　□

次の節で述べる原始根の存在の証明で，以下の命題は最も重要な役割を果たす．

命題 2.3.3 (**オイラー**)　$\mathbb{F}_p$ を係数とする n 次方程式

$$x^n + \alpha_1 x^{n-1} + \cdots + \alpha_n = \overline{0} \quad (\alpha_1, \ldots, \alpha_n \in \mathbb{F}_p)$$

は $\mathbb{F}_p$ に解を n 個以下しか持たない．

証明 n についての帰納法で示す．$n = 1$ のとき，$x + \alpha_1 = \overline{0}$ の解は，$x = -\alpha_1$ のみである．

$n = k$ で成立するとして，$n = k + 1$ で成立することを証明する．$k + 1$ 次式 $f(x) = x^{k+1} + \alpha_1 x^k + \cdots + \alpha_{k+1}$ を考える．$f(x) = \overline{0}$ が $\mathbb{F}_p$ に解を持たないとすると，0 個の解を持つので，題意をみたしている．そこで，$\mathbb{F}_p$ に解を持つとする．β を解とする．このとき，因数定理により，$f(x) = (x - \beta)g(x)$, $g(x) \in \mathbb{F}_p[x]$ と因数分解される．命題 2.3.1 により，$f(x) = \overline{0}$ の解は，β と $g(x) = \overline{0}$ の解であり，$g(x)$ は k 次式なので，$g(x)$ の解は帰納法の仮定により k 個以下である．よって，$f(x)$ の解は $k + 1$ 個以下であり，$k + 1$ 次式でも上記の性質が成り立つ．以上により，任意の次数の多項式に対して，上の命題は成立する．　□

命題 2.3.4 (1) $\mathbb{F}_p$ の $\overline{0}$ でない元はすべて $x^{p-1} - \overline{1} = \overline{0}$ の解である．

(2) $\mathbb{F}_p$ の元はすべて $x^p - x = \overline{0}$ の解である．

(3) $x^{p-1} - \overline{1} = (x - \overline{1})(x - \overline{2}) \cdots (x - \overline{p-1})$ と因数分解される．

(4) $x^p - x = \overline{0}$ の解は $x = \overline{0}, \overline{1}, \ldots, \overline{p-1}$ ですべてである．

証明 (1) α を $\mathbb{F}_p$ の $\overline{0}$ でない元とすると，フェルマの小定理 2.2.4 により，$\alpha^{p-1} = \overline{1}$ である．したがって，任意の $\alpha \in \mathbb{F}_p^\times$ は $x^{p-1} - \overline{1} = \overline{0}$ の解である．

(2) は $x^p - x = x(x^{p-1} - \overline{1})$ と (1) からわかる．

(3) を証明しよう．(1) によって，任意の $\overline{a} \in \mathbb{F}_p^\times$ は $x^{p-1} - \overline{1} = \overline{0}$ の解である．因数定理により，$x^{p-1} - \overline{1} = \overline{0}$ は $x - \overline{a}$ で割り切れる．したがって，(3) の左辺は (3) の右辺で割り切れる．(3) の左辺も右辺も次数が $p - 1$ なので，定数倍のずれしかないが，最高次の係数が 1 なので両者は一致する．

(4) は (3) からすぐにわかる．以上で，命題 2.3.4 が証明された．　□

命題 2.3.4 (3) の定数項を比較することによって，初等整数論で有名な次の結果が得られる．

系 2.3.5 (ウィルソンの定理) 任意の素数 p に対して,

$$(p-1)! \equiv -1 \pmod p$$

が成立する.

証明 $p=2$ のときは $1 \equiv -1 \pmod 2$ となって成立するので, $p>2$ とする. 命題 2.3.4 (3) の定数項は, 左辺が $-\overline{1}$, 右辺が $(-\overline{1})^{p-1}\overline{(p-1)!}$ である. 今, $p>2$ としているので, $p-1$ は偶数で, $(-1)^{p-1}=1$ である. したがって,

$$\overline{(p-1)!} = -\overline{1}$$

となる. これは系 2.3.5 の結論を導く. □

ウィルソンの定理には, 次の (群論的) 証明もよく知られている. $\alpha \in \mathbb{F}_p^\times$ の乗法の逆元を α^{-1} と書く. (つまり, α^{-1} は $\alpha\alpha^{-1}=\overline{1}$ をみたす $\mathbb{F}_p^\times$ の元である.) $\mathbb{F}_p^\times$ の中で, 自分自身と乗法の逆元が一致するのは $\pm\overline{1}$ だけである. というのは, $\alpha=\alpha^{-1}$ をみたす α は (上の式の両辺に α をかけると) $\alpha^2=\overline{1}$ をみたし, $\alpha=\pm\overline{1}$ しかないからである. やはり $p>2$ として考える. このとき, $\overline{1}\neq-\overline{1}$ であり, $\mathbb{F}_p^\times$ の元を $\pm\overline{1}$ と α と α^{-1} を対にしてかけていくと, 対は全部で $(p-3)/2$ 個あるが, $\alpha\cdot\alpha^{-1}=\overline{1}$ だから,

$$\overline{(p-1)!} = \overline{1}\times(-\overline{1})\times\overline{1}\times\cdots\times\overline{1}$$

となって, $\overline{(p-1)!}=-\overline{1}$ が得られる. よって結論が得られる. □

2.4 原始根の存在

$\mathbb{F}_p^\times=\{\overline{1},\overline{2},\ldots,\overline{p-1}\}$ であったが, 乗法を中心として考えると, 別の表示のほうが都合がよいときが多い. 例を使って述べる. $\mathbb{F}_5$ の中では, $\overline{2}^2=\overline{4}, \overline{2}^3=\overline{8}=\overline{3}$ なので, $\mathbb{F}_5^\times=\{\overline{1},\overline{2},\overline{3},\overline{4}\}$ は,

$$\mathbb{F}_5^\times=\{\overline{1},\overline{2},\overline{2}^2,\overline{2}^3\}$$

と書ける. また, $\mathbb{F}_7$ では $\overline{3}^2=\overline{9}=\overline{2}, \overline{3}^3=\overline{27}=\overline{6}, \overline{3}^4=\overline{81}=\overline{4}, \overline{3}^5=\overline{243}=\overline{5}$ となっているので, $\mathbb{F}_7^\times=\{\overline{1},\overline{2},\overline{3},\overline{4},\overline{5},\overline{6}\}$ は,

$$\mathbb{F}_7^\times=\{\overline{1},\overline{3},\overline{3}^2,\overline{3}^3,\overline{3}^4,\overline{3}^5\}$$

とも書ける.

$\mathbb{F}_5^\times$ の中で $\overline{2}$ は位数 4 の元, $\mathbb{F}_7^\times$ の中で $\overline{3}$ は位数 6 の元である.

一般の $\mathbb{F}_p$ でも上のように書けるだろうか. この節では, 次の定理を証明する.

定理 2.4.1 任意の素数 p に対して，$\mathbb{F}_p^\times$ には位数 $p-1$ の元が存在する．

ガウスは「数論研究」の中でこの定理に 2 通りの証明を与えている．ひとつめの証明は，今では普通の本に載っている証明で，位数が d の元の数を数えるものである．ここではガウスによる 2 つめの証明を紹介する．

いずれの方法で証明するにしても，前節で述べたオイラーによる命題 2.3.3 が最も重要な役割を果たすことになる．

定理 2.4.1 の証明 $p-1$ を

$$p-1=\ell_1^{e_1}\cdots\ell_r^{e_r}$$

と素因数分解する (ここで $\ell_1,\ldots,\ell_r$ は相異なる素数，$e_1,\ldots,e_r$ は正の整数)．i を 1 以上 r 以下の整数として，方程式

$$x^{\frac{p-1}{\ell_i}}=\overline{1}$$

を考える．この方程式の次数は $\frac{p-1}{\ell_i}$ だから，$\frac{p-1}{\ell_i}<p-1$ とオイラーによる命題 2.3.3 により，$\mathbb{F}_p^\times$ の元がすべて解になることはできない．そこで，上の方程式の解でない $\mathbb{F}_p^\times$ の元 $\alpha_i\in\mathbb{F}_p^\times$ をとることができる．

$$\beta_i=\alpha_i^{\frac{p-1}{\ell_i^{e_i}}}$$

とおく．仮定により，

$$\beta_i^{\ell_i^{e_i-1}}=\alpha_i^{\frac{p-1}{\ell_i}}\neq\overline{1}$$

である．また，フェルマの小定理により $\beta_i^{\ell_i^{e_i}}=\alpha_i^{p-1}=\overline{1}$ である．したがって，β_i は位数 $\ell_i^{e_i}$ を持つことが次のようにしてわかる．

まず，β_i の位数を n とすると，命題 2.2.3 から n は $\ell_i^{e_i}$ の約数である．次に，$n\neq\ell_i^{e_i}$ と仮定すると，ℓ_i は素数だから，n は $\ell_i^{e_i-1}$ の約数で，

$$\beta_i^{\ell_i^{e_i-1}}=(\beta_i^n)^{\frac{\ell_i^{e_i-1}}{n}}=\overline{1}^{\frac{\ell_i^{e_i-1}}{n}}=\overline{1}$$

となり矛盾する．したがって，$n=\ell_i^{e_i}$，つまり β_i の位数は $\ell_i^{e_i}$ である．

以上から，各 $i=1,\ldots,r$ に対して，位数 $\ell_i^{e_i}$ をもつ元 β_i の存在がわかった．そこで，

$$\beta=\beta_1\cdots\beta_r$$

とおく．β の位数が $p-1$ であることを証明する．

β の位数を m とすると，定理 2.2.2 により，m は $p-1$ の約数である．したがって，$p-1=mt$ となる整数 t がある．$t>1$ と仮定する．t を割る素数は，$p-1$ を割る素数なので，$\ell_1,\ldots,\ell_r$ のどれかである．ℓ_1 が t を割るとしても一般性を失わない (つまり他の ℓ_i が t を割るとしても同じ議論が成り立つ) ので，ℓ_1 が t の約数であるとする．$t=\ell_1 t'$ (t' は整数) と書くと，$\beta^{mt'}=(\beta^m)^{t'}=\overline{1}$ となるが，一方

$$mt'=\frac{mt}{\ell_1}=\frac{p-1}{\ell_1}=\ell_1^{e_1-1}\ell_2^{e_2}\cdots\ell_r^{e_r}$$

を考えると，$r\geq 2$ のとき $i=2,\ldots,r$ に対して，mt' は $\ell_i^{e_i}$ の倍数であるので，$\beta^{mt'}=\beta_1^{mt'}$ となる．よって，$\beta_1^{mt'}=\beta^{mt'}=\overline{1}$ である．β_1 の位数が $\ell_1^{e_1}$ だったので，命題 2.2.3 から $\ell_1^{e_1}$ は $mt'=(p-1)/\ell_1$ の約数となるが，これは矛盾である．

以上により，$t>1$ という仮定に誤りがあることがわかり，$t=1$ である．つまり，$m=p-1$ であり，β の位数は $p-1$ である．これで定理 2.4.1 が証明された． □

群論を知っている読者のために，もう少し群論を使った証明を述べておこう．アーベル群の基本定理 (§A1-7 参照) により

$$\mathbb{F}_p^\times \simeq \mathbb{Z}/n_1\mathbb{Z}\times\cdots\times\mathbb{Z}/n_r\mathbb{Z}$$

なる同型が存在する．ここに，$n_1,\ldots,n_r$ は n_1 が n_2 の約数，n_2 が n_3 の約数，$\ldots,n_{r-1}$ は n_r の約数，となるように取られた 2 以上の整数である．ここで，もし $\mathbb{F}_p^\times$ に位数 $p-1$ の元がないとすると，$\mathbb{F}_p^\times$ は巡回群ではないので，$r\geq 2$ であり，$n_1\cdots n_r=p-1$ から $n_r<p-1$ となる．このとき，すべての $\mathbb{F}_p^\times$ の元 α は $\alpha^{n_r}=1$ をみたすことになるが，これはオイラーによる命題 2.3.3 に矛盾している．よって，$\mathbb{F}_p^\times$ は位数 $p-1$ の元を持つ．このように証明すると，オイラーの命題の重要性がきわだつと思う (通常の本に書かれている $p-1$ の各約数に対してそれを位数に持つ元の数を数える方法は技巧的で，何が本質か見えにくい)．

定義 $\overline{g}$ が $\mathbb{F}_p^\times$ の位数 $p-1$ の元のとき，整数 g を p の**原始根** (primitive root) とよぶ．また，正の整数の原始根の中で最小のものを，最小原始根とよぶ．

$p<200$ をみたすすべての素数に対して，最小原始根を求めると次の表のよう

になる.

素数	2	3	5	7	11	13	17	19	23	29	31	37	41	43
原始根	1	2	2	3	2	2	3	2	5	2	3	2	6	3

素数	47	53	59	61	67	71	73	79	83	89	97	101
原始根	5	2	2	2	2	7	5	3	2	3	5	2

素数	103	107	109	113	127	131	137	139	149	151
原始根	5	2	6	3	3	2	3	2	2	6

素数	157	163	167	173	179	181	191	193	197	199
原始根	5	2	5	2	2	2	19	5	2	3

2.5 平方剰余

平方剰余の理論は，古典的初等整数論の核心部分だが，円を分割する方程式を求めるというわれわれの観点からも重要な理論である．ここでは，位数についての定理を証明したときの長方形を使って，平方剰余を定義したいと思う．

これ以降，第 2 章では p を奇数の素数とする．このことを縮めて**奇素数**という．これは 2 でない素数といっても同じことである．g を p の原始根とする．定義により，$\overline{g}$ の位数は $p-1$ である．$p-1$ が偶数であることに注意しよう．$\overline{g}^2 = \overline{g^2}$ の位数は $\frac{p-1}{2}$ となる．そこで，$a = g^2, b_2 = g$ と取って，定理 2.2.2 のところで述べた長方形を書くと

$\overline{1}$	$\overline{g}^2$	$\overline{g}^4$	...	$\overline{g}^{p-3}$
$\overline{g}$	$\overline{g}^3$	$\overline{g}^5$	...	$\overline{g}^{p-2}$

となる．$\overline{g}^{p-1} = \overline{1}$ に注意しておく．上の行には，$\overline{g}$ の偶数乗が，下の行には $\overline{g}$ の奇数乗が並んでいる．上の行に並んでいる元の集合を H_2，つまり $H_2 = \{\overline{1}, \overline{g}^2, \overline{g}^4, \ldots, \overline{g}^{p-3}\}$ と書こう．下の行に並んでいる元の集合を定理 2.2.2 の証明で使った記号を用いて $gH_2 = \{\overline{g}, \overline{g}^3, \overline{g}^5, \ldots, \overline{g}^{p-2}\}$ と書くことにする．

$$\mathbb{F}_p^\times = H_2 \cup gH_2$$

であり，$\mathbb{F}_p^\times$ の元は H_2 か gH_2 のどちらかに属する．

例をあげてみよう．

$p=7$, $g=3$ とする．$\overline{3}^2=\overline{9}=\overline{2}$, $\overline{3}^3=\overline{27}=\overline{6}$, $\overline{3}^4=\overline{81}=\overline{4}$, $\overline{3}^5=\overline{243}=\overline{5}$ であるから，このとき上の表は

$\overline{1}$	$\overline{2}$	$\overline{4}$
$\overline{3}$	$\overline{6}$	$\overline{5}$

となる．

$p=23$, $g=5$ で同じように計算すると，

$\overline{1}$	$\overline{2}$	$\overline{4}$	$\overline{8}$	$\overline{16}$	$\overline{9}$	$\overline{18}$	$\overline{13}$	$\overline{3}$	$\overline{6}$	$\overline{12}$
$\overline{5}$	$\overline{10}$	$\overline{20}$	$\overline{17}$	$\overline{11}$	$\overline{22}$	$\overline{21}$	$\overline{19}$	$\overline{15}$	$\overline{7}$	$\overline{14}$

を得る．

H_2 に入っているのはどのような元だろうか．H_2 の元は $\overline{g}^0, \overline{g}^2, \ldots, \overline{g}^{p-3}$ であり，つまり $\overline{g}^{2i}$ $(i=0, 1, \ldots, \frac{p-3}{2})$ という形の元である．今，$\overline{g}^{p-1}=\overline{1}$ であるから，$2k$ を任意の偶数とするとき，$2k=(p-1)q+2i$ (q は整数，i は 0 以上 $\frac{p-3}{2}$ 以下の整数) と書けることを使うと，$\overline{g}^{2k}$ は上の $\overline{g}^{2i}$ $(i=0, 1, \ldots, \frac{p-3}{2})$ のどれか一つに等しい．したがって，

$$H_2=\{\overline{g}^{2k} \mid k \text{ は整数}\}$$

と書くこともできる．

さらにもう少し考えてみると，次が成り立つこともわかる．

$\overline{a} \in \mathbb{F}_p^{\times}$ に対して，

$$\overline{a} \in H_2 \iff \overline{a}=\overline{b}^2 \text{ をみたす } \overline{b} \in \mathbb{F}_p^{\times} \text{ が存在する．} \tag{2.1}$$

この同値関係を証明する．$\overline{a} \in H_2$ であれば，$\overline{a}=\overline{g}^{2k}$ と書けているので，$\overline{a}=(\overline{g}^k)^2$ であり，$b=g^k$ ととれば，$\overline{a}=\overline{b}^2$ と書ける．

逆に，$\overline{a}=\overline{b}^2, \overline{b} \in \mathbb{F}_p^{\times}$ であるとすると，$\mathbb{F}_p^{\times}$ の元はすべて $\overline{g}$ を使って書けるので，$\overline{b}=\overline{g}^j$ (j は整数) と書けるわけだが，このとき，$\overline{a}=(\overline{g}^j)^2=\overline{g}^{2j}$ となり，$\overline{a}$ は $\overline{g}$ の偶数乗となり H_2 に入る．これで上の同値性が証明された． □

上の同値条件を使えば，

$$H_2=\{\overline{b}^2 \mid \overline{b} \in \mathbb{F}_p^{\times}\}$$

と書けることがわかる．この表示だと，H_2 は g の取り方によらないこともわかる．H_2 のことを $(\mathbb{F}_p^{\times})^2$ と書くことも多い．

また，

$$gH_2 = \mathbb{F}_p^\times \setminus H_2$$

であるから，gH_2 も g の取り方によらない．

ここまででわかったことをまとめると，次のようになる．

$\mathbb{F}_p^\times$ の元は H_2 か gH_2 のどちらかに入る．ここに，

$$H_2 = \{\overline{1}, \overline{g}^2, \overline{g}^4, \ldots, \overline{g}^{p-3}\} = \{\overline{b}^2 \mid \overline{b} \in \mathbb{F}_p^\times\},$$
$$gH_2 = \{\overline{g}, \overline{g}^3, \overline{g}^5, \ldots, \overline{g}^{p-2}\}$$

である．H_2 も gH_2 も $\frac{p-1}{2}$ 個の元からできていて，

$$\mathbb{F}_p^\times = H_2 \cup gH_2, \quad H_2 \cap gH_2 = \emptyset$$

が成り立っている．

整数 a が $\overline{a} \in H_2 = (\mathbb{F}_p^\times)^2$ をみたすとき，a **は** p **の平方剰余であると**言う．また，a が $\overline{a} \in gH_2 = g(\mathbb{F}_p^\times)^2$ をみたすとき，a **は** p **の平方非剰余であると**言う．ここでもう一度 H_2, gH_2 が g の取り方によらないことに注意しておく．したがって，上の定義は原始根 g の取り方にはよらない．

普通の整数の言葉に直すと，次のようになる．

命題 2.5.1 a を p で割り切れない整数とする．a が p の平方剰余であるためには，

$$x^2 \equiv a \pmod{p}$$

となる整数 x が存在することが必要十分である．つまり，上の 2 次合同式が整数解を持つことが必要十分である．

証明 $H_2 = \{\overline{b}^2 \mid \overline{b} \in \mathbb{F}_p^\times\}$ を使えば，命題の合同式が整数解を持つことと $\overline{a} \in H_2$ は確かに同値である． □

もうひとつ平方剰余についての性質を述べよう．

命題 2.5.2 a, b を p で割り切れない 2 つの整数とする．

(i) a, b が共に p の平方剰余であれば，ab も p の平方剰余である．

(ii) a, b のうちどちらか一方が p の平方剰余であり，もう一方が p の平方非剰余であるとすると，ab は p の平方非剰余である．

(iii) a, b が共に p の平方非剰余であれば，ab は p の平方剰余である．

この証明は $\overline{a} = \overline{g}^i, \overline{b} = \overline{g}^j$ とおき，i, j の偶奇を考えれば，ただちに得られるので，読者にまかすことにする．

命題 2.5.2 のような性質を理解するためには，ルジャンドル記号を導入しておいた方がよい．a が p の平方剰余であるとき，$(\frac{a}{p}) = 1$ と定義する．また，a が p の平方非剰余であるとき，$(\frac{a}{p}) = -1$ と定義する．こうして，p で割り切れない整数 a に対して，$(\frac{a}{p})$ が定義されるが，これを**ルジャンドル記号**と呼ぶ (平方剰余記号とも呼ぶ).

命題 2.5.2 はルジャンドル記号を使うと次のように言い換えられる．

命題 2.5.3 a, b を p で割り切れない 2 つの整数とするとき，

$$\left(\frac{ab}{p}\right) = \left(\frac{a}{p}\right)\left(\frac{b}{p}\right)$$

が成立する．

$\overline{a} = \overline{g}^i$ のとき，$(\frac{a}{p}) = (-1)^i$ となっているので，このことを用いて直接上の命題を証明してもよい．上の命題の内容は群論の言葉では，ルジャンドル記号は $\mathbb{F}_p^\times$ から $\{\pm 1\}$ への準同型写像を与える，と言い換えられる (§A1-2 参照).

問 2.2 $(\overline{1})^\sim = 1, (\overline{-1})^\sim = -1$ と定義することにする．i が偶数のとき，$i \times \frac{p-1}{2}$ は $p-1$ の倍数，i が奇数のとき，$i \times \frac{p-1}{2}$ は $p-1$ の倍数ではない．このことと，$\mathbb{F}_p$ の中で $x^2 = \overline{1}$ の解は $\overline{1}$ と $\overline{-1}$ しかないことを使って，

$$\left(\frac{a}{p}\right) = (\overline{a}^{\frac{p-1}{2}})^\sim$$

が成立することを証明せよ (オイラーの基準). 上の等式は，合同式を使うと

$$\left(\frac{a}{p}\right) \equiv a^{\frac{p-1}{2}} \pmod{p}$$

とも書けることに注意しておく．

2.6 ガウスを魅了した定理

-1 がいつ平方剰余になるかという問題を考える．$\overline{-1} = \overline{p-1}$ だから，$p-1$ がいつ平方剰余になるか，と言っても同じである．

いくつか例を見てみよう．$p=5$, $g=2$ に対して，

$$\begin{array}{|cc|}\hline \overline{1} & \overline{4} \\ \overline{2} & \overline{3} \\ \hline\end{array}$$

だから，$\overline{-1}=\overline{p-1}=\overline{4}$ は第 1 行に現れて，-1 は平方剰余である．

$p=7$, $g=3$ に対して，

$$\begin{array}{|ccc|}\hline \overline{1} & \overline{2} & \overline{4} \\ \overline{3} & \overline{6} & \overline{5} \\ \hline\end{array}$$

だから，$\overline{-1}=\overline{p-1}=\overline{6}$ は第 2 行に現れて，-1 は平方非剰余である．

$p=11$, $g=2$ に対して，

$$\begin{array}{|ccccc|}\hline \overline{1} & \overline{4} & \overline{5} & \overline{9} & \overline{3} \\ \overline{2} & \overline{8} & \overline{10} & \overline{7} & \overline{6} \\ \hline\end{array}$$

だから，$\overline{-1}=\overline{10}$ は第 2 行に現れて，-1 は平方非剰余である．

$p=13$, $g=2$ に対して，

$$\begin{array}{|cccccc|}\hline \overline{1} & \overline{4} & \overline{3} & \overline{12} & \overline{9} & \overline{10} \\ \overline{2} & \overline{8} & \overline{6} & \overline{11} & \overline{5} & \overline{7} \\ \hline\end{array}$$

だから，$\overline{-1}=\overline{12}$ は第 1 行に現れて，-1 は平方剰余である．

$p=17$, $g=3$ に対して，

$$\begin{array}{|cccccccc|}\hline \overline{1} & \overline{9} & \overline{13} & \overline{15} & \overline{16} & \overline{8} & \overline{4} & \overline{2} \\ \overline{3} & \overline{10} & \overline{5} & \overline{11} & \overline{14} & \overline{7} & \overline{12} & \overline{6} \\ \hline\end{array}$$

だから，$\overline{-1}=\overline{16}$ は第 1 行に現れて，-1 は平方剰余である．

何か規則は見つかるだろうか．

ガウスは「数論研究」の序文で，次の定理を，「きわだってすばらしい整数に関するある真理」(対格で書かれているので原文は eximiam quandam veritatem arithmeticam) と呼び，独学でこの定理にたどり着き，さらにその先にあるもっとすばらしい真理とも関連がある気がして，研究に没頭し，そしてこの定理の証明についに成功した後，こういった問題の魅力に取り憑かれて，「そこから離れることは自分にはできなくなった」(eas deserere non potuerim) と述べている．

定理 2.6.1 p が $p \equiv 1 \pmod 4$ をみたすとき，-1 は p の平方剰余であり，$p \equiv 3 \pmod 4$ をみたすとき，-1 は p の平方非剰余である．

証明 g を原始根として，$\overline{g}^{\frac{p-1}{2}}$ を考えると，g の定義から $\overline{g}^{\frac{p-1}{2}} \neq \overline{1}$ である．また，$(\overline{g}^{\frac{p-1}{2}})^2 = \overline{g}^{p-1} = \overline{1}$ となる．$\mathbb{F}_p$ の中で，$x^2 = \overline{1}$ をみたすのは，$\overline{1}$ と $\overline{-1}$ しかないので，

$$\overline{g}^{\frac{p-1}{2}} = \overline{-1} \tag{2.2}$$

を得る．

この等式を使って，定理 2.6.1 を証明しよう．まず，$p \equiv 1 \pmod 4$ とする．このとき，

$$\overline{g}^{\frac{p-1}{2}} = (\overline{g}^{\frac{p-1}{4}})^2$$

であり，$\overline{-1} = \overline{g}^{\frac{p-1}{2}} \in H_2 = (\mathbb{F}_p^\times)^2$ である．したがって，-1 は p の平方剰余である (長方形の第 1 行に現れる)．次に，$p \equiv 3 \pmod 4$ とする．このとき，

$$\overline{g}^{\frac{p-1}{2}} = \overline{g} \cdot \overline{g}^{\frac{p-3}{2}} = \overline{g}(\overline{g}^{\frac{p-3}{4}})^2 \in gH_2 = g(\mathbb{F}_p^\times)^2$$

となり，したがって -1 は p の平方非剰余となる (長方形の第 2 行に現れる)．以上により定理 2.6.1 が証明された．なお，問 2-2 (オイラーの基準) を使えば，

$$\left(\frac{-1}{p}\right) = (\overline{-1}^{\frac{p-1}{2}})^\sim = (-1)^{\frac{p-1}{2}}$$

となり，定理 2.6.1 はただちに得られる． □

現代では，この定理は大学の群論の授業の中で扱うことが多いが，それだとせいぜい「なるほど」と思う程度で，ガウスのような感慨を持つ人はほぼいないと思う．やはり，自分自身で発見しないと数学の感動は味わえないのかもしれない．

普通の整数の言葉で上の命題を言い換えよう．$f(x) = x^2 + 1$ という関数を考えて，x に整数を代入することにする．正の整数 x に対して，$f(x) = x^2 + 1$ を素因数分解したときの様子は次ページの表の通りである．

定理 2.6.1 は，$x^2 + 1$ の素因数分解には 2 と $4m + 1$ の形の素数しか現れないこと，および $4m + 1$ の型の素数は必ず $x^2 + 1$ の素因数として現れる (つまり，上の表を続けて行けば必ず現れる) ことを述べている (このように言い換えられることの証明は読者にまかせる)．

x	$f(x) = x^2 + 1$
1	2
2	5
3	$10 = 2 \cdot 5$
4	17
5	$26 = 2 \cdot 13$
6	37
7	$50 = 2 \cdot 5^2$
8	$65 = 5 \cdot 13$
9	$82 = 2 \cdot 41$
10	101
11	$122 = 2 \cdot 61$
12	$145 = 5 \cdot 29$

問 2.3 ユークリッドは素数が無限個あることを次のように証明した.

もし素数が有限個 $p_1, \ldots, p_r$ しかなかったとすると $p_1 \cdots p_r + 1$ を割る素数は $p_1, \ldots, p_r$ のどれとも異なり矛盾する.

上に述べた定理 2.6.1 の言い換えを使って, $4m+1$ の型の素数が無限個あることを, ユークリッドの証明方法で証明せよ. また, $4m+3$ の型の素数が無限個あることを, 適当な 1 次式 $f(x)$ を見つけることによって, ユークリッドの証明方法で証明せよ.

われわれがここまでしてきたように, $\mathbb{F}_p^\times$ の元を長方形に並べる, という考え方で行くと, 定理 2.6.1 は 4 乗剰余に拡張することも容易である. 次の節では 4 乗剰余について述べよう.

2.7 4 乗剰余

n を正の整数, a を p と素な整数とする. x についての合同式

$$x^n \equiv a \pmod{p}$$

が整数解を持つとき, a を p の n 乗剰余であると言う. $n = 2$ のとき, 命題 2.5.1 により 2 乗剰余であることは平方剰余であることと同じである. この節では, $n =$

4 のときを考える．もう一度 $n=4$ のときを述べると，

$$x^4 \equiv a \pmod p$$

という合同式に整数解があるとき，a を p の 4 乗剰余であると言うのである．

まず，a が p の 4 乗剰余であるためには，定義から a は p の平方剰余でなければならない．p が $p \equiv 1 \pmod 4$ であるか，$p \equiv 3 \pmod 4$ であるかに分けて考えることにする．

命題 2.7.1 p が $p \equiv 3 \pmod 4$ をみたすとき，a が p の 4 乗剰余であることと a が p の平方剰余であることは同値である．

証明 4 乗剰余ならば平方剰余であることは定義からただちに従うから，その逆を証明する．$p=4m+3$, m は整数，と書くことにする．a が p の平方剰余であるとして，$x^2 \equiv a \pmod p$ をみたす整数 x があるとする．a は p と互いに素だから，x も p と互いに素であることに注意する．$y=x^{m+1}$ とおく．y^4 を計算すると，

$$y^4 = x^{4(m+1)} = x^{4m+2}x^2 = x^{p-1}x^2 \equiv x^2 \equiv a \pmod p$$

となる．ここに，最初の合同式ではフェルマの小定理 $x^{p-1} \equiv 1 \pmod p$ を使った．上の合同式から a は p の 4 乗剰余である． □

命題 2.7.1 から，4 乗剰余であるかどうかが問題になるのは $p \equiv 1 \pmod 4$ をみたす素数 p に対してであることがわかる．このとき，$p-1$ は 4 で割り切れるので，$\mathbb{F}_p^\times$ の元を次のような長方形に並べることができる．

$\overline{1}$	$\overline{g}^4$	$\overline{g}^8$	...	$\overline{g}^{p-5}$
$\overline{g}$	$\overline{g}^5$	$\overline{g}^9$	...	$\overline{g}^{p-4}$
$\overline{g}^2$	$\overline{g}^6$	$\overline{g}^{10}$	...	$\overline{g}^{p-3}$
$\overline{g}^3$	$\overline{g}^7$	$\overline{g}^{11}$	...	$\overline{g}^{p-2}$

例をあげると，$p=17$ のとき，$g=3$ ととって，$\overline{3}^2=\overline{9}, \overline{3}^3=\overline{27}=\overline{10}, \ldots$ と計算することにより，

$\overline{1}$	$\overline{13}$	$\overline{16}$	$\overline{4}$
$\overline{3}$	$\overline{5}$	$\overline{14}$	$\overline{12}$
$\overline{9}$	$\overline{15}$	$\overline{8}$	$\overline{2}$
$\overline{10}$	$\overline{11}$	$\overline{7}$	$\overline{6}$

と並べることができる.

一般の p に対して, $\mathbb{F}_p^\times$ を 4 行に並べた表に戻ろう. 第 1 行全体の集合を H_4 と書くことにする. すなわち, $H_4 = \{\overline{1}, \overline{g}^4, \overline{g}^8, \ldots, \overline{g}^{p-5}\}$ である. 平方剰余のときに述べた方法 (同値条件 (2.1) の証明, あるいは次の節の補題 2.8.1 を参照) により,

$$H_4 = \{\alpha^4 \mid \alpha \in \mathbb{F}_p^\times\}$$

となることがわかる. 右辺には g は現れないので, 第 1 行全体の集合 H_4 は g の取り方によらない. また, 上の等式から次もわかる.

命題 2.7.2　a が p の 4 乗剰余であるためには $\overline{a} \in H_4$ となることが必要十分である.

前ページの最初の 4 行でできた長方形に戻ろう. 定理 2.2.2 の証明で使った記号を用いて, 第 2 行, 第 3 行, 第 4 行の元全体の集合をそれぞれ, gH_4, g^2H_4, g^3H_4 と書くことにする. H_2 を §2.5 の通りとすると, 定義から

$$H_2 = H_4 \cup g^2H_4$$

である. よって, 第 3 行の元全体の集合は平方剰余であって 4 乗剰余ではない元全体である. したがって, 第 3 行の元全体の集合 g^2H_4 も g の取り方によらない. 一方, 第 2 行, 第 4 行全体の集合は g の取り方による. たとえば, g として, $gh \equiv 1 \pmod{p}$ をみたす整数 h をとれば, h も原始根である. $\overline{h}\overline{g} = \overline{1}$ より, ($\overline{g}^{p-1} = \overline{1}$ を考えて)

$$\overline{h} = \overline{g}^{p-2} = \overline{g}^{3+(p-5)} \in g^3H_4$$

となるので, $\overline{h}$ は g を使った長方形では第 4 行に現れるが, h を使って作った長方形では定義から第 2 行 hH_4 に現れる. (群論を使って説明すると, H_4 は $\mathbb{F}_p^\times$ の部分群であり, g^iH_4 は剰余類である; 付録 §A1-3 参照.)

例をあげよう. $p = 17$ のとき, $g = 7$ ととると, $\overline{7}^2 = \overline{15}, \ldots$ と計算して,

$\overline{1}$	$\overline{4}$	$\overline{16}$	$\overline{13}$
$\overline{7}$	$\overline{11}$	$\overline{10}$	$\overline{6}$
$\overline{15}$	$\overline{9}$	$\overline{2}$	$\overline{8}$
$\overline{3}$	$\overline{12}$	$\overline{14}$	$\overline{5}$

を得る．第 1 行，第 3 行の元全体の集合は $g=3$ のときと同じだが，$g=3$ のときの第 2 行全体の集合は上の第 4 行全体の集合になっており，$g=3$ のときの第 4 行全体の集合は上の第 2 行全体の集合になっていることを確認してほしい．いずれにせよこのとき，$H_4=\{\overline{1},\overline{4},\overline{13},\overline{16}\}$ である．

-1 が 4 乗剰余であるための必要十分条件を考えよう．まず，$p\equiv 3 \pmod 4$ をみたす p に対しては，定理 2.6.1 により -1 は平方剰余でないので，命題 2.7.1 により -1 は 4 乗剰余でもない．そこで，$p\equiv 1 \pmod 4$ をみたす p に対して，いつ -1 が 4 乗剰余になるかが問題になる．

命題 2.7.3 奇素数 p に対して，-1 が p の 4 乗剰余であるための必要十分条件は，

$$p\equiv 1 \pmod 8$$

となることである．

証明 最初に $p\equiv 1 \pmod 8$ であるとする．このとき，$\alpha=\overline{g}^{\frac{p-1}{8}}$ とおくと，

$$\alpha^4=(\overline{g}^{\frac{p-1}{8}})^4=\overline{g}^{\frac{p-1}{2}}=\overline{-1}$$

となる．ここで，定理 2.6.1 の証明の中の式 (2.2) $\overline{g}^{\frac{p-1}{2}}=\overline{-1}$ を使った．したがって，$\overline{-1}\in H_4$ であり，命題 2.7.2 により -1 は 4 乗剰余である．

逆に，-1 が 4 乗剰余であるとする．すると -1 は p の平方剰余なので，定理 2.6.1 から $p\equiv 1 \pmod 4$ が成り立つ．$p\equiv 5 \pmod 8$ であるとすると，

$$\overline{-1}=\overline{g}^{\frac{p-1}{2}}=\overline{g}^2\overline{g}^{\frac{p-5}{2}}=\overline{g}^2(\overline{g}^{\frac{p-5}{8}})^4\in g^2H_4$$

となり，$\overline{-1}$ は上のように長方形を書いたときに第 3 行に出てくることになる．したがって，第 1 行には出て来ず，命題 2.7.2 から -1 は p の 4 乗剰余にはならない．$p\equiv 1 \pmod 4$, $p\not\equiv 5 \pmod 8$ から，$p\equiv 1 \pmod 8$ がわかる． □

例として，$p=17$ を考える．$17\equiv 1 \pmod 8$ である．このとき，上の表を見ると，$\overline{-1}=\overline{16}$ は確かに第 1 行に出てきており，-1 は 4 乗剰余である．

問 2.4 p を奇素数とする．-1 が p の 8 乗剰余であるためには，

$$p\equiv 1 \pmod{16}$$

であることが必要十分であることを証明せよ．

問 2.5 (1) x を整数とするとき，x^4+1 を割る素数は 2 か $p \equiv 1 \pmod 8$ をみたす素数であることを証明せよ．
(2) $8m+1$ の型の素数が無限個あることを，ユークリッドの方法で証明せよ．

2.8　d 乗剰余

d を $p-1$ の約数とする．g を p の原始根として

$$H_d = \{\overline{1}, \overline{g}^d, \overline{g}^{2d}, \ldots, \overline{g}^{(\frac{p-1}{d}-1)d}\}$$

とおく．H_d は $\frac{p-1}{d}$ 個の元からできている集合であり，乗法で閉じている．つまり，$\alpha, \beta \in H_d$ であれば $\alpha\beta \in H_d$ が成立する．また，$\alpha \in H_d$ であれば，$\mathbb{F}_p^\times$ の乗法に関する逆元 α^{-1} も H_d に属す (α^{-1} は $\alpha\alpha^{-1} = \overline{1}$ をみたす $\mathbb{F}_p^\times$ の元で，その存在は定理 2.1.2 で保証されている)．具体的には，$\alpha = \overline{g}^{kd}$ のとき，$\alpha^{-1} = \overline{g}^{(\frac{p-1}{d}-k)d}$ である．(以上に述べたことは，群論の言葉で言えば，H_d が $\mathbb{F}_p^\times$ の部分群になるということである; §A1-3 参照.) $d=2$, $d=4$ のときと同じように，次の補題が成り立つ．

補題 2.8.1　$H_d (= \{\overline{1}, \overline{g}^d, \overline{g}^{2d}, \ldots, \overline{g}^{(\frac{p-1}{d}-1)d}\}) = \{\alpha^d \mid \alpha \in \mathbb{F}_p^\times\}$

証明 H_d の元は $\overline{g}^{kd}$ (k は $0 \leq k < \frac{p-1}{d}$ をみたす整数) と書ける．$\overline{g}^{kd} = (\overline{g^k})^d$ なので，この元は右辺に入る．

逆に，右辺の元は $\alpha \in \mathbb{F}_p^\times$ を使って α^d という形で書ける．$\alpha = \overline{g}^k$ と書くことにすると，$\alpha^d = \overline{g}^{kd}$ であり，この元は H_d に入る．　□

補題 2.8.1 の右辺を $(\mathbb{F}_p^\times)^d$ と書く．補題 2.8.1 により，

$$H_d = (\mathbb{F}_p^\times)^d$$

である．右辺は原始根 g の取り方によらないので，H_d も g の取り方によらない (元を並べる順序は g の取り方によるが，集合としては g の取り方によらない)．

補題 2.8.2　a を p と素な整数とする．合同式 $x^d \equiv a \pmod p$ が整数解を持つ (つまり a が p の **d 乗剰余である**) ための必要十分条件は，$\overline{a} \in H_d$ となることである．

証明 $x^d \equiv a \pmod p$ は $\overline{a} = \overline{x}^d$ と同値だから，これは補題 2.8.1 からすぐにわかる．　□

ここでは次の章で使う H_d の性質を証明しておく．任意の $\alpha \in \mathbb{F}_p^\times$ に対して，

$$\alpha H_d = \alpha(\mathbb{F}_p^\times)^d = \{\alpha\overline{x}^d \mid \overline{x} \in \mathbb{F}_p^\times\}$$

とおく．この形の集合のことを α が属する H_d の**剰余類**と呼ぶ．

補題 2.8.3 (1) αH_d は $\frac{p-1}{d}$ 個の元からできている集合である．

(2) $\beta \in \alpha H_d$ であれば，$\alpha H_d = \beta H_d$ が成り立つ．

(3) 逆に，$\beta \in \mathbb{F}_p^\times$ が $\beta \notin \alpha H_d$ をみたせば，$\alpha H_d \cap \beta H_d = \emptyset$ となる．

証明 この補題の証明は，本質的に定理 2.2.2 の証明の中で既に得られている．しかしながら，ここでもう一度きちんと証明を述べることにしよう．

(1) $H_d \longrightarrow \alpha H_d$ という写像を，$\overline{x}$ を $\alpha\overline{x}$ に対応させることによって作ると，この対応は，1 : 1 対応を与える (全単射を与える; 全単射という言葉については付録 §A1-2 参照)．というのは，α には乗法に関する逆元 $\alpha^{-1} \in \mathbb{F}_p^\times$ があるので，$\alpha\overline{x} = \alpha\overline{y}$ が成り立てば，α^{-1} を掛けて，$\overline{x} = \overline{y}$ が得られるからである．したがって，αH_d の元の数は，H_d と同じく $\frac{p-1}{d}$ である．

(2) $\beta \in \alpha H_d$ から，ある $\gamma \in H_d$ を使って $\beta = \alpha\gamma$ と書ける．

$$\alpha H_d = \beta H_d$$

を証明する．γ の乗法に関する逆元 γ^{-1} は H_d に入っていることに注意する．左辺の元は $\alpha\overline{x}$ という形 ($\overline{x} \in H_d$) に書けるが，$\alpha = \beta\gamma^{-1}$ を代入して，$\alpha\overline{x} = \beta(\gamma^{-1}\overline{x})$ を得る．$\gamma^{-1}\overline{x} \in H_d$ なので，この元は右辺にも入る．一方，右辺の元は $\beta\overline{x}$ という形 ($\overline{x} \in H_d$) に書けるが，今度は $\beta = \alpha\gamma$ を代入して，$\beta\overline{x} = \alpha(\gamma\overline{x})$ を得るので，$\gamma\overline{x} \in H_d$ より，この元は左辺にも入る．以上により，$\alpha H_d = \beta H_d$ である．

(3) これは定理 2.2.2 の中で述べたことの繰り返しになるが，αH_d と βH_d の両方に入る元があったとすると，その元は $\alpha\overline{x} = \beta\overline{y}$ と書ける ($\overline{x}, \overline{y} \in H_d$) ことになるが，この式は $\beta = \alpha(\overline{x} \cdot \overline{y}^{-1})$ を導くので $\beta \in \alpha H_d$ となって仮定に矛盾する．よって，αH_d と βH_d は交わらない． □

以上の補題により，次がわかる．

補題 2.8.4 p と素なすべての整数 a に対して，$\overline{a}H_d$ を考えても，出てくる集合は全部で d 個しかない．

証明 $\mathbb{F}_p^\times$ は $p-1$ 個の元からなり，H_d の剰余類は補題 2.8.3 (1) より $\frac{p-1}{d}$ 個の元でできていることに注意する．補題 2.8.3 (3) により，異なる剰余類は交わらないので，$\mathbb{F}_p^\times$ は d 個の剰余類の和集合に分けることができる．任意の p と素な整数 a に対して，$\overline{a}$ はこれら d 個の剰余類のどれか一つに入る．このとき，補題 2.8.3 (2) により，$\overline{a}H_d$ は $\overline{a}$ が属する剰余類に一致する．したがって，$\overline{a}H_d$ の型の集合は全部で d 個しかない．

今までずっと出てきた長方形を使って説明すると，第 1 行に H_d の元を書き，第 2 行には gH_d, 第 3 行には g^2H_d と続ければ，$H_d, gH_d, \ldots, g^{d-1}H_d$ と全部で行は d 行できる．各行の元がなす集合が剰余類なので，剰余類の個数は全部で d 個となるのである．□

例として，前節の $p=17, d=4$ の長方形を見てみよう．この長方形の第 1 行から

$$H_4 = \{\overline{1}, \overline{13}, \overline{16}, \overline{4}\} = \{\overline{1}, \overline{4}, \overline{13}, \overline{16}\}$$

である．H_4 は集合と考えているので，元を並べる順序は考慮していないことに注意する．同様に，第 2 行，第 3 行，第 4 行から

$$\begin{aligned}\overline{3}H_4 &= \{\overline{3}, \overline{5}, \overline{12}, \overline{14}\},\\ \overline{9}H_4 &= \{\overline{2}, \overline{8}, \overline{9}, \overline{15}\},\\ \overline{10}H_4 &= \{\overline{6}, \overline{7}, \overline{10}, \overline{11}\}\end{aligned}$$

がわかる．$\overline{5}H_4, \overline{12}H_4$ は共に $\overline{3}H_4$ に一致する．$\overline{20}=\overline{3}$ なので，$\overline{20}H_4$ とも一致する．$\overline{-5}=\overline{12}$ だから，$\overline{-5}H_4=\overline{3}H_4$ でもある．つまり，

$$\overline{3}H_4 = \overline{5}H_4 = \overline{12}H_4 = \overline{20}H_4 = \overline{-5}H_4$$

である．

注意 補題 2.8.3 (2) で示したように，$\beta \in \alpha H_d$ であれば，$\alpha H_d = \beta H_d$ が成り立つが，

$$\begin{aligned}\alpha H_d &= \{\alpha, \alpha\overline{g}^d, \alpha\overline{g}^{2d}, \ldots, \alpha\overline{g}^{(\frac{p-1}{d}-1)d}\},\\ \beta H_d &= \{\beta, \beta\overline{g}^d, \beta\overline{g}^{2d}, \ldots, \beta\overline{g}^{(\frac{p-1}{d}-1)d}\}\end{aligned}$$

と考えると，集合としては変わらないが，順序の入れ換えが起こっている．

例で説明すると，$p=17, d=4, g=3$ のとき，$\alpha=\overline{3}$ と取って上のように $\overline{3}H_4$ を並べると，

$$\overline{3}H_4 = \{\overline{3}, \overline{5}, \overline{14}, \overline{12}\}$$

となる．一方，$\beta = \overline{5}$ と取って上のように $\overline{5}H_4$ を並べると，

$$\overline{5}H_4 = \{\overline{5}, \overline{14}, \overline{12}, \overline{3}\}$$

となる．このように集合としては一致するが，順序は入れ換わっている．12 を取ると，

$$\overline{12}H_4 = \{\overline{12}, \overline{3}, \overline{5}, \overline{14}\}$$

である．

第 3 章

ガウス周期

この章では，$p=0$ の世界から普通の複素数の世界に戻ることにする．「数論研究」 第 7 章の核心部分であるガウス周期について述べていく．この章を通じて，p は奇素数であるとする．

3.1 定義

ガウスの生地ブラウンシュヴァイクに立つ
ガウスの銅像（著者撮影）

p を素数として，

$$\zeta = e^{\frac{2\pi i}{p}} = \cos\frac{2\pi}{p} + i\sin\frac{2\pi}{p}$$

とおく．第 2 章で述べたように，$1, \zeta, \zeta^2, \zeta^3$ と複素平面の中に並べていくと，単位円の上の正 p 角形ができる．

α を $\mathbb{F}_p$ の元とする．第 2 章の最初に述べたように，$\alpha = \overline{a}$ とするとき，

$$\zeta^\alpha = \zeta^a$$

と定義すると，この定義は a の取り方によらない．つまり，$\alpha = \overline{a} = \overline{a'}$ のとき，$\zeta^a = \zeta^{a'}$ が成立する．これは，以前見たように，$a' \equiv a \pmod{p}$ なので，$a' = a + kp$ (k は整数) と書け，$\zeta^{a'} = \zeta^{a+kp} = \zeta^a$ となるからである．そこで，以下では ζ^α を上のように定義して，使うことにする．

まず，次の性質はすぐにわかる．

命題 3.1.1
$$\sum_{\alpha \in \mathbb{F}_p} \zeta^\alpha = 0$$

ここで左辺の Σ の意味を説明しておくと $\mathbb{F}_p$ のすべての元 α に対して ζ^α を考え，それらすべての和をとる，ということである．

証明 上の等式は

$$1 + \zeta + \zeta^2 + \cdots + \zeta^{p-1} = 0$$

を意味しているので，これを証明する．$x^p - 1$ は

$$x^p - 1 = (x-1)(x^{p-1} + x^{p-2} + \cdots + 1)$$

と因数分解される．この式に，$x = \zeta$ を代入すると，$\zeta^p - 1 = 0$ であるが，$\zeta - 1 \neq 0$ なので，$\zeta^{p-1} + \zeta^{p-2} + \cdots + 1 = 0$ を得る． □

幾何的に考えるなら，単位円上の正 p 角形の頂点を $P_0, P_1, \ldots, P_{p-1}$ として，中心 O と P_i を結ぶベクトル $\overrightarrow{OP_i}$ をすべて加えれば，対称性からゼロベクトルとなる．上の等式はこのことを意味している．

命題 3.1.1 と $\mathbb{F}_p^\times = \mathbb{F}_p \setminus \{\overline{0}\}$ から，

$$\sum_{\alpha \in \mathbb{F}_p^\times} \zeta^\alpha = 0 - \zeta^0 = 0 - 1 = -1$$

がわかる．ここで，左辺の Σ は上の命題で説明したのと同様に，今度は $\mathbb{F}_p^\times$ のすべての元 α に対して ζ^α を考え，それらすべての和をとる，ということである．系として，書いておこう．

系 3.1.2
$$\sum_{\alpha \in \mathbb{F}_p^\times} \zeta^\alpha = -1$$

d を $p-1$ の約数とする．g を p の原始根として，§2.8 の記号を用いて

$$H_d = \{\overline{1}, \overline{g}^d, \overline{g}^{2d}, \ldots, \overline{g}^{(\frac{p-1}{d}-1)d}\}$$

とおく．補題 2.8.1 により，$H_d = (\mathbb{F}_p^\times)^d$ であることを思い出そう．

定義 3.1.3 整数 a と $\mathbb{F}_p$ の元 β に対して，$a\beta$ を $a\beta = \overline{a}\beta$ と定義する．任意の整数 a と $p-1$ の約数 d に対して，$[a]_d$ を

$$[a]_d = \sum_{\beta \in H_d} \zeta^{a\beta}$$

で定義する．Σ は上で説明してきたのと同様に，H_d のすべての元 β に対して $\zeta^{a\beta}$ を考え，それらすべての和をとる，ということである．この本では，この形の数を d **次のガウス周期**と呼ぶことにする．

なお，ガウスは「数論研究」の中で，上の $[a]_d$ を $(\frac{p-1}{d}, a)$ と書いている．a と d の果たす役割の違いを考えて，この本では定義 3.1.3 の表記法を導入することにした．

最初に，定義から簡単にわかることを述べよう．

命題 3.1.4 (1) a が p の倍数のとき，

$$[a]_d = \frac{p-1}{d}$$

である．

(2) a が p と互いに素なとき，$\mathbb{F}_p^\times$ の中の $\overline{a}$ が属する H_d の剰余類を aH_d と書くことにする ($aH_d = \{\overline{a},\ \overline{a} \cdot \overline{g}^d,\ \overline{a} \cdot \overline{g}^{2d}, \ldots, \overline{a} \cdot \overline{g}^{(\frac{p-1}{d}-1)d}\}$)．このとき，

$$[a]_d = \sum_{\beta \in aH_d} \zeta^{\beta}$$

である．

(3) $a \equiv b \pmod{p}$ であれば，$[a]_d = [b]_d$ である．

(4) a が p と互いに素で，整数 b が $\overline{b} \in aH_d$ をみたせば，

$$[a]_d = [b]_d$$

である．違う言葉で述べると，$\mathbb{F}_p^\times$ の中で，$\overline{a}$ の乗法の逆元を $\overline{a}^{-1}$ と書くことにすると，$\overline{a}^{-1}\overline{b} \in H_d$ が成り立つならば，

$$[a]_d = [b]_d$$

が成り立つ．

証明 この命題の証明はすべて定義と§2.8 で述べたことから出てくる．

まず (1) だが，a が p の倍数のときは，$\zeta^{a\beta} = \zeta^0 = 1$ となるので，H_d が $\frac{p-1}{d}$ 個の元の集合であることを考えると，$[a]_d = \sum_{\beta \in H_d} 1 = \frac{p-1}{d}$ となる．

次に (2) は定義からただちにわかる．

さらに (3) は $[a]_d$ が $[a]_d = \sum_{\beta \in H_d} \zeta^{\overline{a}\beta}$ と $\overline{a}$ を使って書けることを考えると，$\overline{a} = \overline{b}$ より，すぐにわかる．

最後に (4) だが，$\overline{b} \in aH_d$ が成り立つとき，補題 2.8.3 (2) より $aH_d = bH_d$ である．したがって，先ほど (2) で証明したことを使うと，

$$[a]_d = \sum_{\beta \in aH_d} \zeta^\beta = \sum_{\beta \in bH_d} \zeta^\beta = [b]_d$$

が得られる．また，$\overline{a}^{-1}\overline{b} \in H_d$ であることと $\overline{b} \in \overline{a}H_d$ であることは同値である (前者が成り立てば，$\gamma = \overline{a}^{-1}\overline{b} \in H_d$ とおくと，$\overline{b} = \overline{a}\gamma$ なので後者が成り立ち，後者が成り立つなら，$\overline{b} = \overline{a}\gamma$ が成り立つような $\gamma \in H_d$ があり，$\overline{a}^{-1}\overline{b} = \gamma \in H_d$ となり，前者が成り立つ)．したがって，(4) の後半に述べたことも成り立つ．□

上の命題で述べたことは，$[a]_d$ は $\overline{a}$ が属する H_d の剰余類で決まる，ということである．

g を p の原始根とする．補題 2.8.4 とその後で述べた説明から，H_d の剰余類は

$$H_d,\ gH_d,\ g^2H_d, \ldots, g^{d-1}H_d$$

の d 個である．したがって，$[a]_d$ は

$$[0]_d = \frac{p-1}{d},\ [1]_d,\ [g]_d,\ [g^2]_d, \ldots, [g^{d-1}]_d$$

のどれかに一致することがわかる．

これらの数 (定義から複素数である) はどのような数だろうか．“具体的な形”で書けるだろうか．それを調べるのがこれからの目的である．

まず，これらの数の間にはどのような関係があるだろうか．次の関係は，命題 3.1.1 (系 3.1.2) からすぐにわかる．

命題 3.1.5
$$\sum_{i=0}^{d-1}[g^i]_d = -1$$

証明
$$\sum_{i=0}^{d-1}[g^i]_d = \sum_{\alpha\in\mathbb{F}_p^\times}\zeta^\alpha = -1$$

と計算できる．ここで，最後の等号は系 3.1.2 を使った． □

3.2 $d=\frac{p-1}{2}$ のとき

p は奇素数と仮定していたので，$\frac{p-1}{2}$ は整数である．この節では，$d=\frac{p-1}{2}$ のときの $[a]_d$ がどのような数になるか計算しよう．なお次の第 4 章では，$d=2$ のときを詳しく調べる．

g を p の原始根とする．$d=\frac{p-1}{2}$ ととると，

$$H_{\frac{p-1}{2}} = \{\overline{1}, \overline{g}^{\frac{p-1}{2}}\}$$

である．定理 2.6.1 の証明の中の (2.2) で $\overline{g}^{\frac{p-1}{2}} = \overline{-1}$ を証明したことを思い出そう．この式を使うと，

$$H_{\frac{p-1}{2}} = \{\overline{1},\ \overline{-1}\}$$

である．

$$\zeta = e^{\frac{2\pi i}{p}} = \cos\frac{2\pi}{p} + i\sin\frac{2\pi}{p}$$

から，

$$\zeta^{-1} = e^{-\frac{2\pi i}{p}} = \cos\frac{2\pi}{p} - i\sin\frac{2\pi}{p}$$

であり，

$$[1]_{\frac{p-1}{2}} = \zeta + \zeta^{-1} = 2\cos\frac{2\pi}{p}$$

となる．

もっと一般に，a を p と素な整数とする．

$$\overline{a}H_{\frac{p-1}{2}} = \overline{a}\{\overline{1},\ \overline{-1}\} = \{\overline{a},\ \overline{-a}\}$$

であるから，

$$[a]_{\frac{p-1}{2}} = \zeta^a + \zeta^{-a} = 2\cos\frac{2a\pi}{p}$$

となる．

まとめておく．

命題 3.2.1 $d=\frac{p-1}{2}$ のとき，p と素な整数 a に対して，

$$[a]_{\frac{p-1}{2}} = 2\cos\frac{2a\pi}{p}$$

である．

このようにガウス周期の典型例として三角関数の値が現れる．この例で考えてみると，ガウス周期の間にさまざまな関係があることが想像できるだろうと思う．たとえば，上の命題から cos の倍角公式を使えば，

$$[2]_{\frac{p-1}{2}} = 2\cos\frac{4\pi}{p} = 2\Big(2\cos^2\left(\frac{2\pi}{p}\right)-1\Big) = ([1]_{\frac{p-1}{2}})^2-2$$

が得られる．

3.3 積公式

$p=5$ のときを考えよう．$p-1=4$ だから，$d=1, 2, 4$ と取れるが，一番興味深い $d=2$ を取ろう．$p=5$ の原始根として $g=2$ が取れる．$H_2=\{\overline{1},\overline{4}\}$, $2H_2=\{\overline{2},\overline{3}\}$ と H_2 の剰余類は計算できる．2 次の周期として

$$[1]_2 = 2\cos\frac{2\pi}{5},\quad [2]_2 = 2\cos\frac{4\pi}{5}$$

を考える．この値は第 1 章でさまざまな方法で求めたが，ここではその和と積を計算することによって求めよう．まず，命題 3.1.5 より

$$[1]_2+[2]_2=-1$$

である．上で計算したように $H_2=\{\overline{1},\overline{4}\}, 2H_2=\{\overline{2},\overline{3}\}$ より，

$$\begin{aligned}[1]_2\cdot[2]_2 &= (\zeta+\zeta^4)(\zeta^2+\zeta^3) = \zeta^3+\zeta^4+\zeta^6+\zeta^7\\ &= \zeta+\zeta^2+\zeta^3+\zeta^4 = -1\end{aligned}$$

となる．ここで，最後に系 3.1.2 を使った．以上から 2 次方程式の解と係数の関係により，$[1]_2$ と $[2]_2$ は

$$x^2+x-1=0$$

の 2 つの解となる．大きさを考えて，

$$[1]_2 = \frac{-1+\sqrt{5}}{2},\quad [2]_2 = \frac{-1-\sqrt{5}}{2}$$

がわかる．

一般に，2 つのガウス周期の積はどのように計算できるだろうか．ガウスは「数

論研究」第 7 章 §345 で次の公式を得ている．公式を書き下すために，次の記号法を用いる．$\alpha \in \mathbb{F}_p$ に対して，$\alpha = \overline{a}$ なる a を取り，$[\alpha]_d = [a]_d$ と定義する．$[a]_d$ は命題 3.1.4 (3) より，$\overline{a}$ だけで決まるので，$[\alpha]_d$ は a の取り方によらず，きちんとした定義 (well-defined) になっている．

定理 3.3.1 (積公式)　a, b を整数とする．このとき

$$[a]_d \cdot [b]_d = \sum_{\alpha \in H_d} [\overline{a} + \overline{b}\alpha]_d = \sum_{\alpha \in H_d} [\overline{a}\alpha + \overline{b}]_d$$

が成立する．

たとえば，この公式を使うと，最初に述べた $p = 5$ のときの $[1]_2 \cdot [2]_2$ は，$H_2 = \{\overline{1}, \overline{4}\}$ に注意して

$$[1]_2 \cdot [2]_2 = [1+2]_2 + [1 + 2 \times 4]_2 = [3]_2 + [9]_2$$

と計算できる．さらに，$9 \equiv 4 \pmod 5$ より，命題 3.1.4 (3) から $[9]_2 = [4]_2$ がわかり，$\overline{3} \in 2H_2, \overline{4} \in H_2$ と命題 3.1.4 (4) から，$[3]_2 = [2]_2$, $[4]_2 = [1]_2$ がわかる．よって，

$$[1]_2 \cdot [2]_2 = [3]_2 + [9]_2 = [2]_2 + [1]_2 = -1$$

がわかる．このように，そして以下で見ていくように，この積公式を使うと，H_d の剰余類の表さえあれば，形式的にガウス周期の積を計算できるのである．

定理 3.3.1 の証明　定義より，

$$[a]_d \cdot [b]_d = \sum_{\alpha \in H_d} \zeta^{a\alpha} \cdot \sum_{\beta \in H_d} \zeta^{b\beta} = \sum_{\alpha \in H_d} \sum_{\beta \in H_d} \zeta^{a\alpha + b\beta} = \sum_{\alpha \in H_d} \sum_{\beta \in H_d} \zeta^{\overline{a}\alpha + \overline{b}\beta}$$

である．α の $\mathbb{F}_p^\times$ の中での乗法に関する逆元を α^{-1} と書くと，$\mathbb{F}_p$ の中の加法で

$$\overline{a}\alpha + \overline{b}\beta = \alpha(\overline{a} + \overline{b}\alpha^{-1}\beta)$$

となる．α を止めて，β が H_d のすべての元を動くとき，$\alpha^{-1}\beta$ も H_d のすべての元を動く．もう少し正確に書くと，$\alpha \in H_d$ から $\alpha^{-1} \in H_d, \alpha^{-1}\beta \in H_d$ であり，

$$\beta \longmapsto \alpha^{-1}\beta$$

という H_d から H_d への写像を考えるとこの写像は 1 : 1 (全単射; 全単射という言葉については付録 §A1-2 参照) である．というのは，この写像には逆写像 $\beta \mapsto \alpha\beta$ があるからである (群論についての付録 §A1-2 参照)．かくして，β が H_d のすべての元を動くとき，$\alpha^{-1}\beta$ にも H_d のすべての元が一回だけ出てくることになる．$\gamma = \alpha^{-1}\beta$ とおこう．このことから，

$$\sum_{\beta \in H_d} \zeta^{\overline{a}\alpha + \overline{b}\beta} = \sum_{\beta \in H_d} \zeta^{\alpha(\overline{a} + \overline{b}\alpha^{-1}\beta)} = \sum_{\gamma \in H_d} \zeta^{\alpha(\overline{a} + \overline{b}\gamma)}$$

が得られる．したがって，

$$\begin{aligned} [a]_d \cdot [b]_d &= \sum_{\alpha \in H_d} \sum_{\gamma \in H_d} \zeta^{\alpha(\overline{a} + \overline{b}\gamma)} \\ &= \sum_{\gamma \in H_d} \sum_{\alpha \in H_d} \zeta^{\alpha(\overline{a} + \overline{b}\gamma)} \\ &= \sum_{\gamma \in H_d} [\overline{a} + \overline{b}\gamma]_d \end{aligned}$$

となる．最後の等号は，$[\overline{a} + \overline{b}\gamma]_d$ の定義を使った．変数 γ は α に変えても何も問題はないので，一番最後の式は

$$[a]_d \cdot [b]_d = \sum_{\alpha \in H_d} [\overline{a} + \overline{b}\alpha]_d$$

と同じである．かくして，第一の等号が得られた．

次に，$[a]_d \cdot [b]_d = [b]_d \cdot [a]_d$ なので，今の式を $[b]_d \cdot [a]_d$ に適用すれば，

$$\begin{aligned} [a]_d \cdot [b]_d &= [b]_d \cdot [a]_d \\ &= \sum_{\alpha \in H_d} [\overline{b} + \overline{a}\alpha]_d = \sum_{\alpha \in H_d} [\overline{a}\alpha + \overline{b}]_d \end{aligned}$$

が得られる．以上で，定理 3.3.1 が証明された． □

「数論研究」第 7 章にあるガウス自身による証明もわかりやすいので，ここで説明しよう．g を原始根として，$h = g^d$, $k = \frac{p-1}{d}$ とおくと，

$$H_d = \{\overline{1}, \overline{h}, \overline{h}^2, \ldots, \overline{h}^{k-1}\}$$

である．したがって，

$$\begin{aligned} [a]_d &= \zeta^a + \zeta^{ah} + \zeta^{ah^2} + \cdots + \zeta^{ah^{k-1}}, \\ [b]_d &= \zeta^b + \zeta^{bh} + \zeta^{bh^2} + \cdots + \zeta^{bh^{k-1}} \end{aligned}$$

となる．よって，

$$
\begin{aligned}
[a]_d \cdot [b]_d = \quad & \zeta^{a+b} + \quad \zeta^{a+bh} + \quad \zeta^{a+bh^2} + \quad \cdots + \zeta^{a+bh^{k-1}} \\
+ \; & \zeta^{ah+b} + \quad \zeta^{(a+b)h} + \quad \zeta^{ah+bh^2} + \quad \cdots + \zeta^{ah+bh^{k-1}} \\
& \cdots \\
& \cdots \\
+ \; & \zeta^{ah^{k-1}+b} + \zeta^{ah^{k-1}+bh} + \zeta^{ah^{k-1}+bh^2} + \cdots + \zeta^{(a+b)h^{k-1}}
\end{aligned}
$$

を得る．上で，まず対角線上の

$$\zeta^{a+b},\ \zeta^{(a+b)h}, \ldots, \zeta^{(a+b)h^{k-1}}$$

を加えれば，$[a+b]_d$ が得られる．次にその一つ斜め上の，

$$\zeta^{a+bh},\ \zeta^{ah+bh^2}, \ldots, \zeta^{ah^{k-2}+bh^{k-1}} = \zeta^{(a+bh)h^{k-2}}$$

を加え，さらに最後の行の第 1 項にある $\zeta^{ah^{k-1}+b} = \zeta^{(a+bh)h^{k-1}}$ を加えると (ここで $h^k \equiv 1 \pmod p$ を使った)，$[a+bh]_d$ が得られる．次はその一つ斜め上にある

$$\zeta^{a+bh^2},\ \zeta^{ah+bh^3}, \ldots, \zeta^{ah^{k-3}+bh^{k-1}} = \zeta^{(a+bh^2)h^{k-3}}$$

と第 $k-1$ 行第 1 項の $\zeta^{ah^{k-2}+b} = \zeta^{(a+bh^2)h^{k-2}}$ と第 k 行第 2 項の $\zeta^{ah^{k-1}+bh} = \zeta^{(a+bh^2)h^{k-1}}$ を加えれば，$[a+bh^2]_d$ が得られる．このように続けて行くと，

$$
\begin{aligned}
[a]_d \cdot [b]_d &= [a+b]_d + [a+bh]_d + [a+bh^2]_d + \cdots + [a+bh^{k-1}]_d \\
&= \sum_{\alpha \in H_d} [\overline{a} + \overline{b}\alpha]_d
\end{aligned}
$$

が得られる． □

このガウス自身による証明は，抽象数学に慣れていない読者にはわかりやすいと思う．また，この証明を読むことで，ガウス周期とはどのようなものなのかも実感できるように思う．

次の節では，この公式を使って，具体的にガウス周期を計算して行こう．

3.4 $p=7$ のとき

前節の結果を使って，ガウス周期を具体的に計算してみよう．まず，$p=7$ とする．$p-1=6$ だから，2 次と 3 次の周期を考えられる．$g=3$ と原始根を取ろう．

まず，$d=2$ と取ると，

$$H_2 = \{\overline{1}, \overline{3}^2, \overline{3}^4\} = \{\overline{1}, \overline{2}, \overline{4}\}$$

である．また

$$gH_2 = 3H_2 = \{\overline{3}, \overline{3}^3, \overline{3}^5\} = \{\overline{3}, \overline{6}, \overline{5}\}$$

と計算できる．

2 次のガウス周期を考えると，$[0]_2 = 3$ 以外に，

$$[1]_2, \quad [3]_2$$

の 2 つがあるが，上の剰余類の計算と命題 3.1.4 (4) から，

$$[1]_2 = [2]_2 = [4]_2,$$

$$[3]_2 = [5]_2 = [6]_2$$

である．

$$[1]_2 + [3]_2 = -1$$

は命題 3.1.5 でわかっているので，定理 3.3.1 を使って，積を計算しよう．

$$\begin{aligned}
[1]_2 \cdot [3]_2 &= [1+3]_2 + [1+3\cdot 2]_2 + [1+3\cdot 4]_2 \\
&= [4]_2 + [7]_2 + [13]_2 \\
&= [1]_2 + [0]_2 + [6]_2 \\
&= [0]_2 + [1]_2 + [3]_2 \\
&= 3 + (-1) = 2
\end{aligned}$$

となる．したがって解と係数の関係により，$[1]_2$, $[3]_2$ は 2 次方程式 $x^2 + x + 2 = 0$ の 2 解である．この方程式の解はもちろん

$$x = \frac{-1 \pm \sqrt{7}i}{2}$$

である．

$[1]_2 = \zeta + \zeta^2 + \zeta^4$ の虚部は

$$\sin\frac{2\pi}{7} + \sin\frac{4\pi}{7} + \sin\frac{8\pi}{7}$$

であるが，$\sin\frac{2\pi}{7}, \sin\frac{4\pi}{7} > 0$ と，($0 < \frac{4\pi}{7} < \frac{2\pi}{3}$ を考えて)

$$\sin\frac{4\pi}{7} + \sin\frac{8\pi}{7} = \sin\frac{4\pi}{7}\left(1 + 2\cos\frac{4\pi}{7}\right) > 0$$

より，$[1]_2$ の虚部は正である．以上により，

$$[1]_2 = \frac{-1 + \sqrt{7}i}{2}, \quad [3]_2 = \frac{-1 - \sqrt{7}i}{2}$$

となることがわかる．このことからまた，

$$\sin\frac{2\pi}{7} + \sin\frac{4\pi}{7} + \sin\frac{8\pi}{7} = \frac{\sqrt{7}}{2}$$

も証明されたことに注意しておく．

次に $d = 3$ と取ろう．$3^3 \equiv 6 \pmod 7$ より，

$$H_3 = \{\overline{1}, \overline{6}\},\quad 3H_3 = \{\overline{3}, \overline{4}\},\quad 9H_3 = \{\overline{9}, \overline{5}\} = \{\overline{2}, \overline{5}\}$$

と H_3 の剰余類が計算できる．

$d = 3$ のガウス周期は $[0]_3 = 2$ 以外に，

$$[1]_3,\quad [3]_3,\quad [2]_3$$

の 3 つである．H_3 の剰余類の計算と命題 3.1.4 (4) から，

$$[1]_3 = [6]_3,\quad [3]_3 = [4]_3,\quad [2]_3 = [5]_3$$

が得られる．

まず，命題 3.1.5 から，

$$[1]_3 + [3]_3 + [2]_3 = -1$$

である．定理 3.3.1 から

$$\begin{aligned}
[1]_3 \cdot [3]_3 &= [1+3]_3 + [1+3\cdot 6]_3 = [4]_3 + [5]_3 = [3]_3 + [2]_3, \\
[1]_3 \cdot [2]_3 &= [1+2]_3 + [1+2\cdot 6]_3 = [3]_3 + [1]_3, \\
[3]_3 \cdot [2]_3 &= [3+2]_3 + [3+2\cdot 6]_3 = [2]_3 + [1]_3
\end{aligned}$$

と計算できるので，

$$[1]_3 \cdot [3]_3 + [1]_3 \cdot [2]_3 + [3]_3 \cdot [2]_3 = 2([1]_3 + [2]_3 + [3]_3) = -2$$

が得られる．また，上の計算と定理 3.3.1 を使って，

$$\begin{aligned}
[1]_3 \cdot [2]_3 \cdot [3]_3 &= ([3]_3 + [1]_3) \cdot [3]_3 \\
&= [3+3]_3 + [3+3\cdot 6]_3 + [3]_3 + [2]_3 \\
&= [6]_3 + [0]_3 + [3]_3 + [2]_3 \\
&= [0]_3 + [1]_3 + [2]_3 + [3]_3 = 2 - 1 = 1
\end{aligned}$$

が得られる．したがって，解と係数の関係から，$[1]_3, [2]_3, [3]_3$ は 3 次方程式

$$x^3 + x^2 - 2x - 1 = 0$$

の 3 つの解である．命題 3.2.1 より，

$$[1]_3 = 2\cos\frac{2\pi}{7},\quad [2]_3 = 2\cos\frac{4\pi}{7},\quad [3]_3 = 2\cos\frac{6\pi}{7}$$

なので，これで§1.5 の結果が再び得られたことがわかる．

問 3.1 $p=11$ に対して原始根 $g=2$ を取り，ガウス周期 $[1]_2$, $[2]_2$ を決定せよ (この問題については第 4 章で答を述べる)．
また，$[1]_5$, $[3]_5$, $[4]_5$, $[5]_5$, $[9]_5$ がみたす 5 次方程式を求めよ．

3.5 $p=13$ のとき

この節では，$p=13$ と取って ($p-1=12$ である)，$d=2,3,4$ のときを考える．まず，原始根は $g=2$ と取れる．

最初に $d=2$ と取ろう．H_2 の剰余類は具体的に書くと，

$$H_2=\{\overline{1},\overline{4},\overline{3},\overline{12},\overline{9},\overline{10}\},$$
$$2H_2=\{\overline{2},\overline{8},\overline{6},\overline{11},\overline{5},\overline{7}\}$$

となる．2 次のガウス周期 $[1]_2$, $[2]_2$ を求めたい．命題 3.1.5 により，

$$[1]_2+[2]_2=-1$$

である．定理 3.3.1 を使って計算すると，

$$\begin{aligned}[1]_2\cdot[2]_2&=[3]_2+[9]_2+[7]_2+[12]_2+[6]_2+[8]_2\\&=3([1]_2+[2]_2)\\&=-3\end{aligned}$$

がわかる．したがって，$[1]_2$, $[2]_2$ は

$$x^2+x-3=0$$

の 2 つの解である．この方程式の 2 解は $\frac{1}{2}(-1\pm\sqrt{13})$ であるが，$[1]_2$, $[2]_2$ のどちらがどの解になるかを決めよう．

$\theta=\frac{2\pi}{13}$ とおくと，

$$[1]_2=2(\cos\theta+\cos 3\theta+\cos 4\theta),$$
$$[2]_2=2(\cos 2\theta+\cos 5\theta+\cos 6\theta)$$

である．$0<\theta<2\theta<\cdots<6\theta<\pi$ に注意すると，

$$\cos\theta>\cos 2\theta,\ \cos 3\theta>\cos 5\theta,\ \cos 4\theta>\cos 6\theta$$

がわかるので，$[1]_2>[2]_2$ である．よって，$x^2+x-3=0$ を解いて，

$$[1]_2=\frac{-1+\sqrt{13}}{2},\quad [2]_2=\frac{-1-\sqrt{13}}{2}$$

が得られる．

次に，$d=3$ のときを考える．H_3 およびその剰余類は

$$H_3=\{\overline{1},\overline{8},\overline{12},\overline{5}\},$$
$$2H_3=\{\overline{2},\overline{3},\overline{11},\overline{10}\},$$
$$4H_3=\{\overline{4},\overline{6},\overline{9},\overline{7}\}$$

となる．

3 つの 3 次のガウス周期 $[1]_3$, $[2]_3$, $[4]_3$ がみたす 3 次方程式を求めよう．まず，いつものように命題 3.1.5 により，

$$[1]_3+[2]_3+[4]_3=-1$$

である．次に，定理 3.3.1 から

$$\begin{aligned}
[1]_3\cdot[2]_3&=[3]_3+[4]_3+[12]_3+[11]_3=[2]_3+[4]_3+[1]_3+[2]_3,\\
[1]_3\cdot[4]_3&=[5]_3+[7]_3+[10]_3+[8]_3=[1]_3+[4]_3+[2]_3+[1]_3,\\
[2]_3\cdot[4]_3&=[6]_3+[8]_3+[11]_3+[9]_3=[4]_3+[1]_3+[2]_3+[4]_3
\end{aligned}$$

なので，

$$[1]_3\cdot[2]_3+[1]_3\cdot[4]_3+[2]_3\cdot[4]_3=4([1]_3+[2]_3+[4]_3)=-4$$

最後に，

$$\begin{aligned}
[1]_3\cdot[2]_3\cdot[4]_3&=([1]_3+2[2]_3+[4]_3)\cdot[4]_3\\
&=2[1]_3+[2]_3+[4]_3+2([1]_3+[2]_3+2[4]_3)\\
&\quad+[1]_3+[2]_3+[0]_3+[2]_3\\
&=5([1]_3+[2]_3+[4]_3)+[0]_3=-5+4=-1
\end{aligned}$$

となる．よって解と係数の関係により，$[1]_3$, $[2]_3$, $[4]_3$ は 3 次方程式

$$x^3+x^2-4x+1=0$$

の 3 つの解である．

三角関数で書くと，

$$\begin{aligned}
[1]_3&=2\Big(\cos\frac{2\pi}{13}+\cos\frac{10\pi}{13}\Big),\\
[2]_3&=2\Big(\cos\frac{4\pi}{13}+\cos\frac{6\pi}{13}\Big),\\
[4]_3&=2\Big(\cos\frac{8\pi}{13}+\cos\frac{12\pi}{13}\Big)
\end{aligned}$$

であることに注意しておく．この 3 つの値が上の 3 次方程式の解なのである (大きさの順に上の数を並べると，$[2]_3 > [1]_3 > [4]_3$ となっている).

最後に，$d = 4$ のときを考える．H_4 とその剰余類を計算しよう．$g^4 = 2^4 \equiv 3 \pmod{13}$ より，H_4 は $\overline{3}, \overline{3}^2, \overline{1}$ でできている．

$$\begin{aligned} H_4 &= \{\overline{1}, \overline{3}, \overline{9}\}, \\ 2H_4 &= \{\overline{2}, \overline{6}, \overline{5}\}, \\ 4H_4 &= \{\overline{4}, \overline{12}, \overline{10}\} \\ 8H_4 &= \{\overline{8}, \overline{11}, \overline{7}\} \end{aligned}$$

となる．

$$H_4 \cup 4H_4 = H_2, \quad 2H_4 \cup 8H_4 = 2H_2$$

であることに注意する．このことと定義から，

$$[1]_4 + [4]_4 = [1]_2$$

$$[2]_4 + [8]_4 = [2]_2$$

がわかる．上で求めた $[1]_2$, $[2]_2$ の値を代入すると，

$$[1]_4 + [4]_4 = \frac{-1 + \sqrt{13}}{2}$$

$$[2]_4 + [8]_4 = \frac{-1 - \sqrt{13}}{2}$$

である．

$[1]_4$, $[4]_4$ の値を求めよう．ガウスの積公式から

$$\begin{aligned} [1]_4 \cdot [4]_4 &= [5]_4 + [13]_4 + [11]_4 \\ &= [2]_4 + [0]_4 + [8]_4 \\ &= \frac{-1 - \sqrt{13}}{2} + 3 = \frac{5 - \sqrt{13}}{2} \end{aligned} \tag{3.1}$$

を得る．3 つ目の等号を得るために，上で示した $[2]_4 + [8]_4 = \frac{1}{2}(-1 - \sqrt{13})$ を使った．よって，$[1]_4$, $[4]_4$ は

$$x^2 - \frac{-1 + \sqrt{13}}{2}x + \frac{5 - \sqrt{13}}{2} = 0$$

の 2 つの解である．この解は

$$x = \frac{-1 + \sqrt{13} \pm i\sqrt{26 - 6\sqrt{13}}}{4}$$

なので，$[1]_4$, $[4]_4$ のどちらがどの解になるかを決めてしまおう．3 倍角の公式を使うと，$0 < x < \frac{\pi}{2}$ で $\sin x + \sin 3x = 4\sin x(1+\sin x)(1-\sin x) > 0$ なので，$\sin\frac{6\pi}{13} + \sin\frac{18\pi}{13} > 0$ となる．$\sin\frac{2\pi}{13}$ ももちろん正なので，

$$\sin\frac{2\pi}{13} + \sin\frac{6\pi}{13} + \sin\frac{18\pi}{13} > 0$$

である．上の値が $[1]_4$ の虚部であることから，

$$[1]_4 = \frac{-1+\sqrt{13}+i\sqrt{26-6\sqrt{13}}}{4},$$
$$[4]_4 = \frac{-1+\sqrt{13}-i\sqrt{26-6\sqrt{13}}}{4}$$

とわかる．また，上から

$$\sin\frac{2\pi}{13} + \sin\frac{6\pi}{13} + \sin\frac{18\pi}{13} = \frac{\sqrt{26-6\sqrt{13}}}{4}$$

もわかったことに注意しておこう．

問 3.2 $p=13$ に対して，上と同様の方法により，$[2]_4$, $[8]_4$ がみたす 2 次方程式を求めよ．その方程式を解くことにより，$[2]_4$, $[8]_4$ の値を求めよ．

問 3.3 一般の奇素数 p に対して，d を $p-1$ の約数，g を p の原始根，$k = \frac{p-1}{d}$ とする．このとき，

$$H_d = \{\overline{1}, \overline{g}^d, \overline{g}^{2d}, \ldots, \overline{g}^{(k-1)d}\}$$

である．d' を d の約数として，$k' = \frac{p-1}{d'}$ とする．上と同様に

$$H_{d'} = \{\overline{1}, \overline{g}^{d'}, \overline{g}^{2d'}, \ldots, \overline{g}^{(k'-1)d'}\}$$

が成立している．以上のことを使って，$r = \frac{d}{d'}$ とおくと，p と素な任意の整数 a に対して，

$$[a]_{d'} = [a]_d + [ag^{d'}]_d + \cdots + [ag^{(r-1)d'}]_d$$

となることを証明せよ．

第 4 章
2 次のガウス周期

この章の目的は，2 次のガウス周期 $[1]_2, [g]_2$ がみたす 2 次方程式を決定することである (ガウスの「数論研究」では第 7 章 §356 で証明されている)．ここではそれに 3 通りの証明を与える．最初の証明は，ガウスの「4 次剰余の理論 第 1 部」[3] にある方法を，2 次のガウス周期に適用したものである．鍵となるのは，有限体上の 2 次曲線の点の数を数えることである．残りの 2 つの証明は，体論的，ガロア理論的なものである．ガウスの「数論研究」にある証明は，ここで説明する 3 つ目のものである．この 3 つ目の証明は，「数論研究」に現れるガロア理論的なものの氷山の一角である．

また，この定理の応用のひとつとして，有名な平方剰余の相互法則を証明する．この章でも，p は奇素数であると仮定する．

4.1　2 次の無理数と 1 の冪根

前の章ではガウス周期を定義した．この章では $d=2$ のときを詳しく研究する．

g を奇素数 p の原始根とするとき，

$$H_2 = \{\overline{1}, \overline{g}^2, \ldots, \overline{g}^{p-3}\},$$
$$gH_2 = \{\overline{g}, \overline{g}^3, \ldots, \overline{g}^{p-2}\}$$

であり，$\zeta_p = \cos\frac{2\pi}{p} + i\sin\frac{2\pi}{p}$ に対して，

$$[1]_2 = \zeta_p + \zeta_p^{g^2} + \zeta_p^{g^4} + \cdots + \zeta_p^{g^{p-3}},$$
$$[g]_2 = \zeta_p^{g} + \zeta_p^{g^3} + \zeta_p^{g^5} + \cdots + \zeta_p^{g^{p-2}}$$

と定義したのであった．

$[1]_2, [g]_2$ はどのような数だろうか．前章の定理 3.3.1 を使えば，p が具体的に与えられれば，上の量は計算できる．

実際，$p=5$ のとき，

$$[1]_2 = \frac{-1+\sqrt{5}}{2}, \quad [g]_2 = \frac{-1-\sqrt{5}}{2},$$

$p=7$ のとき,

$$[1]_2 = \frac{-1+\sqrt{7}i}{2}, \quad [g]_2 = \frac{-1-\sqrt{7}i}{2},$$

$p=13$ のとき,

$$[1]_2 = \frac{-1+\sqrt{13}}{2}, \quad [g]_2 = \frac{-1-\sqrt{13}}{2}$$

となることを第 3 章で計算した. 一般の p に対して成立するような定理はあるだろうか. 上の計算例を見ると, 法則がありそうだ (考えてみて下さい).

命題 3.1.5 により,

$$[1]_2 + [g]_2 = -1 \tag{4.1}$$

であるから, $[1]_2$, $[g]_2$ がみたす 2 次方程式を求めるためには, 第 3 章で具体例に対して計算したように $[1]_2 \cdot [g]_2$ が計算できればよい.

次の定理がこの章の主定理である.

定理 4.1.1 (2 次ガウス周期の基本定理)　p を奇素数, g を p の原始根とする.

(1) $p \equiv 1 \pmod 4$ のとき,

$$[1]_2 \cdot [g]_2 = -\frac{p-1}{4}$$

が成立する. したがって, $[1]_2$, $[g]_2$ は

$$x^2 + x - \frac{p-1}{4} = 0$$

の 2 解になる.

(2) $p \equiv 3 \pmod 4$ のとき,

$$[1]_2 \cdot [g]_2 = \frac{p+1}{4}$$

が成立する. したがって, $[1]_2$, $[g]_2$ は

$$x^2 + x + \frac{p+1}{4} = 0$$

の 2 解になる.

この定理には, 次節以降のこの章で 3 通りの証明を与える. ここでは, この定理についてのいくつかの注意を述べたい.

(i) 上の定理から, $p \equiv 1 \pmod 4$ のとき, $[1]_2$, $[g]_2$ は $\frac{1}{2}(-1 \pm \sqrt{p})$ のどちら

かである．$p \equiv 3 \pmod 4$ のとき，$[1]_2, [g]_2$ は $\frac{1}{2}(-1 \pm i\sqrt{p})$ のどちらかである．正確にどちらになるか決めることはできないだろうか．これをガウス和の符号決定問題と言い，「数論研究」執筆の段階ではガウスは証明を持っていなかった．「数論研究」出版の 10 年後の論文 (1811 年出版) でガウスは初めてその証明を公表することができた (ガウスは 1801 年からずっとこの問題を考えたが，1805 年についに解決したという)．結論として，$p \equiv 1 \pmod 4$ のとき，

$$[1]_2 = \frac{-1+\sqrt{p}}{2}, \quad [g]_2 = \frac{-1-\sqrt{p}}{2}$$

となり，$p \equiv 3 \pmod 4$ のとき，

$$[1]_2 = \frac{-1+i\sqrt{p}}{2}, \quad [g]_2 = \frac{-1-i\sqrt{p}}{2}$$

である．この証明はこの本のレベルを超えるので，本文では述べないが，ある程度の知識を前提としたひとつの証明を付録 A.2 で述べた．

(ii) 正の整数 n に対して，ζ_n で 1 の冪根

$$\zeta_n = \cos\frac{2\pi}{n} + i\sin\frac{2\pi}{n}$$

を表すとする．すべての 2 次の無理数 $\sqrt{m}$ は，さまざまな n に対する ζ_n たちを使った式で表すことができる．たとえば，

$$\sqrt{6} = \sqrt{2}\sqrt{3} = (\zeta_8 + \zeta_8^{-1})\,\zeta_4\,(\zeta_3^2 - \zeta_3)$$

のようにである．まず，素数 p に対して考えると，$p \equiv 1 \pmod 4$ のときは，定理 4.1.1 (と上の (i) で述べたこと) により，$\sqrt{p} = 2[1]_2 + 1$ なので，$[1]_2$ が ζ_p で表せていることから，$\sqrt{p}$ も ζ_p を使って表せている．$p \equiv 3 \pmod 4$ のときも，定理 4.1.1 (と上の (i) で述べたこと) により，$\sqrt{p} = -i(2[1]_2 + 1) = \zeta_4^3(2[1]_2 + 1)$ なので，やはり $\sqrt{p}$ は ζ_p と ζ_4 を使って表せている．$\sqrt{2} = \zeta_8 + \zeta_8^{-1}$ より，$\sqrt{2}$ も ζ_8 を使って表せる．

一般に，任意の整数 m に対して，$m = \pm p_1^{e_1} \cdots p_r^{e_r}$ と素因数分解しておけば，$\sqrt{m}$ は $i = \zeta_4$ と $\sqrt{p_1}, \ldots, \sqrt{p_r}$ があれば表せることがわかる．したがって，任意の $\sqrt{m}$ はさまざまな n に対する ζ_n たちを使って表すことができる．

4.2 有限体上の 2 次曲線の点の数

ここで述べるのは，4 次剰余に関するガウスの論文「4 次剰余の理論 第 1 部」[3] の方法を平方剰余に適用したものである．

g を今まで通り p の原始根として 4 つの方程式

$$1+x^2=y^2,\quad 1+x^2=gy^2,$$
$$1+gx^2=y^2,\quad 1+gx^2=gy^2$$

を考える．$y^2-x^2=1$, $gy^2-x^2=1,\ldots$ のように考えれば，$g>0$ と取ったとして，これらは (x,y) 平面で双曲線となっている．

ここでは，実数の世界で見るのではなく，この曲線を mod p して，$\mathbb{F}_p$ の世界で見ることにする．つまり，

$$\overline{1}+x^2=y^2,\quad \overline{1}+x^2=\overline{g}y^2,$$
$$\overline{1}+\overline{g}x^2=y^2,\quad \overline{1}+\overline{g}x^2=\overline{g}y^2$$

とし，x, y も $\mathbb{F}_p$ の元であると思うのである．$\mathbb{F}_p$ には p 個しか元がないから，これらの方程式も有限個しか解を持たない．有限体 $\mathbb{F}_p$ 上でも，これらの方程式を曲線の方程式と考え，方程式の解 (x,y) を $\mathbb{F}_p$-有理点と呼ぶ．たとえば，$(\overline{0},\overline{1})$ は最初の曲線 $\overline{1}+x^2=y^2$ の $\mathbb{F}_p$-有理点である．$\mathbb{F}_7$ 上で $\overline{1}+x^2=y^2$ を考え，x に $x=\overline{0},\overline{1},\cdots,\overline{6}$ を代入して $\overline{1}+x^2=y^2$ をみたす y が存在するかどうか調べることにより，その $\mathbb{F}_7$-有理点は

$$(\overline{0},\pm\overline{1}),\ (\overline{1},\pm\overline{3}),\ (\overline{6},\pm\overline{3})$$

ですべてであり，全部で 6 個あることがわかる．

この節では，上の 4 つの曲線の $\mathbb{F}_p$-有理点の数を数えたいと思う．§2.8 で使った記号 H_2 を使う．H_2 は x^2 $(x\in\mathbb{F}_p,\ x\neq\overline{0})$ の型の元 (2 乗元) 全体である．

(I) 最初に，$p\equiv 1 \pmod 4$ とする．まず，$x=\overline{0}$ または $y=\overline{0}$ となる $\mathbb{F}_p$-有理点を数える．$p\equiv 1 \pmod 4$ という仮定から，定理 2.6.1 により，-1 は平方剰余である．実際，定理 2.6.1 の証明の中の式 (2.2) により，$-\overline{1}=\overline{g}^{\frac{p-1}{2}}=(\overline{g}^{\frac{p-1}{4}})^2$ である．$\overline{1}+x^2=y^2$ に対しては，

$$(\overline{0},\pm\overline{1}),\ (\pm\overline{g}^{\frac{p-1}{4}},\overline{0})$$

の 4 つの $\mathbb{F}_p$-有理点がある．

$\overline{1}+x^2=\overline{g}y^2$ に対して考えてみよう．$x=\overline{0}$ とすると，$\overline{1}=\overline{g}y^2$ という式になるが，$\overline{g}$ の乗法に関する逆元を $\overline{g}^{-1}$ と書くと，この式は $y^2=\overline{g}^{-1}$ と変形できる．$\overline{g}^{-1}$ は gH_2 に属し，つまり平方非剰余なので，$y^2=\overline{g}^{-1}$ は $\mathbb{F}_p$ に解を持たない．よって，$\overline{1}+x^2=\overline{g}y^2$ は $x=\overline{0}$ となる $\mathbb{F}_p$-有理点は持たない．したがっ

て，この曲線は $(\pm\overline{g}^{\frac{p-1}{4}}, \overline{0})$ の 2 つしか ($x=\overline{0}$ または $y=\overline{0}$ となる) $\mathbb{F}_p$-有理点を持たない．

次に，$\overline{1}+\overline{g}x^2=y^2$ に対しては，$y=\overline{0}$ とおくと $\overline{1}+\overline{g}x^2=\overline{0}$，つまり $x^2=-\overline{g}^{-1}$ となる．定理 2.6.1 の証明の中の式 (2.2) を使って，

$$-\overline{g}^{-1}=\overline{g}^{\frac{p-1}{2}-1}=\overline{g}^{\frac{p-3}{2}}$$

が得られる．$\frac{p-3}{2}$ は奇数なので，$-\overline{g}^{-1}$ はやはり平方非剰余で，$x^2=-\overline{g}^{-1}$ は $\mathbb{F}_p$ に解を持たない．よって，$\overline{1}+\overline{g}x^2=y^2$ は $(\overline{0}, \pm\overline{1})$ の 2 つしか ($x=\overline{0}$ または $y=\overline{0}$ となる) $\mathbb{F}_p$-有理点を持たない．

最後に，$\overline{1}+\overline{g}x^2=\overline{g}y^2$ は $x=\overline{0}$ とすると $y^2=\overline{g}^{-1}$，$y=\overline{0}$ とすると $x^2=-\overline{g}^{-1}$ と変形されるので，上で述べたことから，$x=\overline{0}$ または $y=\overline{0}$ となる $\mathbb{F}_p$-有理点は存在しない．

この 4 つの曲線

$$\begin{aligned}\overline{1}+x^2&=y^2, & \overline{1}+x^2&=\overline{g}y^2,\\ \overline{1}+\overline{g}x^2&=y^2, & \overline{1}+\overline{g}x^2&=\overline{g}y^2\end{aligned}$$

上の，x も y も $\overline{0}$ でない $\mathbb{F}_p$-有理点の数をそれぞれ

$$\begin{matrix}\alpha, & \beta,\\ \gamma, & \delta\end{matrix}$$

としよう．上で計算したことから，すべての $\mathbb{F}_p$-有理点の数はそれぞれ

$$\begin{matrix}\alpha+4, & \beta+2,\\ \gamma+2, & \delta\end{matrix} \tag{4.2}$$

となる．

以下で $\alpha, \beta, \gamma, \delta$ を計算する．

まず，$\overline{1}+x^2$ を考える．

x に $\overline{0}, \pm\overline{g}^{\frac{p-1}{4}}$ と異なる $p-3$ 個の元を代入すると，$\overline{1}+x^2$ は $\overline{0}$ にならないから，$\mathbb{F}_p^{\times}=H_2\cup gH_2$ より，$\overline{1}+x^2\in H_2$ であるか，$\overline{1}+x^2\in gH_2$ かのどちらかである．よって，各 x に対して，

$$\overline{1}+x^2=y^2,\quad \overline{1}+x^2=\overline{g}y^2$$

を y を未知数とする方程式と考えると，このどちらかひとつの方程式は 2 つの解を持ち，もう一つの式は解を持たない．このことから，

$$\alpha + \beta = 2(p-3) \tag{4.3}$$

が得られる．

同じような考察を $\overline{1} + \overline{g}x^2$ に対しても行う．上で見たように，$\overline{1} + \overline{g}x^2 = \overline{0}$ は $\mathbb{F}_p$ に解を持たないので，x に $\mathbb{F}_p$ の $\overline{0}$ でない元を代入すると，$\overline{1}+\overline{g}x^2 \in H_2$ か $\overline{1} + \overline{g}x^2 \in gH_2$ のどちらかは成り立つ．よって，各 x に対して，

$$\overline{1} + \overline{g}x^2 = y^2,\ \ \overline{1} + \overline{g}x^2 = \overline{g}y^2$$

のどちらかは 2 つの解を持ち，もう一つの式は解を持たない．かくて，

$$\gamma + \delta = 2(p-1) \tag{4.4}$$

となる．

$y^2 - 1$ に対して，同様の手順を踏むと，$\overline{0}$, $\pm\overline{1}$ 以外の元を y に代入すると，$y^2 - \overline{1} \neq \overline{0}$ だから，$y^2 - \overline{1} \in H_2$ か $y^2 - \overline{1} \in gH_2$ のどちらかは成り立つ．よって，各 y に対して，

$$\overline{1} + x^2 = y^2,\ \ \overline{1} + \overline{g}x^2 = y^2$$

を x を未知数とする方程式と考えると，このどちらかは 2 つの解を持ち，もう一つの式は解を持たない．よって，

$$\alpha + \gamma = 2(p-3) \tag{4.5}$$

が得られる．

次に δ と γ を比べる．$\overline{1} + \overline{g}x^2 = \overline{g}y^2$ の $\mathbb{F}_p$-有理点 (x, y) で，x も y も $\overline{0}$ でないもの全体を S_δ と書く．$\overline{1} + \overline{g}x^2 = y^2$ の $\mathbb{F}_p$-有理点で x も y も $\overline{0}$ でないものの全体は S_γ と書くことにする．S_δ, S_γ の元の数が，それぞれ δ, γ である．

$(x, y) \in S_\delta$ としよう．x の乗法に関する逆元を x^{-1} と書く．$\overline{1} + \overline{g}x^2 = \overline{g}y^2$ の両辺に $\overline{g}^{-1}(x^{-1})^2$ を掛けると

$$\overline{g}^{-1}(x^{-1})^2 + \overline{1} = (x^{-1}y)^2$$

となる．よって，$\overline{g}^{-1}(x^{-1})^2 = \overline{g}(\overline{g}^{-1}x^{-1})^2$ より，

$$\overline{1} + \overline{g}(\overline{g}^{-1}x^{-1})^2 = (x^{-1}y)^2$$

となり，$(\overline{g}^{-1}x^{-1}, x^{-1}y) \in S_\gamma$ である．このように，S_δ の元 (x, y) に対して，

$$\varphi((x, y)) = (\overline{g}^{-1}x^{-1}, x^{-1}y)$$

と定義することによって，写像 $\varphi : S_\delta \longrightarrow S_\gamma$ ができる．

今度は，$(x, y) \in S_\gamma$ とする．$\overline{1} + \overline{g}x^2 = y^2$ がみたされているわけだが，やはり両辺に $\overline{g}^{-1}(x^{-1})^2$ を掛けると

$$\overline{g}^{-1}(x^{-1})^2+\overline{1}=\overline{g}^{-1}(x^{-1}y)^2,$$

よって，$\overline{g}^{-1}(x^{-1})^2=\overline{g}(\overline{g}^{-1}x^{-1})^2$ より，

$$\overline{1}+\overline{g}(\overline{g}^{-1}x^{-1})^2=\overline{g}(\overline{g}^{-1}x^{-1}y)^2$$

が得られる．よって，$(\overline{g}^{-1}x^{-1},\overline{g}^{-1}x^{-1}y)\in S_\delta$ であり，

$$\psi((x,y))=(\overline{g}^{-1}x^{-1},\overline{g}^{-1}x^{-1}y)$$

と定義すると，$\psi:S_\gamma\longrightarrow S_\delta$ なる写像が得られる．定義から，

$$\psi(\varphi((x,y)))=\psi((\overline{g}^{-1}x^{-1},x^{-1}y))=(\overline{g}^{-1}(\overline{g}x),\overline{g}^{-1}(\overline{g}x)(x^{-1}y))=(x,y),$$
$$\varphi(\psi((x,y)))=\varphi((\overline{g}^{-1}x^{-1},\overline{g}^{-1}x^{-1}y))=(\overline{g}^{-1}(\overline{g}x),(\overline{g}x)(\overline{g}^{-1}x^{-1}y))=(x,y)$$

が成り立つので，ψ は φ の逆写像であり，φ は 1 : 1 写像 (全単射; 全単射という言葉については付録 §A1-2 参照) である．よって，

$$\gamma=\delta \tag{4.6}$$

が得られた．

(4.4) と (4.6) により，

$$\gamma=\delta=p-1,$$

これを (4.5) に代入して，$\alpha=p-5$ を得る．さらに (4.3) に代入して $\beta=p-1$ も得られる．

以上により，

$$\overline{1}+x^2=y^2,\ \ \overline{1}+x^2=\overline{g}y^2,\ \ \overline{1}+\overline{g}x^2=y^2,\ \ \overline{1}+\overline{g}x^2=\overline{g}y^2$$

の $\mathbb{F}_p$-有理点の数は，(4.2) を考慮して，それぞれ

$$p-1,\ \ p+1,\ \ p+1,\ \ p-1$$

となる．

(II) 今度は p が $p\equiv 3 \pmod 4$ をみたすと仮定する．

$$\overline{1}+x^2=y^2,\ \overline{1}+x^2=\overline{g}y^2,\ \overline{1}+\overline{g}x^2=y^2,\ \overline{1}+\overline{g}x^2=\overline{g}y^2$$

の $\mathbb{F}_p$-有理点 (x,y) で $x\neq\overline{0}$, $y\neq\overline{0}$ をみたすものの集合を，それぞれ S_α, S_β, S_γ, S_δ と書こう．それぞれの集合の元の個数を α, β, γ, δ とおく．

今度は定理 2.6.1 により，-1 が平方非剰余なので，$\overline{1}+x^2=\overline{0}$ は $\mathbb{F}_p$ に解を持たない．また，$\overline{1}=\overline{g}y^2$ はやはり解を持たない．-1 が平方非剰余ということは，$-\overline{1}\in gH_2$ なので，$\overline{1}+\overline{g}x^2=\overline{0}$ が $\mathbb{F}_p$ に 2 つの解を持つ．また，$\overline{1}=y^2$ は当然 $y=\pm\overline{1}$ という解を持つ．よって，第 3, 第 4 の曲線は $y=\overline{0}$ となる 2 つの

有理点を持ち，第 1 と第 3 の曲線は $x=\overline{0}$ となる 2 つの有理点を持つ．よって，上の 4 つの曲線の $\mathbb{F}_p$-有理点の数は，

$$\alpha+2,\ \beta,\ \gamma+4,\ \delta+2$$

である．

$x \neq \overline{0}$ に対して，$\overline{1}+x^2 \neq \overline{0}$ なので，$\mathbb{F}_p^\times = H_2 \cup gH_2$ から，$\overline{1}+x^2 \in H_2$ か $\overline{1}+x^2 \in gH_2$ かのどちらかが成り立つ．よって，

$$\alpha+\beta=2(p-1) \tag{4.7}$$

である．

今度は $\overline{1}+\overline{g}x^2$ に対して考える．上で証明したように，$\overline{1}+\overline{g}x^2=\overline{0}$ は $\mathbb{F}_p$ に 2 つの解を持つので，x に $\overline{0}$ とその 2 つの解を除いた $\mathbb{F}_p$ の元を代入すると，$\overline{1}+\overline{g}x^2 \in H_2$ か $\overline{1}+\overline{g}x^2 \in gH_2$ のどちらかが成り立つ．このことから，

$$\gamma+\delta=2(p-3) \tag{4.8}$$

が得られる．

次に，$\alpha+\gamma$ に関しては，(4.5) の証明がそのまま変更することなく成立するので，$\alpha+\gamma=2(p-3)$ である．

また，(4.6) の証明も変更することなく適用できる．よって，$\gamma=\delta$ である．

以上から有理点の個数を決めることができる．(4.8) と (4.6) から，$\gamma=\delta=p-3$ が得られる．(4.5) に代入して $\alpha=p-3$ となる．これを (4.7) に代入して $\beta=p+1$ を得る．この結果を

$$\alpha+2,\ \beta,\ \gamma+4,\ \delta+2$$

に代入すれば，

$$\overline{1}+x^2=y^2,\ \ \overline{1}+x^2=\overline{g}y^2,\ \ \overline{1}+\overline{g}x^2=y^2,\ \ \overline{1}+\overline{g}x^2=\overline{g}y^2$$

の $\mathbb{F}_p$-有理点の数はそれぞれ，

$$p-1,\ \ p+1,\ \ p+1,\ \ p-1$$

となることがわかる．

この結果は，$p \equiv 1 \pmod 4$ のときとまったく同じである．以上により，次の定理が得られた．

定理 4.2.1 p を奇素数とする．このとき，

$$\begin{aligned}\overline{1}+x^2&=y^2, & \overline{1}+x^2&=\overline{g}y^2,\\ \overline{1}+\overline{g}x^2&=y^2, & \overline{1}+\overline{g}x^2&=\overline{g}y^2\end{aligned}$$

の $\mathbb{F}_p$-有理点の個数はそれぞれ,

$$p-1, \quad p+1,$$
$$p+1, \quad p-1$$

である.

系 4.2.2 円 $x^2+y^2=\overline{1}$ の $\mathbb{F}_p$-有理点の個数は, $p \equiv 1 \pmod 4$ のとき $p-1$ 個であり, $p \equiv 3 \pmod 4$ のとき $p+1$ 個である.

証明 まず $p \equiv 1 \pmod 4$ とする. このとき, $\overline{1}+x^2=y^2$ 上の点 (x,y) に対して, 点 $(\overline{g}^{\frac{p-1}{4}}x, y)$ を考えると, この点は $x^2+y^2=\overline{1}$ 上の点となる. ここで, 定理 2.6.1 の証明の中の式 (2.2) で証明した $\overline{g}^{\frac{p-1}{2}}=\overline{-1}$ を使った. この対応により, $\overline{1}+x^2=y^2$ 上の点と $x^2+y^2=\overline{1}$ 上の点は 1 : 1 に対応する. よって, 定理 4.2.1 の最初の曲線に関する結果から $x^2+y^2=\overline{1}$ も $p-1$ 個の解を持つ.

次に $p \equiv 3 \pmod 4$ とする. 今度は, 定理 2.6.1 の証明の中の式 (2.2) を使って, $(\overline{g}^{\frac{p+1}{4}})^2=\overline{g}\cdot\overline{g}^{\frac{p-1}{2}}=-\overline{g}$ が得られるので, $\overline{1}+\overline{g}x^2=y^2$ 上の点 (x,y) に対し, 点 $(\overline{g}^{\frac{p+1}{4}}x, y)$ を考えると, $x^2+y^2=\overline{1}$ 上の点となる. この対応により, $\overline{1}+\overline{g}x^2=y^2$ 上の点と $x^2+y^2=\overline{1}$ 上の点は 1 : 1 に対応する. よって, 定理 4.2.1 の第 3 の曲線に関する結果から $x^2+y^2=\overline{1}$ も $p+1$ 個の解を持つ. かくして, 系 4.2.2 が得られた. □

射影空間というもの (第 6 章参照) の中で考える方が, 曲線の性質がよくわかることが多い. 第 6 章の定理 6.2.1 では 2 次曲線を射影空間 (射影平面) の中で考え, 定理 4.2.1 の別証明を与える. 定理 4.2.1 では曲線によって点の数が異なったが, 実は射影空間の中で考えると, **2 次曲線の $\mathbb{F}_p$-有理点は必ず $p+1$ 個ある**のである (定理 6.2.1 参照).

4.3 2 次ガウス周期の基本定理の第 1 の証明

前節の結果を使って, この章の主定理 (定理 4.1.1) を証明しよう.

問題は, $[1]_2\cdot[g]_2$ の計算である. ガウスの積公式 (定理 3.3.1) により,

$$[1]_2\cdot[g]_2=\sum_{\alpha\in H_2}[1+\overline{g}\alpha]_2$$

となることはすでにわかっている. $\overline{1}+\overline{g}\alpha\in H_2$ となる $\alpha\in H_2$ の数を A 個,

$\overline{1}+\overline{g}\alpha \in gH_2$ となる $\alpha \in H_2$ の数を B 個，$\overline{1}+\overline{g}\alpha=\overline{0}$ となる $\alpha \in H_2$ の数を C 個とすると，命題 3.1.4 (4) により，上の式の右辺には $[1]_2$ が A 個，$[g]_2$ が B 個，$[0]_2$ が C 個出てくることになる．よって，

$$[1]_2 \cdot [g]_2 = A[1]_2 + B[g]_2 + C[0]_2$$

が得られる．

まず，C の値を決めるのはやさしい．$\overline{1}+\overline{g}\alpha=\overline{0}$ は，$-\overline{1}=\overline{g}\alpha$ と同値である．これは，$-\overline{1}\in gH_2$ を意味し，-1 が平方非剰余であることを意味する．よって定理 2.6.1 により，$p \equiv 1 \pmod 4$ のとき $C=0$ であり，$p \equiv 3 \pmod 4$ のとき $C=1$ である．

次に A を考えよう．A は

$$\{\alpha \in H_2 \mid \ \beta \in H_2 \text{ で } \overline{1}+\overline{g}\alpha=\beta \text{ なるものが存在する}\}$$

という集合の元の個数である．補題 2.8.1 により，H_2 は $\mathbb{F}_p$ の $\overline{0}$ でない元の 2 乗全体 ($H_2=(\mathbb{F}_p^\times)^2$) だから，上の集合は

$$\{x^2 \mid x \in \mathbb{F}_p^\times \text{であり，} \overline{1}+\overline{g}x^2=y^2 \text{ なる } y \in \mathbb{F}_p^\times \text{ が存在する}\}$$

と言っても同じである．$\overline{1}+\overline{g}x^2=y^2$ の $\mathbb{F}_p$-有理点 (x,y) で $x \neq \overline{0}, y \neq \overline{0}$ なるものがあれば，$(\pm x, \pm y)$ という 4 つの点もまた $\mathbb{F}_p$-有理点であり，この 4 つの点の x 座標の 2 乗は同じ値を与える．よって，前節の定理 4.1.1 の証明の中の記号を使えば，

$$A=\frac{\gamma}{4}$$

となる．

同じように，B は

$$\{\alpha \in H_2 \mid \ \beta \in H_2 \text{ で } \overline{1}+\overline{g}\alpha=\overline{g}\beta \text{ なるものが存在する}\}$$

という集合の元の個数である．$H_2=(\mathbb{F}_p^\times)^2$ を使って，A のときと同様に書き直せば，

$$\{x^2 \mid x \in \mathbb{F}_p^\times \text{であり，} \overline{1}+\overline{g}x^2=\overline{g}y^2 \text{ なる } y \in \mathbb{F}_p^\times \text{ が存在する}\}$$

の元の数が B である．$\overline{1}+\overline{g}x^2=\overline{g}y^2$ の $x \neq \overline{0}, y \neq \overline{0}$ なる $\mathbb{F}_p$-有理点 (x,y) の数は，上の集合の元の数の 4 倍なので，前節の記号を使って，

$$B=\frac{\delta}{4}$$

が得られる．

定理 4.2.1 の証明の中の結果より，$p \equiv 1 \pmod 4$ のとき，$\gamma = \delta = p - 1$ である．よって，

$$A = B = \frac{p-1}{4}$$

となる．$p \equiv 3 \pmod 4$ のときは，$\gamma = \delta = p - 3$ なので，

$$A = B = \frac{p-3}{4}$$

が得られる．

よって，$p \equiv 1 \pmod 4$ のとき，

$$\begin{aligned}[1]_2 \cdot [g]_2 &= \frac{p-1}{4}([1]_2 + [g]_2) \\ &= \frac{p-1}{4}(-1) = -\frac{p-1}{4}\end{aligned}$$

となる (2 番目の等号を得るために，式 (4.1) を使った)．また，$p \equiv 3 \pmod 4$ のとき，

$$\begin{aligned}[1]_2 \cdot [g]_2 &= \frac{p-3}{4}([1]_2 + [g]_2) + [0]_2 \\ &= \frac{p-3}{4}(-1) + \frac{p-1}{2} = \frac{p+1}{4}\end{aligned}$$

となる．

このことと (4.1) を合わせて，定理 4.1.1 の 2 次方程式が得られる． □

注意 上の証明で $A + B + C$ は H_2 の元の数だから $\frac{p-1}{2}$ である．C の値はすぐにわかるので，$A = B$ さえ証明できれば，A, B, C の値がわかり，証明が終わる．こう考えると，上の記号で $\gamma = \delta$ さえわかればよいのである．これは (4.6) に他ならず，こう考えると，実は定理 4.1.1 の証明には定理 4.2.1 は必要なく，(4.6) だけで十分なことがわかる．

定理 4.1.1 の証明だけなら，以上のように $\mathbb{F}_p$ 上の考察だけで足りるのだが，次に円分体の基本性質を述べることにしよう．

4.4　円分体の基本的性質

今まで見てきたように，ガウスの「数論研究」には本質的に群論が現れている．現代の群論の本とほとんど同じ証明も見られる．そして，群論だけでなく，体論も現れるのである．

$\mathbb{Q}$ で有理数全体を表す．$\mathbb{Q}$ は加法，減法，乗法で閉じており，0 でない数の割り算でも閉じている．このように有理数上に四則演算をこめて考えるとき，有理数体と言う．ζ を今まで通りとし，$\sum_{i=0}^{p-1} a_i\zeta^i$ (a_i は有理数) という形の複素数全体を $\mathbb{Q}(\zeta)$ と書く．つまり，

$$\mathbb{Q}(\zeta) = \left\{\sum_{i=0}^{p-1} a_i\zeta^i \mid a_0, \ldots, a_{p-1} \in \mathbb{Q}\right\}$$

である．$\mathbb{Q}(\zeta)$ は加法，減法，乗法で閉じている．また，0 でない数の割り算でも閉じている．つまり，$a = \sum_{i=0}^{p-1} a_i\zeta^i$, $b = \sum_{i=0}^{p-1} b_i\zeta^i \neq 0$ とするとき，$\frac{a}{b} = \sum_{i=0}^{p-1} c_i\zeta^i$ ($c_0, \ldots, c_{p-1}$ は有理数) と書くことができる (この事実は使わないので，ここでは証明を与えない)．このように $\mathbb{Q}(\zeta)$ を四則演算をこめて考えるとき，**円分体**，もう少し正確には 円の p 分体と言う (体の一般的な定義については付録 A1-8 を参照)．

まず，ζ がみたす方程式を考える．命題 3.1.1 の証明の中で見たように，ζ は

$$x^{p-1} + x^{p-2} + \cdots + 1 = 0$$

の解である．

命題 4.4.1 $x^{p-1} + x^{p-2} + \cdots + 1$ は有理数係数の多項式として，既約多項式である．つまり，これ以上因数分解されない．もう少し正確に述べると，

$$x^{p-1} + x^{p-2} + \cdots + 1 = f(x)g(x),$$

$f(x)$, $g(x)$ は有理数係数の次数が 1 以上の多項式，と分解することはない．

証明の前に，$x^p - 1$ は複素数の中では，

$$x^p - 1 = (x-1)(x-\zeta)(x-\zeta^2)\cdots(x-\zeta^{p-1})$$

と因数分解され，$x^{p-1} + x^{p-2} + \cdots + 1$ は

$$x^{p-1} + x^{p-2} + \cdots + 1 = (x-\zeta)(x-\zeta^2)\cdots(x-\zeta^{p-1})$$

と因数分解されることに注意しておく．

証明 まず最初に次の補題を証明する．整数係数の多項式

$$F(x) = a_m x^m + a_{m-1}x^{m-1} + \cdots + a_0$$

が原始多項式であるとは，$a_m, a_{m-1}, \ldots, a_0$ が互いに素，つまり $a_m, a_{m-1}, \ldots, a_0$

の最大公約数が 1 であることと定義する．

補題 4.4.2 (**ガウスの補題**)　$F(x), G(x)$ を共に整数係数の原始多項式であるとする．このとき，$F(x)G(x)$ も原始多項式である．

補題 4.4.2 の証明　$F(x) = a_m x^m + a_{m-1}x^{m-1} + \cdots + a_0$, $G(x) = b_n x^n + b_{n-1}x^{n-1} + \cdots + b_0$ とすると，仮定から $a_m, a_{m-1}, \ldots, a_0$ の最大公約数が 1 であり，$b_n, b_{n-1}, \ldots, b_0$ の最大公約数も 1 である．

ℓ を任意の素数とする．最大公約数が 1 なので，ℓ で割り切れない a_i, b_j が存在する．そのようなものの中で，i と j を最小に取る．

$$F(x)G(x) = c_{m+n}x^{m+n} + c_{m+n-1}x^{m+n-1} + \cdots + c_0$$

と書く．c_{i+j} を考えると，

$$c_{i+j} = \sum_{k=0}^{i+j} a_k b_{i+j-k}$$

である．$k = 0, \ldots, i-1$ に対しては，i の取り方から a_k は ℓ で割り切れる．また，$k = i+1, \ldots, i+j$ に対しては，j の取り方から b_{i+j-k} は ℓ で割り切れる．したがって，$c_{i+j} \equiv a_i b_j \not\equiv 0 \pmod{\ell}$ となる．つまり，c_{i+j} は ℓ で割り切れない．これは，$c_{m+n}, c_{m+n-1}, \ldots, c_0$ の中に ℓ で割り切れない係数があることを意味している．このことがすべての素数 ℓ に対して成り立つので，$c_{m+n}, c_{m+n-1}, \ldots, c_0$ の最大公約数は 1 となり，$F(x)G(x)$ は原始多項式である．　□

命題 4.4.1 の証明に戻ろう．(以下の証明は「数論研究」にある証明ではないが，わかりやすいのでここで述べることにする．) $x^{p-1} + x^{p-2} + \cdots + 1 = f(x)g(x)$ ($f(x), g(x)$ は有理数係数の次数が 1 以上の多項式) と分解したと仮定して，矛盾を導く．

$f(x)$ の係数を既約分数で書き，その分母の最小公倍数を a_f，分子の最大公約数を b_f とする．$r = \dfrac{a_f}{b_f}$ とすると，$rf(x)$ は整数係数の原始多項式になる．同様の方法で，0 でない有理数 s を取って，$sg(x)$ を整数係数の原始多項式となるようにする．$F(x) = rf(x)$, $G(x) = sg(x)$ とおく．

$$x^{p-1} + x^{p-2} + \cdots + 1 = \frac{1}{rs}F(x)G(x)$$

となる．ガウスの補題 (補題 4.4.2) から，$F(x)G(x)$ は整数係数の原始多項式で，

$x^{p-1}+x^{p-2}+\cdots+1$ と定数倍のずれしかないので，

$$F(x)G(x)=\pm(x^{p-1}+x^{p-2}+\cdots+1)$$

である．よって，$rs=\pm1$ となる．$\pm F(x)$ を改めて $F(x)$ と書くことにすると，上の式は

$$x^{p-1}+x^{p-2}+\cdots+1=F(x)G(x)$$

となる．(ここまでで示したことは，$x^{p-1}+x^{p-2}+\cdots+1$ は有理数係数の多項式 $f(x)$, $g(x)$ の積に分解されるなら，整数係数の多項式 $F(x)$, $G(x)$ の積にも分解されるということである．)

この式の x に $y+1$ を代入する．左辺は

$$\begin{aligned}(y+1)^{p-1}&+(y+1)^{p-2}+\cdots+1\\&=\frac{(y+1)^p-1}{y}\\&=y^{p-1}+py^{p-2}+\frac{p(p-1)}{2}y^{p-3}+\frac{p(p-1)(p-2)}{6}y^{p-4}+\cdots+p\end{aligned}$$

となる．$p-2$ 次以下の係数はすべて p の倍数となることに注意しておく．

$F(y+1)$, $G(y+1)$ の次数をそれぞれ m, n として，

$$\begin{aligned}F(y+1)&=a_my^m+a_{m-1}y^{m-1}+\cdots+a_0,\\G(y+1)&=b_ny^n+b_{n-1}y^{n-1}+\cdots+b_0\end{aligned}$$

と書く．

$$y^{p-1}+py^{p-2}+\frac{p(p-1)}{2}y^{p-3}+\cdots+p=F(y+1)G(y+1)$$

が成り立っている．したがって，$m+n=p-1$ である．$m, n\geq 1$ だから，$p-2\geq m, n\geq 1$ である．補題 4.4.2 の証明方法をここでも使うことにする．$F(y+1)$, $G(y+1)$ は y の多項式としても原始多項式だから，p で割り切れない係数 a_i, b_j が存在する．そのようなものの中で，i と j を最小にとる．このとき，補題 4.4.2 の証明で示したように，$F(y+1)G(y+1)$ を y の多項式と見たときの，$i+j$ 次の係数は p で割れない．上の式の左辺と比べて，$i+j=p-1$ であることがわかる．一方，定数項を比べると，$p=a_0b_0$ である．これは a_0, b_0 のうちどちらかひとつは p で割れないことを意味している．つまり，$i=0$ か $j=0$ のどちらかが成り立つ．よって，$i=p-1$ か $j=p-1$ のどちらかが成り立つ．しかしこれは，$p-2\geq m\geq i, p-2\geq n\geq j$ に矛盾する．以上により，命題 4.4.1 が証明された． □

系 4.4.3 $x^{p-1}+x^{p-2}+\cdots+1=0$ は，ζ を解に持つ有理数係数の方程式の中で，次数が最小のものである．特に，ζ は $p-1$ 次の無理数である．

証明 $g(x)=0$ を ζ を解に持つ有理数係数の方程式の中で，次数が最小のものとする．$f(x)=x^{p-1}+x^{p-2}+\cdots+1$ とおくと，$f(x)$ は $g(x)$ で割り切れる．なぜなら，$f(x)$ を $g(x)$ で割ったときの商を $q(x)$, 余りを $r(x)$ とすると，

$$f(x)=g(x)q(x)+r(x)$$

であるが，上の式に $x=\zeta$ を代入すると，$r(\zeta)=0$ となる．ここで，$r(x)\neq 0$ と仮定すると，$r(x)$ は余りなので次数が $g(x)$ より小さく，$g(x)$ の次数の最小性に矛盾するからである．

一方，命題 4.4.1 により $f(x)=x^{p-1}+\cdots+x+1$ は既約多項式なので，$g(x)$ の次数は $p-1$ となり，$f(x)$ と $g(x)$ は定数倍のずれしかない．ゆえに，$f(x)$ は ζ を解に持つ有理数係数の方程式の中で，次数が最小である． □

次の命題は，次節以降で必要である．

命題 4.4.4 $\mathbb{Q}(\zeta)$ の任意の元は，

$$\sum_{i=1}^{p-1} a_i\zeta^i \quad (a_1,\ldots,a_{p-1} \text{ は有理数})$$

の形に一意的に表される．「一意的」とは，$\sum_{i=1}^{p-1} a_i\zeta^i=\sum_{i=1}^{p-1} b_i\zeta^i$ となるのは，すべての i に対して，$a_i=b_i$ が成り立つときに限ることを意味している．また，上で i は 1 から $p-1$ まで動いていることに注意する (0 から $p-1$ ではない；0 から $p-2$ とも取れるが，ここでは対称性を考慮して上のように取ることにする)．

たとえば，整数 n は上の表示だと，$n=(-n)\zeta+(-n)\zeta^2+\cdots+(-n)\zeta^{p-1}$ と表されている ((4.1) を使っている)．現代数学の用語では，上の命題は，ζ, $\zeta^2,\ldots,\zeta^{p-1}$ が $\mathbb{Q}(\zeta)$ の $\mathbb{Q}$ 線形空間としての基底である，と述べられる．

証明 $i=1,\ldots,p-1$ に対して，a_i, b_i が有理数であり，$\sum_{i=1}^{p-1} a_i\zeta^i=\sum_{i=1}^{p-1} b_i\zeta^i$ であると仮定する．このとき，多項式 $f(x)$ を

$$f(x)=(b_{p-1}-a_{p-1})x^{p-1}+(b_{p-2}-a_{p-2})x^{p-2}+\cdots+(b_1-a_1)x$$

とおくと，$f(\zeta)=0$ である．また，$\zeta \neq 0$ だから，多項式 $g(x)$ を $g(x)=\frac{f(x)}{x}$ と定義すると，$g(\zeta)=0$ でもある．$g(x)$ の次数は $p-2$ 以下なので，系 4.4.3 より $g(x)$ は恒等的に 0 である．つまり，$b_{p-1}=a_{p-1}, b_{p-2}=a_{p-2}, \ldots, b_1=a_1$ が得られる． □

4.5　2 次ガウス周期の基本定理の 2 つの別証明

この節では，定理 4.1.1 に 2 通りの別証明を与える．

最初の証明は，ガウスの積公式 (定理 3.3.1) を目いっぱいに使うものである．$[1]_2 \cdot [g]_2$ を定理 3.3.1 の最初の式によって計算すると，

$$[1]_2 \cdot [g]_2 = \sum_{\alpha \in H_2} [\overline{1} + \overline{g}\alpha]_2 = \sum_{k=1}^{\frac{p-1}{2}} [1 + g^{2k-1}]_2$$

となる．ここで，§4.3 の証明のように，$\overline{1+g^{2k-1}} \in H_2$ となる k の数を A，$\overline{1+g^{2k-1}} \in gH_2$ となる k の数を B，$\overline{1+g^{2k-1}} = \overline{0}$ となる k の数を C とする．上の式は

$$[1]_2 \cdot [g]_2 = A[1]_2 + B[g]_2 + C[0]_2$$

となる．これを $[0]_2 = \frac{p-1}{2} = -\frac{p-1}{2}([1]_2 + [g]_2)$ を使って書き直すと，

$$[1]_2 \cdot [g]_2 = (A - \frac{(p-1)C}{2})[1]_2 + (B - \frac{(p-1)C}{2})[g]_2 \tag{4.9}$$

が得られる．

一方，定理 3.3.1 の下の式で計算すると，

$$[1]_2 \cdot [g]_2 = \sum_{\alpha \in H_2} [\alpha + \overline{g}]_2 = \sum_{k=1}^{\frac{p-1}{2}} [g + g^{2k}]_2 = \sum_{k=1}^{\frac{p-1}{2}} [g(1 + g^{2k-1})]_2$$

となる．剰余類の定義から，$\overline{1+g^{2k-1}} \in H_2$ であれば，$\overline{g(1+g^{2k-1})} \in gH_2$ となり，その逆も成立する．よって，

$$\overline{1+g^{2k-1}} \in H_2 \Longleftrightarrow \overline{g(1+g^{2k-1})} \in gH_2,$$
$$\overline{1+g^{2k-1}} \in gH_2 \Longleftrightarrow \overline{g(1+g^{2k-1})} \in H_2$$

であり，さらに

$$\overline{1+g^{2k-1}} = \overline{0} \Longleftrightarrow \overline{g(1+g^{2k-1})} = \overline{0}$$

も成立する．したがって，

$$\begin{aligned}
[1]_2 \cdot [g]_2 &= \sum_{k=1}^{\frac{p-1}{2}} [g(1+g^{2k-1})]_2 \\
&= B[1]_2 + A[g]_2 + C[0]_2 \\
&= (B - \frac{(p-1)C}{2})[1]_2 + (A - \frac{(p-1)C}{2})[g]_2 \qquad (4.10)
\end{aligned}$$

となる．(4.9) と (4.10) の右辺を命題 4.4.4 における表示で表し，ζ の係数を考えると，命題 4.4.4 により，$A - \frac{(p-1)C}{2} = B - \frac{(p-1)C}{2}$ が得られ，よって $A = B$ がわかる．

また，70 ページの注意で述べたように

$$A + B + C = \frac{p-1}{2}$$

もわかっている．$p \equiv 1 \pmod 4$ のとき，$C = 0$ であり，$p \equiv 3 \pmod 4$ のとき，$C = 1$ であることは，§4.3 で見たようにすぐにわかるので，$p \equiv 1 \pmod 4$ のとき，$A = B = \frac{p-1}{4}$ であり，$p \equiv 3 \pmod 4$ のとき，$A = B = \frac{p-3}{4}$ が成立することがわかる．これで，定理 4.1.1 が証明された．□

最後に，定理 4.1.1 に対する，「数論研究」にあるガウスの証明を述べよう．上で見たように，$A = B$ が示されれば，あとはすぐに証明できる．そこで，$A = B$ を証明すればよい．

命題 4.4.4 の表示を使って，

$$[1]_2 \cdot [g]_2 = \sum_{i=1}^{p-1} c_i \zeta^i$$

と書こう．このとき，

$$[g]_2 \cdot [g^2]_2 = \sum_{i=1}^{p-1} c_i \zeta^{gi}$$

である．以下，このことを示す．$\mathcal{H}_2$ を 1 以上 $p-1$ 以下の平方剰余な整数全体，$\mathcal{H}_2'$ を 1 以上 $p-1$ 以下の平方非剰余な整数全体として，$f_0(x) = \Sigma_{a \in \mathcal{H}_2} x^a$，$f_1(x) = \Sigma_{b \in \mathcal{H}_2'} x^b$ とおく．$f_0(\zeta) = [1]_2$，$f_1(\zeta) = [g]_2$ である．$f_0(x)f_1(x) - \sum_{i=1}^{p-1} c_i x^i$ が $x = \zeta$ を解に持つことに注意すると，

$$f_0(x)f_1(x) = \sum_{i=1}^{p-1} c_i x^i + (x^{p-1} + \cdots + x + 1)h(x)$$

をみたす整数係数の多項式 $h(x)$ が存在する．この式に，$x = \zeta$ を代入すると，

$[1]_2 \cdot [g]_2 = \sum_{i=1}^{p-1} c_i\zeta^i$ となる．また，$x = \zeta^g$ を代入すると，$f_0(\zeta^g) = [g]_2$, $f_1(\zeta^g) = [g^2]_2$ から，$[g]_2 \cdot [g^2]_2 = \sum_{i=1}^{p-1} c_i\zeta^{gi}$ が得られる．

さて，$[g^2]_2 = [1]_2$ であるから，実は $[g]_2 \cdot [g^2]_2 = [1]_2 \cdot [g]_2$ であり，

$$[1]_2 \cdot [g]_2 = \sum_{i=1}^{p-1} c_i\zeta^i = \sum_{i=1}^{p-1} c_i\zeta^{gi}$$

でなければならない．この表示が一意的であるという命題 4.4.4 を使って，ζ^g の係数を比べると

$$c_g = c_1$$

が得られる [2)]．

一方，(4.9) と比べると，命題 4.4.4 により，

$$c_1 = A - \frac{(p-1)C}{2}, \qquad c_g = B - \frac{(p-1)C}{2}$$

である．よって，$c_g = c_1$ は $A = B$ を導く．以上がガウス自身による証明 (を少し書き直したもの) である．

σ_g という $\mathbb{Q}(\zeta)$ から $\mathbb{Q}(\zeta)$ への写像を，$\mathbb{Q}(\zeta)$ の任意の元 $\alpha = \sum_{i=1}^{p-1} c_i\zeta^i$ に対して，

$$\sigma_g(\alpha) = \sigma_g(\sum_{i=1}^{p-1} c_i\zeta^i) = \sum_{i=1}^{p-1} c_i\zeta^{gi}$$

で定義する．このとき，上で述べた $A = B$ の証明は，

$$\sigma_g(\alpha) = \alpha \implies \alpha \text{ は有理数} \tag{4.11}$$

という考え方にとても近い．この性質 (4.11) はガロア理論の典型的な命題であり，その意味で上の $A = B$ の証明をガロア理論的と述べたのである．実際に (4.11) は $A = B$ の証明と同じ方法で証明できる [3)]．

4.6 平方剰余の相互法則

2 次ガウス周期の基本定理を用いて，有名な平方剰余の相互法則を証明しよう．

今まで通り p を奇素数とし，ℓ を p と異なる奇素数とする．ℓ が p の平方剰余であるかどうか，という問題を考える．これは当然 $p = 0$ の世界，$\mathbb{F}_p$ の世界の問

題である．しかしこの問題がなぜか，p が ℓ の平方剰余かどうか，つまり $\ell=0$ の世界で決まってしまう，というのが平方剰余の相互法則の述べるところである．p が ℓ の平方剰余かどうか，という問題は，$\mathbb{F}_\ell$ の世界の話だから，$\mathbb{F}_p$ 世界に住んでいる人がいるとしたら，その人には想像もつかない世界のことである．そのような違う世界が結びつく，というのがこの法則のすごいところである．

まずは，平方剰余相互法則の内容をきちんと述べたいと思う．

I. $p \equiv 1 \pmod 4$ とする．
このとき，ℓ が p の平方剰余であれば，p が ℓ の平方剰余である．
また，ℓ が p の平方非剰余であれば，p が ℓ の平方非剰余である．
ルジャンドル記号で書けば，

$$\left(\frac{\ell}{p}\right)=\left(\frac{p}{\ell}\right) \tag{4.12}$$

が成り立つ．

II. $p \equiv 3 \pmod 4$ とする．
このとき，ℓ が p の平方剰余であれば，$-p$ が ℓ の平方剰余である．
また，ℓ が p の平方非剰余であれば，$-p$ が ℓ の平方非剰余である．
ルジャンドル記号で書けば，

$$\left(\frac{\ell}{p}\right)=\left(\frac{-p}{\ell}\right)=\left(\frac{-1}{\ell}\right)\left(\frac{p}{\ell}\right) \tag{4.13}$$

が成り立つ．

$\ell \equiv 1 \pmod 4$ のとき -1 は ℓ の平方剰余，$\ell \equiv 3 \pmod 4$ のとき -1 は ℓ の平方非剰余であったことを思い出そう (定理 2.6.1)．したがって，この式は，$p \equiv 1 \pmod 4$ または $\ell \equiv 1 \pmod 4$ のとき $(\frac{\ell}{p})=(\frac{p}{\ell})$，$p \equiv \ell \equiv 3 \pmod 4$ のとき $(\frac{\ell}{p})=-(\frac{p}{\ell})$ と書き直せる．

$(-1)^{\frac{p-1}{2}\frac{\ell-1}{2}}$ を考える．$p \equiv 1 \pmod 4$ または $\ell \equiv 1 \pmod 4$ のとき，$(-1)^{\frac{p-1}{2}\frac{\ell-1}{2}}=1$ であり，$p \equiv \ell \equiv 3 \pmod 4$ のとき，$(-1)^{\frac{p-1}{2}\frac{\ell-1}{2}}=-1$ となる．そこで，$(-1)^{\frac{p-1}{2}\frac{\ell-1}{2}}$ を使えば，場合分けせずに，次のように一つの式でこの法則を表すことができる．

定理 4.6.1 (平方剰余の相互法則) p, ℓ を異なる奇素数とするとき，

$$\left(\frac{\ell}{p}\right)=(-1)^{\frac{p-1}{2}\frac{\ell-1}{2}}\left(\frac{p}{\ell}\right)$$

が成立する．

定理を理解するために，簡単な例を考えよう．$p = 19, \ell = 5$ と取ってみる．5 が 19 の平方剰余かどうかは，一瞬にはわからない．しかしながら，ここで平方剰余の相互法則を使えば，

$$\left(\frac{5}{19}\right) = \left(\frac{19}{5}\right)$$

がわかる．$19 \equiv 4 \pmod 5$ であり，19, あるいは 4 が 5 の平方剰余であることは $4 = 2^2$ だから一瞬でわかる．そこで，平方剰余の相互法則によれば，5 は 19 の平方剰余なのである．実際，$9^2 = 81 \equiv 5 \pmod{19}$ であり，確かに 5 が 19 の平方剰余であることが確かめられる．

学生の頃初めてこの定理を知ったとき，± 1 のどちらかを言うだけの定理がなぜそんなに大事なのか，と疑問に思った．私のように思う人がいるかもしれないので，全体像を少し説明する．ルジャンドル記号は**類体論の相互写像** (reciprocity map) というものの特別な場合であり，もっと大きなところに値を取る "記号" の非常に特別な場合なのである．ガウス以降，平方剰余の相互法則を一般化することは，19 世紀の整数論の最も重要な課題となった．3 次，4 次の相互法則はガウス自身が構想し，p 次の相互法則の理論がクンマーらによって創られていった．この一般化は，1920 年代の類体論によって一応の完成を見る．ヒルベルトの不分岐類体論の構想を一般の代数体のアーベル拡大 (相対アーベル拡大と古い文献では呼ばれている) にまで一般化する，高木貞治の**類体論**が生まれ，その同型定理の具体的な写像を与える形で，E. アルティンが，任意の代数体のアーベル拡大に相互法則が存在する，という**アルティンの相互法則**を完成させたのである．高木・アルティンの類体論は，20 世紀前半までの整数論における最大の理論であった．このアルティンの相互法則は n 乗剰余相互法則を含み，したがって平方剰余相互法則はこの一般的な相互法則の氷山の一角なのである．

さらに 20 世紀半ばになると，非可換類体論の枠組みが予想という形で明らかになってきた．また，素体上有限生成な体に (あるいは数論的多様体に) 類体論を拡張する高次元類体論も 20 世紀後半に生まれ，近年さかんに発展している．そのような大きな流れをふまえて，もう一度平方剰余相互法則を見てみると，そのシンプルな美しさがきわだったものであると私には感じられる．

2 次ガウス周期の基本定理を使って，平方剰余の相互法則を証明しようと思う．$p=0$ の世界と $\ell=0$ の世界がどこで結びつくのか，ということに注意しながら証明を読むとよいと思う．

最初に，p と ℓ が結びつく鍵となる次の命題を証明する．この命題自体は，今まで通り，p に関する 2 次ガウス周期の性質である．

命題 4.6.2　ℓ を p と異なる素数とする．このとき，$([1]_2)^\ell-[\ell]_2$ を考えると，この数は

$$([1]_2)^\ell-[\ell]_2=a+b[1]_2\quad(a,\,b\text{ は整数})$$

という形に一意的に表される．さらに，この整数 a,b は共に ℓ の倍数である．

まずは，命題 4.6.2 の意味を例で確認しよう．$p=11$ と取る．$g=2$ と取ると剰余類を

$$H_2=\{\overline{1},\overline{4},\overline{5},\overline{9},\overline{3}\},$$
$$2H_2=\{\overline{2},\overline{8},\overline{10},\overline{7},\overline{6}\}$$

と計算できる．ガウスの積公式 (定理 3.3.1) を使って $([1]_2)^2$ を計算する．

$$\begin{aligned}([1]_2)^2&=[2]_2+[5]_2+[6]_2+[10]_2+[4]_2=2[1]_2+3[2]_2\\&=-3-[1]_2\end{aligned}$$

となる．最後の等号では，(4.1) を使った．この式から，どんな正の整数 n に対しても $([1]_2)^n$ を原理的に計算できる．

まず，$\ell=2$ を考える．上と (4.1) から，

$$([1]_2)^2-[2]_2=([1]_2)^2-(-1-[1]_2)=-2$$

であり，確かに 2 の倍数である．

$\ell=3$ を考える．

$$([1]_2)^3=(-3-[1]_2)[1]_2=-3[1]_2-(-3-[1]_2)=3-2[1]_2$$

であり，$[3]_2=[1]_2$ より，

$$([1]_2)^3-[3]_2=3-3[1]_2$$

となる．各係数は 3 の倍数である．

次に $([1]_2)^4$ の計算と $[4]_2=[1]_2$ から

$$([1]_2)^4-[4]_2=6+4[1]_2$$

となる．このときは係数の中に 4 の倍数にはならないものがあり，ℓ が素数でな

いとこの命題は成り立たないことがわかる.

同様に, $[5]_2 = [1]_2$ と $([1]_2)^5$ の計算から,

$$([1]_2)^5 - [5]_2 = -15$$

となる. さらに, $([1]_2)^7 - [7]_2 = 49 + 14[1]_2$, $([1]_2)^{13} - [13]_2 = 481 - 598[1]_2$ であり, 確かに各 ℓ に対して, それぞれの係数が ℓ の倍数になっている.

命題 4.6.2 の証明 実例を見たので, 左辺が $[1]_2$ の整数係数の 1 次式となることは簡単に納得してもらえると思う. 上で見たのと同様に, 一般の p に対しても, ガウスの積公式により,

$$([1]_2)^2 = s + t[1]_2 + u[g]_2 \quad (s,\ t,\ u \text{ は整数})$$

と書ける. (4.1) を使って, $[g]_2 = -1 - [1]_2$ を代入すると,

$$([1]_2)^2 = s - u + (t - u)[1]_2$$

が得られる. この式を使って, n についての数学的帰納法で, $([1]_2)^n$ がすべての正の整数 n に対して, $[1]_2$ の整数係数 1 次式で書けることを証明できる (このことの証明は簡単なので省略する). (4.1) により, $[\ell]_2$ も $[1]_2$ の整数係数 1 次式で書けるので, $([1]_2)^\ell - [\ell]_2$ もそのように書ける.

一意的に書けることは, 命題 4.4.4 からわかる. $a + b[1]_2$ を命題 4.4.4 の形で書くと,

$$a + b[1]_2 = (b - a)[1]_2 - a[g]_2$$

だから, ζ の係数は $b - a$, ζ^g の係数は $-a$ である. よって, a, b は一意的に定まる. あるいは, $[1]_2$ が無理数であることを使っても一意性は得られる.

次に, 1 次式で書いたときの係数が ℓ の倍数であることを証明する. まず, 次の補題を証明する.

補題 4.6.3 r を正の整数とする. $x_1, \ldots, x_r$ を変数とするとき,

$$(x_1 + \cdots + x_r)^\ell - (x_1^\ell + \cdots + x_r^\ell) = \ell g(x_1, \ldots, x_r)$$

となるような整数係数の多項式 $g(x_1, \ldots, x_r)$ が存在する.

補題 4.6.3 の証明 $x_1^{i_1} \cdots x_r^{i_r}$ の係数は多項定理から

$$\begin{pmatrix} \ell \\ i_1, \ldots, i_r \end{pmatrix} = \frac{\ell!}{i_1! \cdots i_r!}$$

である．$i_1+\cdots+i_r=\ell$ であるから，$i_1,\ldots,i_r$ に関して，i_j のうちどれかひとつが ℓ になると，他はすべて 0 である．また，どの i_j も ℓ にならないとすると，$0\le i_1,\ldots,i_r<\ell$ である．このとき，上の係数の分母は ℓ の倍数ではなく，分子が ℓ の倍数なので，全体として ℓ の倍数になる．よって，補題のような整数係数の多項式 $g(x_1,\ldots,x_r)$ が存在する． □

命題 4.6.2 の証明に戻ろう．補題 4.6.3 で $r=\frac{p-1}{2}$ と取って，$x_1=\zeta$, $x_2=\zeta^{g^2},\ldots,x_r=\zeta^{g^{p-3}}$ と代入すると，

$$\begin{aligned}[1]_2^\ell-[\ell]_2&=(\zeta+\zeta^{g^2}+\cdots+\zeta^{g^{p-3}})^\ell-(\zeta^\ell+\zeta^{\ell g^2}+\cdots+\zeta^{\ell g^{p-3}})\\&=\ell g(\zeta,\zeta^{g^2},\ldots,\zeta^{g^{p-3}})\end{aligned}$$

が得られる．一方，既に見たように，整数 a,b を使って，$[1]_2^\ell-[\ell]_2=a+b[1]_2$ と書ける．よって，(4.1) を使って，

$$\begin{aligned}[1]_2^\ell-[\ell]_2&=\ell g(\zeta,\zeta^{g^2},\ldots,\zeta^{g^{p-3}})\\&=a+b[1]_2=(b-a)[1]_2-a[g]_2\end{aligned}$$

となる．補題 4.6.3 の前で述べたように，$b-a$ は ζ の係数，$-a$ は ζ^g の係数である．上の式の 1 行目と 2 行目を比べて，a,b は共に ℓ の倍数である．これで，命題 4.6.2 が証明された． □

次に進む前に，もうひとつ補題を準備する．$[1]_2$, $[g]_2$ がみたす，定理 4.1.1 で求めた 2 次方程式を $\varphi_2(x)=0$ と書くことにする．つまり，$p\equiv 1 \pmod 4$ のとき，$\varphi_2(x)=x^2+x-\frac{p-1}{4}$ であり，$p\equiv 3 \pmod 4$ のとき，$\varphi_2(x)=x^2+x+\frac{p+1}{4}$ である．$\varphi_2(x)$ は整数係数の多項式であることに注意しておく．

補題 4.6.4 $f(x)\in\mathbb{Z}[x]$ を整数係数の多項式として，$f([1]_2)=0$ が成り立つと仮定する．このとき，$f(x)$ は $\varphi_2(x)$ で割り切れる．

証明 $\varphi_2(x)$ の 2 次の係数は 1 であることに注意すると，$f(x)$ を $\varphi_2(x)$ で割って，

$$f(x)=\varphi_2(x)q(x)+r(x)$$
$$(q(x),\ r(x)\ \text{は整数係数の多項式で}\ r(x)\ \text{の次数は 1 以下})$$

とすることができる．この式に $x=[1]_2$ を代入すると，$r([1]_2)=0$ が得られるが，$r(x)$ は 1 次以下の式だから，$r(x)$ が恒等的に 0 でないとすると $[1]_2$ が無理数で

あることに矛盾する．よって $r(x)=0$ であり，$f(x)$ は $\varphi_2(x)$ で割り切れる．□

平方剰余の相互法則の証明 まず最初に，定義 (と命題 3.1.4 (3)) から，ℓ が p の平方剰余であることと $[\ell]_2=[1]_2$ が同値であり，ℓ が p の平方非剰余であることと $[\ell]_2=[g]_2$ が同値であることを確認しておく．

ここまでずっと，mod p の世界，$p=0$ の世界，あるいは有限体 $\mathbb{F}_p$ について考えてきたが，$\ell=0$ の世界のことは一切考えなかった．ここから初めて $\ell=0$ の世界を考える．整数 a に対して $\overline{a}$ で $p=0$ の世界の数を表したように，$\overline{\overline{a}}$ で $\ell=0$ の世界の数を表すことにする．すなわち，$\mathbb{F}_\ell=\{\overline{\overline{0}},\overline{\overline{1}},\ldots,\overline{\overline{\ell-1}}\}$ という $\overline{\overline{\ell}}=\overline{\overline{0}}$ の世界を考えて，$\overline{\overline{a}}+\overline{\overline{b}}=\overline{\overline{a+b}}$, $\overline{\overline{a}}\overline{\overline{b}}=\overline{\overline{ab}}$ という演算を，p に対して行ったのと同じように，考えることができる．整数 a に対して，$\overline{\overline{a}}$ は $\overline{\overline{0}}$, $\overline{\overline{1}}$, ..., $\overline{\overline{\ell-1}}$ のうちのどれかに等しい．$\mathbb{F}_\ell=\{\overline{\overline{0}},\overline{\overline{1}},\ldots,\overline{\overline{\ell-1}}\}$ を考えると，定理 2.1.2 により，$\mathbb{F}_\ell$ 上では加減乗除ができる ($\overline{\overline{0}}$ が加法の単位元，$\overline{\overline{1}}$ が乗法の単位元で，$\mathbb{F}_\ell$ は体になる). §2.3 で考えたように，$\mathbb{F}_\ell$ の元を係数に持つ多項式，方程式を考える．x を変数とする整数係数多項式全体を $\mathbb{Z}[x]$ と書き，$\mathbb{F}_\ell$ 係数多項式全体を $\mathbb{F}_\ell[x]$ と書く．$f(x)=a_nx^n+a_{n-1}x^{n-1}+\cdots+a_0\in\mathbb{Z}[x]$ に対して，

$$\overline{\overline{f}}(x)=\overline{\overline{a_n}}x^n+\overline{\overline{a_{n-1}}}x^{n-1}+...+\overline{\overline{a_0}}\in\mathbb{F}_\ell[x]$$

と書くことにする．$f(x)$ を $\overline{\overline{f}}(x)$ に対応させる写像を ϵ_ℓ と書くことにする．つまり

$$\epsilon_\ell:\mathbb{Z}[x]\longrightarrow\mathbb{F}_\ell[x]$$
$$\epsilon_\ell(f(x))=\overline{\overline{f}}(x)$$

である．単純に係数を $\mathbb{F}_\ell$ 世界の係数と思うだけの写像なので，

$$\epsilon_\ell(f(x)+g(x))=\epsilon_\ell(f(x))+\epsilon_\ell(g(x)),\quad \epsilon_\ell(f(x)g(x))=\epsilon_\ell(f(x))\epsilon_\ell(g(x))$$

が成立する．

いよいよ，平方剰余の相互法則を証明する．

最初に，ℓ が p の平方剰余であるとする．この証明の最初に述べたように，$[\ell]_2=[1]_2$ なので，命題 4.6.2 より，

$$([1]_2)^\ell-[1]_2=a+b[1]_2$$

と書くと，a, b は ℓ の倍数である．

$$f(x)=x^\ell-x-(a+bx)$$

とおく．$f([1]_2)=0$ であるから，補題 4.6.4 により，$f(x)$ は $\varphi_2(x)$ で割り切れる．

この関係を写像 ϵ_ℓ で送ることによって，$\mathbb{F}_\ell$ 上で考えると，$\overline{\overline{f}}(x)$ が $\overline{\overline{\varphi_2}}(x)$ で割り切れることがわかる．命題 4.6.2 から $\overline{\overline{a}}=\overline{\overline{b}}=\overline{\overline{0}}$ であるから，

$$\overline{\overline{f}}(x)=x^\ell-x$$

である．$\overline{\overline{\varphi_2}}(x)$ が $x^\ell-x$ を割り切るということは，命題 2.3.4 (4) により，$\overline{\overline{\varphi_2}}(x)=\overline{\overline{0}}$ という方程式の解は，$\overline{\overline{0}}, \overline{\overline{1}}, \ldots, \overline{\overline{\ell-1}}$ のどれかである．つまり，$\overline{\overline{\varphi_2}}(x)=\overline{\overline{0}}$ は $\mathbb{F}_\ell$ に解を持つことになる．

2 次ガウス周期の基本定理 (定理 4.1.1) より，$\varphi_2(x)=0$ の解は，

$$\frac{1}{2}\left(-1\pm\sqrt{(-1)^{\frac{p-1}{2}}p}\right)$$

である．ここに，$(-1)^{\frac{p-1}{2}}p$ を使って $p\equiv 1 \pmod 4$ と $p\equiv 3 \pmod 4$ のときをまとめて書いた．$\mathcal{D}=(-1)^{\frac{p-1}{2}}p$ とおくと，$\mathcal{D}$ は $\overline{\overline{\varphi_2}}(x)$ の判別式であり，$\overline{\overline{\varphi_2}}(x)=0$ の解は，

$$\overline{\overline{2}}^{-1}(\overline{\overline{-1}}\pm\sqrt{\mathcal{D}})$$

となる．上でこの解が $\mathbb{F}_\ell$ に入ることを証明した．これは $\mathcal{D}$ が $(\mathbb{F}_\ell^\times)^2$ に入ることを意味する．つまり，$(-1)^{\frac{p-1}{2}}p$ は ℓ の平方剰余である．以上で，

$$\left(\frac{\ell}{p}\right)=1 \implies \left(\frac{(-1)^{\frac{p-1}{2}}p}{\ell}\right)=1$$

が証明された．定理 2.6.1 により，

$$\left(\frac{-1}{\ell}\right)=(-1)^{\frac{\ell-1}{2}}$$

であるから，上の関係は，

$$\left(\frac{\ell}{p}\right)=1 \implies \left(\frac{(-1)^{\frac{p-1}{2}}p}{\ell}\right)=(-1)^{\frac{p-1}{2}\frac{\ell-1}{2}}\left(\frac{p}{\ell}\right)=1 \tag{4.14}$$

と表せる．

次に，ℓ が p の平方非剰余であるとする．上で注意したように，このとき $[\ell]_2=[g]_2$ となる．(4.1) を使えば，$[\ell]_2=[g]_2=-1-[1]_2$ となる．$([1]_2)^\ell-[\ell]_2=a+b[1]_2$ となる a, b を使って (命題 4.6.2)，今度は，

$$f(x)=x^\ell-(-1-x)-(a+bx)=x^\ell+x+1-(a+bx)$$

とおく．$f([1]_2)=0$ であるから，再び補題 4.6.4 により，$f(x)$ は $\varphi_2(x)$ で割り

切れる．

命題 4.6.2 より，$a \equiv b \equiv 0 \pmod{\ell}$ であるから，

$$\overline{\overline{f}}(x) = x^{\ell} + x + \overline{\overline{1}}$$

である．この式が，$\overline{\overline{\varphi_2}}(x)$ で割り切れている．よって，$\overline{\overline{\varphi_2}}(x) = \overline{\overline{0}}$ の解を α とすると，α は $\alpha^{\ell} + \alpha + \overline{\overline{1}} = \overline{\overline{0}}$ をみたしている．

ここで，もし α が $\mathbb{F}_\ell$ の元であるとすると，フェルマの小定理 (定理 2.2.4) により，$\alpha^{\ell} = \alpha$ をみたすはずである．したがって，

$$\alpha^{\ell} + \alpha + \overline{\overline{1}} = 2\alpha + \overline{\overline{1}} = \overline{\overline{0}}$$

となり，$\alpha = -\overline{\overline{2}}^{-1}$ である．しかし，$\overline{\overline{\varphi_2}}(x) = \overline{\overline{0}}$ の解は，$\overline{\overline{2}}^{-1}(\overline{\overline{-1}} \pm \sqrt{\mathcal{D}})$ であることが 2 次ガウス周期の基本定理からわかっており，上は $\mathcal{D} = \overline{\overline{0}}$，つまり $(-1)^{\frac{p-1}{2}} p \equiv 0 \pmod{\ell}$ を意味している．$p \neq \ell$ だから，これは矛盾である．よって，α は $\mathbb{F}_\ell$ には属さず，$\overline{\overline{\varphi}}_2(x) = 0$ は $\mathbb{F}_\ell$ に解を持たず，$(-1)^{\frac{p-1}{2}} p$ は ℓ の平方非剰余でなければならない．これで，

$$\left(\frac{\ell}{p}\right) = -1 \implies \left(\frac{(-1)^{\frac{p-1}{2}} p}{\ell}\right) = (-1)^{\frac{p-1}{2}\frac{\ell-1}{2}} \left(\frac{p}{\ell}\right) = -1 \tag{4.15}$$

が証明された．(4.14), (4.15) により，

$$\left(\frac{\ell}{p}\right) = (-1)^{\frac{p-1}{2}\frac{\ell-1}{2}} \left(\frac{p}{\ell}\right)$$

が証明された． □

証明が長くなって本質がどこにあるか見えにくいかもしれないので，少し説明する．以上の平方剰余の相互法則の証明で，**最も重要な役割を果たしたのは，2 次ガウス周期の基本定理** (定理 4.1.1) である．ℓ が p の平方剰余かどうか，という問題は，$[\ell]_2$ が $[1]_2$ か $[g]_2$ のどちらになるか，と言い換えられる．一方 $(-1)^{\frac{p-1}{2}} p$ が ℓ の平方剰余かどうか，という問題は，$\overline{\overline{\varphi_2}}(x) = 0$ が $\mathbb{F}_\ell$ に解を持つかどうか，と言い換えられる．そこで，2 次ガウス周期と $\varphi_2(x)$ を結びつけたいのだが，それを実現したのが 2 次ガウス周期の基本定理なのである．

証明が長くなった理由は，代数の理論の整備が不十分だったためである．環，体などの大学の学部程度の現代数学を勉強すれば，今述べた証明はあっという間に終わってしまう．用語は無定義のまま説明してみよう (わからない言葉は読み飛ば

して下さい).

ℓ を含む $\mathbb{Z}[\zeta]$ の素イデアル $\mathcal{L}$ をひとつ取る．$\sigma_\ell \in \mathrm{Gal}(\mathbb{Q}(\zeta)/\mathbb{Q})$ を ℓ のフロベニウス置換とする．$\varphi_2(x)$ を定理 4.1.1 の 2 次式とすると，その判別式は ℓ と素である．そして 2 次ガウス周期の基本定理により，$\varphi_2(x) = 0$ は 2 つの 2 次ガウス周期 $[1]_2, [g]_2$ を解に持つ．以上により，$[1]_2 \equiv [\ell]_2 \pmod{\mathcal{L}}$ であることと $[1]_2 = [\ell]_2$ であることは同値である．また，$\sigma_\ell([1]_2) = [\ell]_2$ であることに注意する．さて，ℓ が p で平方剰余であることは，$[1]_2 = [\ell]_2$ であることと同値なので，上で述べたことから，$[1]_2 \equiv [\ell]_2 = \sigma_\ell([1]_2) \pmod{\mathcal{L}}$ と同値である．ガロア理論により，これは $[1]_2 \bmod \mathcal{L} \in \mathbb{F}_\ell$ と同値である．つまり，$\varphi_2(x)$ の判別式 mod ℓ が 2 乗元であることと同値である．判別式は $(-1)^{\frac{p-1}{2}}p$ なので，これは $(-1)^{\frac{p-1}{2}}p$ が ℓ の平方剰余であることを意味する．これで，平方剰余相互法則が得られた．

ガウスは平方剰余の相互法則の証明を 6 通り出版した．「数論研究」の中に 2 つの証明が与えられ (数学的帰納法によるものと 2 次形式の理論によるもの)，第 3 証明は 1808 年の論文，第 4 証明は 1811 年の論文 (この論文では 2 次ガウス周期の符号も決定された)，第 5 証明，第 6 証明は 1818 年の論文 [2] で公にされた．さらに，遺稿 (もともとは「数論研究」に入れる予定だった原稿) [5] が 1863 年に出版され，その中で 2 つの証明が与えられている (ガウスは遺稿の中では，この 2 つを「数論研究」の 2 つの証明に続くものとして，第 3 証明，第 4 証明と呼んでいる) ので，これを全部合わせると 8 つになるが，遺稿の 2 つの証明はアイディアは本質的に同じで，一つの証明とも考えられるので，これを一つと数えて，7 つの証明を与えた，と通常は言われている．

この本で述べてきた証明は，ガウスの遺稿の証明 (第 7 証明) とほぼ同じである [4)]．上に述べたように，現代数学を使えば 2 次周期の基本定理から平方剰余相互法則はただちに証明でき，しかもそれはきわめて自然な証明である．だから，私は「数論研究」を読んだとき，その中で 2 次ガウス周期の基本定理が証明された後に，平方剰余相互法則に対する言及がないことが，とても不思議だった．しかし，遺稿 [5] で確認できるように，ガウスは確かに 2 次ガウス周期の基本定理を使った証明を与えたのだった (ガウスの「数学日記」によってそれは 1796 年 9 月 2 日の発見だったと特定できるので，1796 年の春に始まるガウス周期の研究後それほど時間はかからずに証明を完成したこともわかる)．そして「数論研究」の中で最初はこの証明を与える予定だったが，本が長くなりすぎて断念したものと思われる．ガウスは遺稿の中で，平方剰余相互法則の証明だけでなく，$\mathbb{F}_p$ の拡大体の理論を (多項式の言葉で) 構成している．この遺稿が 1801 年に出版されなかったことは大変残念なことであったと私は思う．もし出版されていれば，少し時間はかかってもかなりの影響を与えたように思う [5]．

なお，ガウスはこの第 7 証明をさらに整理して，第 6 証明とし，1818 年に出版したのだろう (論文 [2] の中にある)．第 7 証明の主役は 2 次ガウス周期であるが，第 6 証明の主役はいわゆる「ガウスの和」である．われわれの用語では，それは $[1]_2 - [g]_2$ だ．現在，ほとんどの教科書に書いてあるガウスの和による平方剰余相互法則の証明は，ガウスの第 6 証明に始まるのである．もっとも，ここではガウスは (有限体の拡大体は使わずに) すべてを整数係数の多項式の性質として証明している．第 6 証明には 1 の p 乗根 ζ さえまったく現れない．$1+x+x^2+\cdots+x^{p-1}$ という多項式が現れるだけである．ガウスの和は $x-x^g+x^{g^2}-x^{g^3}+\cdots-x^{g^{p-2}}$ という多項式として現れている．2 次ガウス周期の基本定理にあたるものも，整数係数多項式の性質として証明している．ここでは平方剰余の相互法則は，誰でも認めることができるまったくあいまいな点がない整数係数の多項式の性質として，完全に初等的に証明されている [6]．

ガウス周期とガウスの和は発想の点に異なる部分があり，また第 6 証明と第 7 証明は見た目は大変異なっている．しかし，核になるアイディアは同じである．その意味で，ガウスは第 6 証明を発表した時点で，第 7 証明をもう一度発表する必要性を感じていなかったのだろうと思う．その証拠に，1818 年の論文 [2] において，この論文を書く理由について，ガウスは次のように書いている．

> この困難な仕事 (3 次，4 次の相互法則の研究) に向かう前に，もう一度平方剰余の理論に戻り，そこになお残されている，なすべきことをすべて完成させ，そしてそうすることにより，高等算術のこの世界に，ほぼ別れを告げる [7] ことを私は決心したのである．

ガウスの 7 つの証明については，日本語の本では倉田令二朗「平方剰余の相互法則 — ガウスの全証明」が詳しい．ただし，この本には第 7 証明の主役がガウス周期であるという最も肝心のことが書かれていない [8]．

4.7 補充法則

普通は，平方剰余の相互法則を述べる前に，補充法則というものが証明される．それは，-1 と 2 がいつ p の平方剰余になるかという問題である．-1 については，既に定理 2.6.1 で証明した．2 については，まだ何も述べていなかったので，ここで説明したいと思う．

ここでは 2 通りの方法で証明する．最初の方法は，前節の平方剰余の相互法則の証明と同じアイディアを用いたものである．前節の証明のアイディアがここではより鮮明になると思う．2 つ目の方法は，2 次曲線の有理点の数を使う方法で，ガウスの論文「4 次剰余の理論 第 1 部」[3] の方法を平方剰余の場合に適用したものである．

定理 4.7.1 (第 2 補充法則) p を $p \equiv \pm 1 \pmod 8$ をみたす素数とするとき，2 は p の平方剰余である．一方，p が $p \equiv \pm 5 \pmod 8$ をみたす素数とするとき，2 は p の平方非剰余である．

(ちなみに第 1 補充法則とは定理 2.6.1 のことである．)

まずは前節の平方剰余相互法則の証明と同じアイディアを用いて，第 1 の証明を与える．2 次のガウス周期の代わりに，次の関数 $c(n)$ を使う．ζ_8 を

$$\zeta_8 = e^{\frac{\pi i}{4}} = \cos\frac{\pi}{4} + i\sin\frac{\pi}{4} = \frac{\sqrt{2}}{2}(1+i)$$

と定義する．奇数 n に対して，$c(n)$ を

$$c(n) = \zeta_8^n + \zeta_8^{-n} = 2\cos\frac{n\pi}{4}$$

と定義する．定義により，n が $n \equiv \pm 1 \pmod 8$ をみたすとき，

$$c(n) = \zeta_8 + \zeta_8^{-1} = \sqrt{2}$$

であり，$n \equiv \pm 5 \pmod 8$ をみたすとき，

$$c(n) = \zeta_8^5 + \zeta_8^{-5} = -\sqrt{2}$$

である．次の命題は，前節の命題 4.6.2 に対応している．

命題 4.7.2 ℓ を奇素数とするとき，ℓ の倍数である整数 b を使って，

$$c(1)^\ell - c(\ell) = b\sqrt{2}$$

と書ける．

命題 4.7.2 の証明 まず，この式の左辺は，$c(1)=\sqrt{2}$, $c(\ell)=\pm\sqrt{2}$ だから，

$$c(1)^\ell - c(\ell) = \sqrt{2}^\ell \mp \sqrt{2} = (2^{\frac{\ell-1}{2}} \mp 1)\sqrt{2} \tag{4.16}$$

である (上の式で，$\ell \equiv \pm 1 \pmod 8$ のとき符号は $-$，$\ell \equiv \pm 5 \pmod 8$ のとき符号は $+$ をとる).

一方，補題 4.6.3 により，$(x+y)^\ell - (x^\ell + y^\ell) = \ell g(x,y)$ なる整数係数の多項式 $g(x,y)$ があるので，

$$\begin{aligned} c(1)^\ell - c(\ell) &= (\zeta_8 + \zeta_8^{-1})^\ell - (\zeta_8^\ell + \zeta_8^{-\ell}) \\ &= \ell g(\zeta_8, \zeta_8^{-1}) \end{aligned} \tag{4.17}$$

と書ける．$g(x,y)$ は整数係数の多項式だから，整数 a', b', c', d' を使って，

$$g(\zeta_8, \zeta_8^{-1}) = a'\frac{1}{2} + b'\frac{\sqrt{2}}{2} + c'\frac{i}{2} + d'\frac{\sqrt{2}i}{2} \tag{4.18}$$

と書ける．式 (4.17) の左辺は実数なので，右辺にある $g(\zeta_8, \zeta_8^{-1})$ も実数である．よって，(4.18) の右辺も実数で，$c'\frac{1}{2} + d'\frac{\sqrt{2}}{2} = 0$ となる．c', d' は整数で，$\sqrt{2}$ は無理数なので，$c' = d' = 0$ がわかる．さらに，(4.16), (4.17), (4.18) を比べて ($\sqrt{2}$ が無理数に注意して)，$a' = 0$,

$$\frac{b'}{2}\ell = 2^{\frac{\ell-1}{2}} \mp 1 \tag{4.19}$$

が得られる．(4.19) の両辺を比べて，b' は偶数である．$b = \frac{b'}{2}\ell$ と取れば，命題 4.7.2 の結論が得られる． □

定理 4.7.1 の証明 まず，$\ell \equiv \pm 1 \pmod 8$ とする．命題 4.7.2 の証明の中の (4.19) は $b = \frac{b'}{2}\ell = 2^{\frac{\ell-1}{2}} - 1$ なので，

$$2^{\frac{\ell-1}{2}} \equiv 1 \pmod \ell$$

となる．これは，$\left(\frac{2}{\ell}\right) = 1$ を意味している (第 2 章 問 2-2 参照).

次に，$\ell \equiv \pm 5 \pmod 8$ とすると，(4.19) は $b = \frac{b'}{2}\ell = 2^{\frac{\ell-1}{2}} + 1$ であり，

$$2^{\frac{\ell-1}{2}} \equiv -1 \pmod \ell$$

である．よって，2 は ℓ の平方非剰余である．証明では，平方剰余の相互法則との対比のため，p の代わりに ℓ を用いたが，これは本質と何の関係もない．以上により，定理 4.7.1 が証明された． □

§4.2 で述べた曲線上の点の数の計算からも定理 4.7.1 を導くことができるので，次はそれを述べたいと思う．ガウスは 1828 年の論文で，2 がいつ p の 4 乗剰余になるかという問題を解決したが，ここで述べるのは，その方法を平方剰余に適用したものである．

まず，$p \equiv 1 \pmod 4$ とする．2 が平方剰余かどうかは $\overline{2} \in H_2 = (\mathbb{F}_p^\times)^2$ かどうかを考えればよい．そこで，$\overline{2}$ の乗法に関する逆元 $\overline{2}^{-1}$ を考えて，これは $\overline{2}^{-1} \in H_2$ かどうかとも同値である．今，$p \equiv 1 \pmod 4$ だから，定理 2.6.1 により，-1 は平方剰余である．よって，$-\overline{2}^{-1} \in H_2$ とも同値である．$-\overline{2}^{-1}$ とは具体的に何か，と考えてみると，2 倍して $\overline{-1}$ になる元だから，$\overline{\frac{p-1}{2}}$ とも書ける．以上により，2 が p の平方剰余であることは，$\frac{p-1}{2}$ が p の平方剰余であることと同値である．

整数を

$$1, 2, \ldots, \ \frac{p-1}{2}, \ \frac{p+1}{2}, \ldots, \ p-1 \tag{4.20}$$

と並べたとき，連続する 2 個の数が共に平方剰余となる数の組の個数を q とする．集合を使ってきちんと書けば，

$$\{m \mid 1 \leq m < p-1, \ \ m \text{ は整数で}, m \text{ と } m+1 \text{ が共に } p \text{ の平方剰余}\}$$

の元の数が q である．整数 m で $1 \leq m < \frac{p-1}{2}$ に対して，m と $m+1$ が共に平方剰余であるものの数を r とする．このような範囲の m で m と $m+1$ が共に平方剰余ならば，-1 が平方剰余であることを使って，$p-(m+1)$ と $p-m$ も共に平方剰余である．q を r を使って表そう．2 が p の平方剰余のとき，$\frac{p-1}{2}$，$\frac{p+1}{2}$ は共に平方剰余なので（$\overline{\frac{p+1}{2}} = \overline{2}^{-1}$ に注意する），$q = 2r+1$ である．逆に，2 が p の平方非剰余のとき，$\frac{p-1}{2}$ は平方非剰余なので，$q = 2r$ となる．これを書き換えると，2 が p の平方剰余のとき $r = \frac{q-1}{2}$ であり，2 が p の平方非剰余のとき $r = \frac{q}{2}$ となることがわかる．

一方で，§4.2 のように，曲線 $y^2 = x^2 + \overline{1}$ を考えて，

$$S_\alpha = \{(x, y) \mid x, \ y \in \mathbb{F}_p^\times, \ \ y^2 = x^2 + \overline{1}\}$$

とおく．S_α が $\alpha = p-5$ 個の元でできていることを §4.2 では証明した．数の列 (4.20) に $m, m+1$ が共に平方剰余であるものがあれば，$\overline{m} = x^2, \overline{m+1} = y^2$ となる $x, y \in \mathbb{F}_p^\times$ を取って，4 つの組 $(\pm x, \pm y)$ が S_α の元になる．逆にたどれば，S_α の元から，(4.20) に $m, m+1$ が共に平方剰余である数の組を作れる．

したがって,

$$q = \frac{\alpha}{4} = \frac{p-5}{4}$$

である．よって，2 が平方剰余のとき，$r = \frac{q-1}{2} = \frac{p-9}{8}$，2 が平方非剰余のとき，$r = \frac{q}{2} = \frac{p-5}{8}$ となる．特に定義から，r は整数なので，2 が平方剰余のとき $p \equiv 9 \equiv 1 \pmod 8$，2 が平方非剰余のとき $p \equiv 5 \pmod 8$ であることがわかる．すべての場合を考えているので，上は同値になる．つまり，2 が平方剰余であることと $p \equiv 1 \pmod 8$ が同値，2 が平方非剰余であることと $p \equiv 5 \pmod 8$ が同値である．これで，$p \equiv 1 \pmod 4$ のとき，定理 4.7.1 が証明できた．

次に，$p \equiv 3 \pmod 4$ とする．今度は，整数の列 (4.20) に，m が平方剰余で，$m+1$ が平方非剰余となるような数の組 $(m, m+1)$ がどのくらいあるかを考える．集合

$$\{m \mid 1 \leq m < p-1,\ \ m \text{ は整数で } m \text{ が平方剰余}, m+1 \text{ が平方非剰余}\}$$

を考え，その元の数を q とする．$1 \leq m < \frac{p-1}{2}$ の範囲の整数 m でこの条件をみたすものの数を r とする．このような m で上の条件をみたすものがあると，$p \equiv 3 \pmod 4$ より，-1 が平方非剰余であることを使って，$p-(m+1)$ は平方剰余，$p-m$ は平方非剰余になる．よって，$p-(m+1)$ も上の集合に入ることになる．また，2 が平方剰余のとき，-1 が平方非剰余だから，$-\overline{2}^{-1} \notin H_2$ で，$\frac{p-1}{2}$ は平方非剰余である．したがって，$q = 2r$ となる．逆に，2 が平方非剰余のとき，-1 が平方非剰余だから $\frac{p-1}{2}$ は平方剰余であり，$\frac{p+1}{2}$ は平方非剰余である．よってこのときは，$q = 2r+1$ となる．

今度は，曲線 $\overline{g}y^2 = x^2 + \overline{1}$ を考えよう．

$$S_\beta = \{(x, y) \mid x,\ y \in \mathbb{F}_p^\times,\ \ \overline{g}y^2 = x^2 + \overline{1}\}$$

とおく．m が平方剰余，$m+1$ が平方非剰余のものが $1 \leq m < p-1$ の範囲にあれば，$\overline{m} = x^2, \overline{m+1} = \overline{g}y^2$ となる $x, y \in \mathbb{F}_p^\times$ を取って，4 つの組 $(\pm x, \pm y)$ が S_β の元になる．$p \equiv 1 \pmod 4$ のときと同様に逆もたどれる．よって，q は S_β の元の数の $\frac{1}{4}$ である．§4.2 で S_β の元の数は，$\beta = p+1$ であることを証明した．よって，

$$q = \frac{\beta}{4} = \frac{p+1}{4}$$

となる．r も求めると，2 が平方剰余のとき，$r = \frac{q}{2} = \frac{p+1}{8}$，2 が平方非剰余のと

き，$r=\frac{q-1}{2}=\frac{p-3}{8}$ となる．特に定義から，r は整数なので，2 が平方剰余のとき $p\equiv -1 \pmod 8$，2 が平方非剰余のとき $p\equiv 3\equiv -5 \pmod 8$ であることがわかる．前回同様に，すべての場合を考えているので，これは同値になる．つまり，2 が平方剰余であることと $p\equiv -1 \pmod 8$ が同値，2 が平方非剰余であることと $p\equiv -5 \pmod 8$ が同値である．以上により，曲線上の点の数を用いる方法で，定理 4.7.1 が証明された．　□

補充法則も証明したので，最後にルジャンドル記号の計算が以上の法則を使うと，非常に速く計算できることを述べておこう．ただし，この本の主題とははずれるので，例をひとつあげるだけにする．

$$\begin{aligned}\left(\frac{929}{3617}\right)&=\left(\frac{3617}{929}\right)=\left(\frac{830}{929}\right)=\left(\frac{2}{929}\right)\left(\frac{5}{929}\right)\left(\frac{83}{929}\right)\\&=1\cdot\left(\frac{929}{5}\right)\left(\frac{929}{83}\right)=\left(\frac{4}{5}\right)\left(\frac{16}{83}\right)\\&=1\end{aligned}$$

このようにして，929 は 3617 の平方剰余であることがわかる．実際，$565^2\equiv 929 \pmod{3617}$ であり，確かに 929 は 3617 の平方剰余である．平方剰余の理論は，今では符号・暗号理論に使われて，現代の情報社会のセキュリティを支えている．平方剰余相互法則によってルジャンドル記号が高速で計算できることは，その基礎となっているのである．

第 5 章

4 次のガウス周期

平方剰余の理論は，さまざまな初等整数論の本で扱われている．われわれも前の章で 2 次のガウス周期を主題とする形で，平方剰余の理論を詳しく見てきた．しかしながら，ガウス周期の研究という観点から見れば (あるいは正多角形の作図という観点から見ても)，2 次の周期だけでは不十分であり，高次の周期の研究が必要である．この章では，4 次のガウス周期について研究する．

5.1 設定と目標

この章では，4 次のガウス周期を詳しく調べる．したがって，$p-1$ が 4 の倍数，つまり $p \equiv 1 \pmod 4$ をみたす素数 p を考える．g を p の原始根とする．§2.7 の書き方だと，長方形

$$\begin{array}{|ccccc|} \hline \overline{1} & \overline{g}^4 & \overline{g}^8 & \dots & \overline{g}^{p-5} \\ \overline{g} & \overline{g}^5 & \overline{g}^9 & \dots & \overline{g}^{p-4} \\ \overline{g}^2 & \overline{g}^6 & \overline{g}^{10} & \dots & \overline{g}^{p-3} \\ \overline{g}^3 & \overline{g}^7 & \overline{g}^{11} & \dots & \overline{g}^{p-2} \\ \hline \end{array} \tag{5.1}$$

を考えることになる．それぞれの行は，§2.8 の記号で，$\mathbb{F}_p^\times$ の中の H_4 の剰余類 H_4, gH_4, g^2H_4, g^3H_4 に対応している．

ζ を 1 の p 乗根 $\zeta = e^{(2\pi i)/p}$ として，4 次のガウス周期を

$$[1]_4 = \zeta + \zeta^{g^4} + \cdots + \zeta^{g^{p-5}},$$

$$[g]_4 = \zeta^g + \zeta^{g^5} + \cdots + \zeta^{g^{p-4}},$$

$$[g^2]_4 = \zeta^{g^2} + \zeta^{g^6} + \cdots + \zeta^{g^{p-3}},$$

$$[g^3]_4 = \zeta^{g^3} + \zeta^{g^7} + \cdots + \zeta^{g^{p-2}}$$

と定義したことを思い出そう (一般論は第 3 章)．定義から，$[1]_4 + [g^2]_4 = [1]_2$,

$[g]_4+[g^3]_4=[g]_2$ である．2 次ガウス周期の基本定理 (定理 4.1.1) から，$[1]_2$, $[g]_2$ は $\frac{-1\pm\sqrt{p}}{2}$ である．符号の決定まで使うと，$[1]_2=\frac{-1+\sqrt{p}}{2}$, $[g]_2=\frac{-1-\sqrt{p}}{2}$ となるのであった．そこで，

$$[1]_4+[g^2]_4=[1]_2=\frac{-1+\sqrt{p}}{2} \tag{5.2}$$

$$[g]_4+[g^3]_4=[g]_2=\frac{-1-\sqrt{p}}{2} \tag{5.3}$$

となる．この章で考えたいのは，4 次ガウス周期の値を具体的に決定する，ということである．$[1]_4$, $[g^2]_4$ の具体的な値を決めるためには，$[1]_4$, $[g^2]_4$ がみたす 2 次方程式を決める必要がある．和が (5.2) でわかっているので，積 $[1]_4[g^2]_4$ が決まれば，このような 2 次方程式は決まる．そこで，**この章の前半の目標は，積**

$$[1]_4[g^2]_4,\quad [g]_4[g^3]_4$$

の値を決定することである．

このような 2 次方程式は，たとえば正 17 角形の作図，あるいは $p=17$ のときの $\zeta=[1]_{16}$ の値の決定に必要である．ところで，もし具体的に p が与えられれば，ガウスの積公式 (定理 3.3.1) によって，われわれはこの積を計算することができる．たとえば，$p=17$ に対して，この計算を実行するのは (既にたくさんの準備をわれわれはここまでしてきているので) 容易である．以下では，$p\equiv 1 \pmod 4$ をみたす小さな素数 p に対して $[1]_4[g^2]_4$ を具体的に計算してみよう．

まず，$p=5$, $g=2$ とする．ガウスの積公式 (定理 3.3.1) により，

$$[1]_4[4]_4=[5]_4=1$$

である．これは，$\zeta_5\zeta_5^4=1$ を意味しているので，自明である．

$p=13$ とすると，$g=2$ と取れる．このとき，§3.5 (3.1) で既に

$$[1]_4[4]_4=\frac{5-\sqrt{13}}{2}$$

と計算した．

$p=17$ とする．$g=3$ が (正整数の中で) 最小の原始根である．このときの H_4 の剰余類の表が，§2.7 にある．この表を見ながら，ガウスの積公式 (定理 3.3.1) を使って計算すると，

$$\begin{aligned}[1]_4[9]_4&=[10]_4+[16]_4+[9]_4+[3]_4=[1]_4+[3]_4+[9]_4+[10]_4\\&=[1]_1=-1\end{aligned}$$

となる．

$p=29$ とする．$g=2$ と取れる．結果だけを書くと，

$$[1]_4[4]_4 = -1 + [0]_4 + [1]_2 = \frac{11+\sqrt{29}}{2}$$

である．

$p=37$ とする．$g=2$ と取れる．このとき，

$$[1]_4[4]_4 = -2 + [0]_4 = 7$$

となる ($p=29, 37$ のときの計算を自分で確かめてみてほしい)．

2 次周期のときとは違い，以上の計算結果から，一般に何が起こっているのか，どんな法則があるのか，そもそも一般に成立する法則があるのかどうか，読み取るのは容易ではない．

しかしながら，ガウスが偉大なのは，ここにも一般論が存在することを見抜き，一般の p に対して存在する定理を定式化し，さらに証明したことである．以下では，それを見て行くことにする．

5.2　2 平方和に関する定理

前節で設定した問題の答を定式化するために，ここで有名な 2 平方和の定理を紹介し，証明する．この定理を最初に証明したのは，フェルマであると思われる．フェルマは自分が証明を持っていること，無限降下法を用いた証明のアイディアについて，何度も言明している (ヴェイユの本 [7] の第 II 章がわかりやすい)．ただし，きちんとした証明は書き残してはいない．オイラーが最初にきちんとした証明を与えた．

定理 5.2.1 (フェルマ・オイラー)　p を $p \equiv 1 \pmod 4$ をみたす素数とすると，

$$p = a^2 + b^2 \quad (a, b \text{ は整数})$$

という形に書くことができる．a を奇数，b を偶数と取ることにすると，$|a|, |b|$ は p によって一意的に決まる．

$5 = 1^2 + 2^2$, $13 = 3^3 + 2^2$, $17 = 1^2 + 4^2$, $29 = 5^2 + 2^2$, $37 = 1^2 + 6^2$ といった具合である．

現代の大学では，学部レベルの基礎的な環論の講義で，ガウスの整数環 $\mathbb{Z}[i]$ が単項イデアル整域である，という定理の系として，定理 5.2.1 は普通証明されている．p を含む $\mathbb{Z}[i]$ の極大イデアルを $(a+bi)$ と取ると，$p = a^2 + b^2$ となる，と

いうふうに証明できるのである．ここでは，環論の諸概念を定義しないで，高校生にもわかる形で証明しよう．ガウス整数は使うことにする．実は，ガウス整数は 4 次剰余の理論のためにガウスが導入したものなのである (論文 [4] で導入された).

複素数 $a+bi$ で，a も b も整数であるものをガウス整数と呼ぶ．ガウス整数全体を $\mathbb{Z}[i]$ と書く．つまり，

$$\mathbb{Z}[i]=\{a+bi \mid a,\ b\in\mathbb{Z}\}$$

である．ガウス整数全体 $\mathbb{Z}[i]$ は加法，減法，乗法で閉じている ($\alpha,\beta\in\mathbb{Z}[i]$ に対して，$\alpha\pm\beta\in\mathbb{Z}[i], \alpha\beta\in\mathbb{Z}[i]$ ということ)．ガウス整数を普通の整数と同じように考えて，$(a+bi)(c+di)=(ac-bd)+(ad+bc)i$ の形 (a, b, c, d は普通の整数) のガウス整数を $a+bi$ の倍数と呼ぶことにする．

複素数 $z=x+yi$ の絶対値は，$|z|=\sqrt{x^2+y^2}$ と定義されていたことを思い出そう．複素平面で見ると，原点との距離である．複素平面の中で，ガウス整数全体は，図 5.1 のように一辺が長さ 1 の正方形の格子を作っている．よって，どのような複素数 z に対しても，z に一番近いガウス整数 α を取ると，$|z-\alpha|\leq\frac{\sqrt{2}}{2}$ となっている．z が正方形の中心にあるときが頂点との距離が最も遠く，その距離が $\frac{\sqrt{2}}{2}$ だからである．このことは以下の証明で重要な役割を果たす．

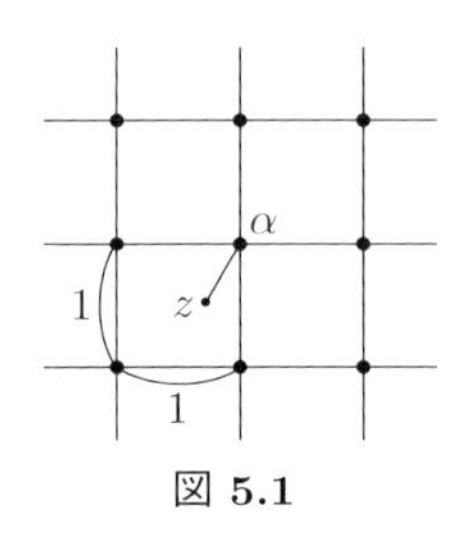

図 5.1

定理 5.2.1 の証明　$p\equiv 1 \pmod 4$ だから，-1 は p の平方剰余である (定理 2.6.1)．したがって，$c^2\equiv -1 \pmod p$ をみたす整数 c が存在する．整数 c を $|c|<\frac{p}{2}$ をみたすように取ることにする (c は負の可能性もある)．集合 I を p と $c+i$ を使って，$sp+t(c+i)$ (s, t はガウス整数) と書ける数全体とする．つまり，

$$I=\{sp+t(c+i) \mid\ s,\ t\in\mathbb{Z}[i]\}$$

である．$\alpha,\beta\in I$ であれば，$\alpha\pm\beta\in I$ であり，$\alpha\in I$ であれば，任意のガウス整数 γ に対して，$\gamma\alpha\in I$ となることが定義から簡単に確かめられる．複素数 α

に対して，$N(\alpha) = |\alpha|^2$ と定義する．定義から，$N(\alpha\beta) = N(\alpha)N(\beta)$ が成り立つ．また，$\alpha = a + bi$ のとき，$N(\alpha) = |a + bi|^2 = a^2 + b^2$ であり，$N(\alpha)$ は常に整数である．$\alpha \neq 0$ ならば，$N(\alpha)$ は正の整数である．I に含まれる元 $\alpha \in I$ に対して，$N(\alpha)$ を考えよう．I に入っている 0 以外の数で，$N(\alpha)$ が最小となるものを $a + bi$ とする．($N(\alpha)$ は正の整数だから，最小値を与える α はひとつには決まらないが，存在していることは確かである．)

定理 2.1.2 で S がすべての整数全体であることを証明した．そのときと同じ証明方法で，I が $a + bi$ の倍数全体であることを証明しよう．α を I に含まれる数とする．$\frac{\alpha}{a+bi}$ に一番近いガウス整数を $\beta = c + di$ とする．

$$\gamma = \frac{\alpha}{a + bi} - \beta$$

とおくと，証明が始まる前に述べたように，$|\gamma| \leq \frac{\sqrt{2}}{2}$，よって $N(\gamma) \leq \frac{1}{2}$ である．よって，$N(\gamma(a + bi)) \leq \frac{1}{2}N(a + bi) < N(a + bi)$ となる．一方で，α と $a + bi$ が I に入っているので，$\gamma(a + bi) = \alpha - \beta(a + bi)$ も I に入る．$N(a + bi)$ が最小値を与えるわけだから，$N(\gamma(a + bi)) < N(a + bi)$ より，$\gamma(a + bi) = 0$ でなければならない．$a + bi \neq 0$ より，$\gamma = 0$ である．よって，$\frac{\alpha}{a+bi} = \beta$ であり，これは α が $a + bi$ で割り切れることを意味している．よって，I に属する数はすべて $a + bi$ の倍数であり，つまり

$$I = \{s(a + bi) \mid \ s \in \mathbb{Z}[i]\}$$

となる．このことの証明は，定理 2.1.2 で S が m の倍数全体であることを証明したのとまったく同じ方針だったことに注意しておく．

次に，

$$N(a + bi) = a^2 + b^2 = p$$

であることを証明する．まず，p は I に入っているので，いま証明したことから $a + bi$ の倍数で，ある $\beta \in \mathbb{Z}[i]$ を使って $p = (a + bi)\beta$ と書ける．したがって，$N(a + bi)N(\beta) = N(p) = p^2$ となって，$N(a + bi)$ は普通の整数として，p^2 の約数である．p は素数だから，$N(a + bi) = p^2$ か p か 1 である．最初に，$N(a + bi) = p^2$ はあり得ない．なぜなら，$c + i$ も I に入っており，

$$N(c + i) = c^2 + 1 < \frac{p^2}{4} + 1 < p^2$$

となることに注意すると，$N(a + bi)$ が最小となるように取ったわけだから，$N(a + bi) < p^2$ がわかるからである．

次に，$N(a+bi)=1$ とすると，$(a,b)=(\pm 1,0)$ であるか $(0,\pm 1)$ である．よって $\pm 1 \in I$ か $\pm i \in I$ である．どの場合でも $1 \in I$ となる．I のもともとの定義により，$s,t \in \mathbb{Z}[i]$ があって，$1 = sp + t(c+i)$ と書ける．整数 d, e を使って $t = d + ei$ と書こう．$t(c+i) = (cd-e) + (ce+d)i$ より，$cd - e \equiv 1 \pmod p$, $ce + d \equiv 0 \pmod p$ となる．mod p を略して書く．$d \equiv -ce$ を $cd - e$ に代入して，$c^2 \equiv -1$ を使うと，$cd - e \equiv -c^2 e - e \equiv e - e \equiv 0$ となるが，これは最初の合同式 $cd - e \equiv 1$ に矛盾する．よって，$N(a+bi) \neq 1$ である．以上により，

$$N(a+bi) = a^2 + b^2 = p$$

がわかる．p は奇数なので，a, b のうちどちらか一方が奇数，一方が偶数である．ここで，必要なら取り直して，a を奇数，b を偶数としておく．

次に，$p = a^2 + b^2$ となるような $|a|, |b|$ は p から一意的に決まることを示す．$p = a'^2 + b'^2$, a' は奇数，b' は偶数と書けていると仮定して，$|a'| = |a|$, $|b'| = |b|$ を証明する．c, I を上の通りとする．

$$a' + b'i = (a' - cb') + b'(c+i), \quad a' - b'i = (a' + cb') - b'(c+i)$$

と変形して，

$$(a' - cb')(a' + cb') = a'^2 - c^2 b'^2 \equiv a'^2 + b'^2 = p \equiv 0 \pmod p$$

となることを考えると，整数 $a' - cb'$ と $a' + cb'$ の積が p で割り切れるので，どちらかが p で割り切れないといけない．$a' + cb'$ が p で割り切れるときは，b' を $-b'$ と選びなおすことにすれば，$a' - cb'$ が p で割り切れるとしてかまわない．整数 q を使って，$a' - cb' = qp$ と書く．このとき，最初に変形した式から，

$$a' + b'i = (a' - cb') + b'(c+i) = qp + b'(c+i) \in I$$

となる．最後の I に入ることは，I の定義を使った．I の元はすべて $a + bi$ の倍数であることを証明したので，$a' + b'i$ は $a + bi$ の倍数で，ガウス整数 $\alpha \in \mathbb{Z}[i]$ を取って，$a' + b'i = \alpha(a+bi)$ と書ける．

$$N(a' + b'i) = N(\alpha)N(a+bi), \quad N(a' + b'i) = N(a+bi) = p$$

により，$N(\alpha) = 1$ である．よって，$\alpha = \pm 1, \pm i$ となるが，a と a' が共に奇数，b と b' が共に偶数であることから，$\alpha = \pm i$ はあり得ず，$\alpha = \pm 1$ となる．よって，$a' = \pm a$, $b' = \pm b$ であり，$|a'| = |a|$, $|b'| = |b|$ が証明された．これで，定理 5.2.1 の証明が完成した．□

フェルマはさらに進んで，整数 n に対して，$x^2 + ny^2$ の形で書ける素数はど

のような素数かということを調べて，さまざまな言明を残し，この話はオイラー，ラグランジュによって，素数の形状問題へと発展していく．さらにその後，ガウスが「数論研究」で本質的に 2 次体のイデアル類群を定義し，それらは類体論，岩澤理論へとつながる流れになって，非常に魅力的な話になるのだが，ここでは脇道にそれることはやめて，この本の本来のテーマに戻りたいと思う．

p から a, b の絶対値は決まる，と定理 5.2.1 では述べたが，以下では，次の合同式をみたすように a の符号を取る．

$$\begin{aligned} p \equiv 1 \pmod 8 \text{ のとき，} a \equiv 1 \pmod 4 \\ p \equiv 5 \pmod 8 \text{ のとき，} a \equiv 3 \pmod 4 \end{aligned} \tag{5.4}$$

また，(証明の中など特別な場合を除いて) $b > 0$ と取る．a, b は p から一意的に決まることに注意しておく．

たとえば，$p = 5$ のとき，$5 = 1^2 + 2^2$ だから $a = -1, b = 2$ であり，$p = 13$ のとき，$13 = 3^2 + 2^2$ だから $a = 3, b = 2$ であり，$p = 17$ のとき，$17 = 1^2 + 4^2$ だから $a = 1, b = 4$ である．

この a, b の取り方は，ガウスの論文「4 次剰余の理論 第 2 部」[4] §36 の考え方に合わせた取り方であり，このことについては §5.11 で後述する．

5.3　有限体上の 4 次曲線

ガウスは論文「4 次剰余の理論 第 1 部」[3] で有限体上の 4 次曲線の点の数を数えている．ガウスは「数論研究」§358 でもこの方法で，3 次曲線の点の数を数えている．§5.3 から §5.6 までの議論はすべてガウスの論文通りのものである．

これから，4 つの節を使って 4 次曲線について調べていくが，第 4 章 §4.2 で 2 次曲線を考えた部分を参考にしてほしい．g を p の原始根とする．i, j を $0, 1, 2, 3$ のどれかであるとし，$\mathbb{F}_p$ 上の曲線

$$\overline{g}^j y^4 = \overline{g}^i x^4 + \overline{1}$$

を $C(i, j)$ と表すことにする．

曲線 $C(i, j)$ 上の点 (x, y) で $x, y \in \mathbb{F}_p$ であるものを $C(i, j)$ の $\mathbb{F}_p$ 有理点と呼ぶ．$C(i, j)$ の $\mathbb{F}_p$ 有理点で，$x \neq \overline{0}$ かつ $y \neq \overline{0}$ をみたす点の集合を $S(i, j)$ と書く．つまり，

$$S(i, j) = \{(x, y) \mid \overline{g}^j y^4 = \overline{g}^i x^4 + \overline{1}, \ \ x, y \in \mathbb{F}_p, \ \ x \neq \overline{0}, \ \ y \neq \overline{0}\}$$

である．$S(i,j)$ の元の数を $n(i,j)$ で表すことにする．

まずは，$p \equiv 1 \pmod 8$ を仮定する．$\frac{p-1}{8}$ が整数であることに注意して，$\xi = \overline{g}^{\frac{p-1}{8}} \in \mathbb{F}_p$ とおくと，$\xi^4 = -\overline{1}$ である．よって，(x,y) が $\overline{g}^j y^4 = \overline{g}^i x^4 + \overline{1}$ 上の点であるとすると，

$$\overline{g}^i(\xi x)^4 = -\overline{g}^i x^4 = -\overline{g}^j y^4 + \overline{1} = \overline{g}^j(\xi y)^4 + \overline{1}$$

なので，$(\xi y, \xi x)$ は $\overline{g}^i y^4 = \overline{g}^j x^4 + \overline{1}$ 上の点になる．こうして，

$$\begin{aligned} C(i,j) &\longrightarrow C(j,i) \\ (x,y) &\longmapsto (\xi y, \xi x) \end{aligned}$$

という写像ができる．この写像には逆写像が存在する．つまり，(x,y) が $\overline{g}^i y^4 = \overline{g}^j x^4 + \overline{1}$ 上の点であるとすると，$(\xi^{-1}y, \xi^{-1}x)$ は $\overline{g}^j y^4 = \overline{g}^i x^4 + \overline{1}$ 上の点となるので，

$$\begin{aligned} C(i,j) &\longleftarrow C(j,i) \\ (\xi^{-1}y, \xi^{-1}x) &\longleftarrow\!\shortmid (x,y) \end{aligned}$$

なる写像ができるが，これが逆写像である．$C(i,j)$ 上の点と $C(j,i)$ 上の点は，この対応によって 1 対 1 に対応する．$x \neq \overline{0}, y \neq \overline{0}$ のとき，$\xi x \neq \overline{0}, \xi y \neq \overline{0}$ であるから，$S(i,j)$ と $S(j,i)$ の点も 1 対 1 に対応して，

$$n(i,j) = n(j,i) \tag{5.5}$$

が成立していることがわかる．

次に $3 \geq j \geq i \geq 1$ であるとしよう．(x,y) を $S(i,j)$ の点とすると，

$$\overline{g}^j y^4 = \overline{g}^i x^4 + \overline{1}$$

をみたしているわけだが，この両辺を $\overline{g}^i x^4$ で割ると，

$$\overline{g}^{j-i}\left(\frac{y}{x}\right)^4 = 1 + \overline{g}^{4-i}\left(\frac{1}{\overline{g}x}\right)^4 = \overline{g}^{4-i}\left(\frac{1}{\overline{g}x}\right)^4 + \overline{1}$$

となる．よって，

$$(x,y) \mapsto \left(\frac{1}{\overline{g}x}, \frac{y}{x}\right)$$

は $S(i,j)$ から $S(4-i, j-i)$ への写像であることがわかる．$(X,Y) = (\frac{1}{\overline{g}x}, \frac{y}{x})$ という式を x, y に対して解くと，$(x,y) = (\frac{1}{\overline{g}X}, \frac{Y}{\overline{g}X})$ となり，上の写像の逆写像は，

$$(x,y) \mapsto \left(\frac{1}{\overline{g}x}, \frac{y}{\overline{g}x}\right)$$

となることがわかる．これは確かに $S(4-i, j-i)$ から $S(i,j)$ への写像である．

このようにして，$S(i,j)$ と $S(4-i,j-i)$ の点も 1 対 1 に対応している．よって，

$$n(i,j)=n(4-i,j-i)$$

である．具体的に数を代入すると，

$$n(1,1)=n(3,0),\ n(1,2)=n(3,1),\ n(1,3)=n(3,2),$$
$$n(2,2)=n(2,0),\ n(2,3)=n(2,1),\ n(3,3)=n(1,0)$$

が成立していることがわかる．

$n(0,0)=\alpha_0$, $n(1,0)=\alpha$, $n(2,0)=\beta$, $n(3,0)=\gamma$, $n(1,2)=\delta$ とおく．$n(i,j)$ は全部で 16 あるが，(5.5) で証明した $n(i,j)=n(j,i)$ と上の等式を使うと，$n(i,j)$ はこの 5 つの文字のどれかと等しくなることがわかる．これらをまとめて，

$$\begin{pmatrix} n(0,0) & n(0,1) & n(0,2) & n(0,3) \\ n(1,0) & n(1,1) & n(1,2) & n(1,3) \\ n(2,0) & n(2,1) & n(2,2) & n(2,3) \\ n(3,0) & n(3,1) & n(3,2) & n(3,3) \end{pmatrix} = \begin{pmatrix} \alpha_0 & \alpha & \beta & \gamma \\ \alpha & \gamma & \delta & \delta \\ \beta & \delta & \beta & \delta \\ \gamma & \delta & \delta & \alpha \end{pmatrix} \tag{5.6}$$

と (行列の形で) 書いておくことにする．これから，これらの数 $\alpha_0, \alpha, \beta, \gamma, \delta$ を (一般的な方法で) 求めよう．§2.8 の記号を使って，H_4 で $\overline{0}$ でない 4 乗元全体を表すことにする．つまり，$H_4=(\mathbb{F}_p^\times)^4$ である．

まずは，第 1 行目の $\alpha_0, \alpha, \beta, \gamma$ について考えよう．もう一度定義に戻って考える．$\overline{0}$ ではない 4 乗元 X があったとして ($X \in H_4$ であるとして)，それに $\overline{1}$ を加えたもの $Y=X+\overline{1}$ を考える．各 X に対して $x^4=X$ となる x は 4 つある (なぜなら，今 X は 4 乗元であると仮定しているので，$x^4=X$ となる x はひとつは存在している．ξ を上の通りとして，x, $x\xi^2$, $x\xi^4$, $x\xi^6$ の 4 つが $x^4=X$ の解である．$\mathbb{F}_p$ の中では 4 次方程式は多くても 4 つしか解を持たず (命題 2.3.3)，これですべてであることがわかる)．同様に，もし $Y=X+\overline{1}$ が $\overline{0}$ ではない 4 乗元であると仮定すると，$y^4=Y$ となるような y は (y, $y\xi^2$, $y\xi^4$, $y\xi^6$ と) 4 つある．そこで，$Y=X+\overline{1}$ が H_4 に入るような H_4 の元 X の数が A_0 個であるとすると (集合の記号を使って書くと，

$$\{X \in H_4 \mid Y=X+\overline{1} \in H_4\}$$

の元の数を A_0 とすると)，$y^4=x^4+\overline{1}$ の $x \neq \overline{0}, y \neq \overline{0}$ となる解の数が α_0 なので，

$$\alpha_0 = 16A_0$$

が成り立つ．

同様に，$\{X \in H_4 \mid Y = X + \overline{1} \in gH_4\}$ の元の数を A 個，$\{X \in H_4 \mid Y = X + \overline{1} \in g^2H_4\}$ の元の数を B 個，$\{X \in H_4 \mid Y = X + \overline{1} \in g^3H_4\}$ の元の数を C 個とすると，

$$\alpha = 16A, \quad \beta = 16B, \quad \gamma = 16C$$

が成り立つ．

さて，$X + \overline{1} = \overline{0}$ となる X は $-\overline{1}$ だけである．そこで，$\overline{0}$ でも $-\overline{1}$ でもない一般の 4 乗元 X に対して，$Y = X + \overline{1}$ を考えると，$Y \neq \overline{0}$ なので，Y はこの章の最初 (§5.1) に書いた長方形 (5.1) のどこかに現れる．そこで，この長方形のどの行に現れるのか考えることにする．第 1 行に現れるというのは，$Y = X + \overline{1}$ が 4 乗元である，ということで，そのような X が A_0 個ある，とおいたのであった．また，$Y = X + \overline{1}$ が第 2 行に現れるとすると，$Y \in gH_4$ ということである．このような 4 乗元 X は A 個あるとした．次に，Y が第 3 行に現れるとすると，$Y = X + \overline{1} \in g^2H_4$ であり，このような H_4 の元 X は B 個ある．Y が第 4 行に現れるとすると，$Y = X + \overline{1} \in g^3H_4$ であり，このような H_4 の元 X は C 個ある．

H_4 の元の数 ($\overline{0}$ でない 4 乗元の数) は $\frac{p-1}{4}$ 個である．この中には，$-\overline{1} = \xi^4$ も入っているので，これを除くと，$\frac{p-1}{4} - 1$ 個の X を考えていることになる．このとき，$Y = X + \overline{1}$ は $H_4, gH_4, g^2H_4, g^3H_4$ のどれかには入っている．ゆえに，

$$A_0 + A + B + C = \frac{p-1}{4} - 1 = \frac{p-5}{4}$$

である．したがって，

$$\alpha_0 + \alpha + \beta + \gamma = 4(p-5) \tag{5.7}$$

が成立する．

(5.6) の第 2 行目に対しても，同じ考え方でその和を考える．今度は，$X \in H_4$ に対して，$Y = \overline{g}X + \overline{1}$ が $H_4, gH_4, g^2H_4, g^3H_4$ のどこに入るかを考える．まず，どんな $X \in H_4$ に対しても，$Y = \overline{g}X + \overline{1}$ は $\overline{0}$ にはならない．というのは，もし $\overline{g}X + \overline{1} = \overline{0}$ とすると，$-\overline{1} = \overline{g}X \in gH_4$ となるが，これは $-\overline{1} \in H_4$ に矛盾するからである．そこで，H_4 の $\frac{p-1}{4}$ 個のすべての元に対して，$Y = \overline{g}X + \overline{1}$ は上の 4 つの集合のどれかには入ることになる．したがって，第 2 行については，

$$\alpha+\gamma+2\delta=16\cdot\frac{p-1}{4}=4(p-1) \tag{5.8}$$

が得られる．

次に，(5.6) の第 3 行目に対して同じことを考える．$X\in H_4$ に対して，$Y=\overline{g}^2X+\overline{1}$ はやはり $\overline{0}$ にはならない．よって，H_4, gH_4, g^2H_4, g^3H_4 のどこかには入るので，

$$2\beta+2\delta=16\cdot\frac{p-1}{4}=4(p-1),$$

つまり

$$\beta+\delta=2(p-1) \tag{5.9}$$

となる．

(5.6) の第 4 行目に対しても同じことを考えられるが，第 4 行目の成分の和は第 2 行目の成分の和と同じなので，(5.8) がもう一度得られるだけである．

以上により，未知数が 5 つ，方程式が 3 つある，という状況になった．未知数を決定するには，まだ情報が足りない．それでもこの時点で，少し整理しておこう．

(5.8) $\times\frac{1}{2}$ から (5.9) を引いて，$\frac{\alpha+\gamma}{2}-\beta=0$，つまり，

$$\beta=\frac{\alpha+\gamma}{2} \tag{5.10}$$

を得る．(5.10) から $\alpha+\gamma=2\beta$ を得るが，これを (5.7) に代入して，

$$\alpha_0+3\beta=4(p-5)$$

を得る．上の式から，(5.9) の 2 倍を引いて，$\alpha_0+\beta-2\delta=-16$，よって

$$\alpha_0=-\beta+2\delta-16 \tag{5.11}$$

を得る．以上により，$\beta-\delta$ が決まれば，(5.9) により β,δ が決まり，(5.11) から α_0 が決まり，(5.10) から $\alpha+\gamma$ が決まることがわかる．したがって，$\beta-\delta$ と $\alpha-\gamma$ がわかれば，5 つの未知数すべてが決定する．次の節で準備をした後，§5.5 で $\beta-\delta$ を決定し，β, δ, α_0 の値を求めることにする．

5.4　有限体上の 4 次曲面

前節の問題を解決するために，唐突なようだが，ガウスは「4 次剰余の理論 第 1 部」[3] で有限体上の 4 次曲面の点の数を数えるのである．この節は，前節の続きである．

$$\mathcal{S}: x^4+\overline{g}y^4+\overline{g}^2z^4+\overline{1}=0$$

という方程式を考える．$x^4 + gy^4 + g^2z^4 + 1 = 0$ は (x, y, z) という 3 次元空間の中の曲面を表している (もっとも $g > 0$ と取ると，上をみたす実数はひとつもないという状況になってしまっているが，たとえば，$x^4 + gy^4 + g^2z^4 - 1 = 0$ なら 3 次元空間の中の曲面を表している)．これをまた $\mathbb{F}_p$ 世界で考えて，点の数を計算しようというのである．

方程式 $\mathcal{S}$ の $\mathbb{F}_p$ での解で，x, y, z がすべて $\overline{0}$ でないものの数を $\mathcal{N}$ と書くことにする．目標は $\mathcal{N}$ を求めることである．

x, y, z を $\mathbb{F}_p$ の $\overline{0}$ でない元として，$x^4 + \overline{g}y^4 + \overline{g}^2z^4 + \overline{1} = 0$ をみたしているとする．このとき，$W = x^4 + \overline{1}$ を考えると，$W \neq \overline{0}$ である．というのは，もし $W = x^4 + \overline{1} = \overline{0}$ であると仮定すると，$y^4 + \overline{g}z^4 = \overline{0}$ となる．このとき前節の通り，$\xi = \overline{g}^{(p-1)/8}$ とすると $\xi^4 = -\overline{1}$ を使って，$y^4 = \overline{g}(\xi z)^4 \in gH_4$ が導かれるが，これは矛盾である．よって，どの座標も $\overline{0}$ でない $\mathcal{S}$ 上の点 (x, y, z) に対して，$W = x^4 + \overline{1}$ とおくと，$W \neq \overline{0}$ となる．

そこで，W はこの章の最初にある長方形 (5.1) のどこかに現れる．$W \in g^iH_4$ となるような x がいくつあるか考える．$x^4 + \overline{1} = \overline{g}^iu^4$ の解 (x, u) の数が，前節の記号を使えば $n(0, i)$ 個であったことを思い出そう．$W = x^4 + \overline{1} \in g^iH_4$ のとき，各 W に対して，$W = g^iu^4$ となる u が 4 つあることを考えて，$x^4 + \overline{1} \in g^iH_4$ となるような x の個数は

$$\frac{1}{4}n(0, i)$$

である．

次に，このような W に対して，W を固定したとき，$W + \overline{g}y^4 + \overline{g}^2z^4 = \overline{0}$ をみたす (y, z) がいくつあるか考える．

最初に，$W = x^4 + \overline{1} \in H_4$ であると仮定する．$W = w^4$ と書くことにする．

$$w^4 + \overline{g}y^4 + \overline{g}^2z^4 = \overline{0}$$

となる y, z の数を数える．仮定から $w \neq \overline{0}$ なので，上の式の両辺を w^4 で割ると，

$$\overline{g}\Big(\frac{y}{w}\Big)^4 + \overline{g}^2\Big(\frac{z}{w}\Big)^4 + \overline{1} = \overline{0}$$

が得られる．$\xi^4 = -\overline{1}$ を使って，上の式は

$$\overline{g}^2\Big(\xi\frac{z}{w}\Big)^4 = \overline{g}\Big(\frac{y}{w}\Big)^4 + \overline{1}$$

と変形できる．w と ξ は固定した $\overline{0}$ でない元だから，この式をみたす $\overline{0}$ でない y, z の組は，前節の記号を使って，全部で $n(1, 2) = \delta$ 個ある ((5.6) 参照)．

$\frac{1}{4}n(0,0) = \frac{1}{4}\alpha_0$ と合わせて，今の方法で全部で

$$\frac{1}{4}n(0,0)n(1,2) = \frac{1}{4}\alpha_0\delta$$

個の $\mathcal{S}$ の点が得られた．

今度は $x \in \mathbb{F}_p^\times$ に対して，$W = x^4 + \overline{1}$ が $g^i H_4$ の元である $(i = 1, 2, 3)$ と仮定する．$W = x^4 + \overline{1} = \overline{g}^i w^4$ と書くと，

$$\overline{g}^i w^4 + \overline{g} y^4 + \overline{g}^2 z^4 = \overline{0}$$

となる y, z を求める．この式は，変形すると，

$$\overline{g}^{i-1}\Big(\frac{w}{y}\Big)^4 + \overline{1} + \overline{g}\Big(\frac{z}{y}\Big)^4 = \overline{0},$$

$$\overline{g}\Big(\xi\frac{z}{y}\Big)^4 = \overline{g}^{i-1}\Big(\frac{w}{y}\Big)^4 + \overline{1}$$

となるので，この式をみたす $\overline{0}$ でない y, z の組は，各 w に対して，全部で $n(i-1,1)$ 個ある．よって，$i = 1$ のとき $\frac{1}{4}n(0,1)^2 = \frac{1}{4}\alpha^2$ 個の点が得られる．また，$i = 2, 3$ のとき，それぞれ

$$\frac{1}{4}n(0,2)n(1,1) = \frac{1}{4}\beta\gamma, \quad \frac{1}{4}n(0,3)n(2,1) = \frac{1}{4}\gamma\delta$$

個の元が得られる．

以上をすべて合わせると，$\mathcal{S}$ の $\overline{0}$ でない解の数 $\mathcal{N}$ は全部で

$$\mathcal{N} = \frac{1}{4}(\alpha_0\delta + \alpha^2 + \beta\gamma + \gamma\delta) \tag{5.12}$$

と計算できる．

今は，$W = x^4 + \overline{1}$ を固定して (y, z) の数を数えたが，$\overline{g}y^4 + \overline{1}$ を固定する，としたらどうなるだろうか．やってみよう．今度は，$\overline{0}$ でない y に対して，$W = \overline{g}y^4 + \overline{1}$ とおく．上と同様にして，$W \neq \overline{0}$ がわかる．よって，W は H_4, gH_4, g^2H_4, g^3H_4 のどれか一つに入り，そうなる y の個数は，(5.6) を使って，それぞれ

$$\frac{1}{4}n(1,0) = \frac{1}{4}\alpha, \quad \frac{1}{4}n(1,1) = \frac{1}{4}\gamma, \quad \frac{1}{4}n(1,2) = \frac{1}{4}\delta, \quad \frac{1}{4}n(1,3) = \frac{1}{4}\delta$$

個であるとわかる．$W = \overline{g}y^4 + \overline{1} = \overline{g}^i w^4$ $(i = 0, 1, 2, 3)$ と書くことにすると，$\mathcal{S}$ の方程式は

$$x^4 + \overline{g}^i w^4 + \overline{g}^2 z^4 = \overline{0}$$

となる．よって，

$$\overline{g}^i\left(\frac{w}{x}\right)^4+\overline{g}^2\left(\frac{z}{x}\right)^4+\overline{1}=\overline{0},$$

$$\overline{g}^2\left(\xi\frac{z}{x}\right)^4=\overline{g}^i\left(\frac{w}{x}\right)^4+\overline{1}$$

と変形される．w を固定したとき，この式をみたす $\overline{0}$ でない x, z は全部で $n(i,2)$ 個ある．(5.6) を使えば，$i=0$, 1, 2, 3 に対して，この数は

$$\beta,\quad \delta,\quad \beta,\quad \delta$$

個である．よって，これらをすべて合わせれば，

$$\mathcal{N}=\frac{1}{4}(\alpha\beta+\gamma\delta+\delta\beta+\delta^2) \tag{5.13}$$

が得られる．このようにして，$\mathcal{N}$ の 2 通りの表示が得られた．

$\overline{g}^2z^4+\overline{1}$ を固定して，x, y の数を計算するという方法は読者にまかせることにする (実際にやってみると，新しい情報は出て来ないことがわかる)．

(5.12) と (5.13) から

$$\alpha_0\delta+\alpha^2+\beta\gamma+\gamma\delta=\alpha\beta+\gamma\delta+\delta\beta+\delta^2$$

が得られる．α_0 に (5.11) を代入して，左辺から右辺を引けば

$$(2\delta-\beta-16)\delta+\alpha^2+\beta\gamma-\alpha\beta-\delta\beta-\delta^2=0,$$

よって，

$$\delta^2-2\beta\delta+\alpha^2+\beta\gamma-\alpha\beta=16\delta$$

となる．この式を

$$(\delta-\beta)^2+\alpha^2+\beta(\gamma-\alpha)-\beta^2=16\delta$$

と変形し，(5.10) を第 3 項と第 4 項の β に代入すると，

$$(\delta-\beta)^2+\alpha^2+\frac{1}{2}(\gamma^2-\alpha^2)-\frac{1}{4}(\gamma+\alpha)^2=(\delta-\beta)^2+\frac{1}{4}(\alpha-\gamma)^2=16\delta$$

が得られる．

上の 2 つ目の等式の両辺を 16 で割って，$\frac{1}{2}(\beta-\delta)+1$ を加えると，

$$\begin{aligned}\frac{1}{16}(\beta-\delta)^2+\frac{1}{2}(\beta-\delta)+1+\frac{1}{64}(\alpha-\gamma)^2&=\delta+\frac{1}{2}(\beta-\delta)+1\\&=\frac{1}{2}(\beta+\delta)+1\end{aligned} \tag{5.14}$$

となる．ここで，(5.9) を使うと，(5.14) の右辺は

$$\frac{1}{2}(\beta+\delta)+1=p-1+1=p$$

となる．一方，(5.14) の左辺を

$$\frac{1}{16}(\beta-\delta)^2+\frac{1}{2}(\beta-\delta)+1=\left(\frac{\beta-\delta}{4}+1\right)^2$$

を使って変形すると，(5.14) から

$$\left(\frac{\beta-\delta}{4}+1\right)^2+4\left(\frac{\alpha-\gamma}{16}\right)^2=p \tag{5.15}$$

が得られる．

構成の仕方から，$\alpha, \beta, \gamma, \delta$ はすべて 16 の倍数だったことに注意しよう．したがって，(5.15) は p を 2 つの整数の 2 乗の和に書いた式である．

5.5　4 次曲線の $\mathbb{F}_p$ 有理点の数の決定

この節も前節の続きの計算である．

p は今まで通り，$p \equiv 1 \pmod 8$ をみたす素数である．p をフェルマ・オイラーの定理 (定理 5.2.1) を使って

$$p=a^2+b^2 \quad (a \text{ は奇数，} b \text{ は偶数})$$

と書こう．また，(5.4) で決めたように，$a \equiv 1 \pmod 4$, $b>0$ と取る．p から a, b は一意的に決まることにもう一度注意しておこう．

(5.15) を見ると，β, δ が 16 の倍数だから，$\frac{\beta-\delta}{4}$ は 4 の倍数で，$\frac{\beta-\delta}{4}+1$ は 4 で割って 1 あまる奇数である．$2\cdot\frac{\alpha-\gamma}{16}$ はもちろん偶数である．したがって，

$$a=\frac{\beta-\delta}{4}+1 \tag{5.16}$$

および

$$b=\left|\frac{\alpha-\gamma}{8}\right| \tag{5.17}$$

が得られる．g の取り方を換えると，$\alpha>\gamma$ であるか $\gamma>\alpha$ であるかは変わってしまうので，今の状態では (5.17) の右辺の絶対値をはずすことができない．§5.6 で g の取り方に条件をつけることによって，α, γ を確定し，すべての未知数を決定しようと思うが，ここではとりあえず，$\beta-\delta$ の決定だけで満足することにする．われわれにとっては，$\beta-\delta$ が a を使って表されたことがきわめて重要である．

(5.16) より，

$$\beta-\delta=4a-4$$

となる．(5.9) と合わせて，

$$\beta=p+2a-3, \quad \delta=p-2a+1 \tag{5.18}$$

となる．また，(5.11) から

$$\alpha_0 = -\beta + 2\delta - 16 = p - 6a - 11 \tag{5.19}$$

が得られる．

(5.19) より，次の定理が得られた．

定理 5.5.1　p を $p \equiv 1 \pmod 8$ をみたす素数として，

$$p = a^2 + b^2,$$

a は $a \equiv 1 \pmod 4$ をみたす奇数，b は正の偶数と書く．曲線

$$C(0,0) : y^4 = x^4 + \overline{1}$$

の x も y も $\overline{0}$ でない $\mathbb{F}_p$ 上の点の個数は

$$p - 6a - 11$$

である．

§6.2 で，上の定理を使って $X^4 + Y^4 = Z^4$ の射影空間内での $\mathbb{F}_p$ 有理点の数を計算する．

例を計算してみよう．$p = 17, g = 3$ と取ってみる．$17 = 1^2 + 4^2$ から，$a = 1$ である．

$$(\mathbb{F}_{17}^\times)^4 = \{\overline{1}, \overline{13}, \overline{16}, \overline{4}\}$$

なので，$(\mathbb{F}_{17}^\times)^4$ の元に $\overline{1}$ を加えても $(\mathbb{F}_{17}^\times)^4$ の元にはならない．よって，$y^4 = x^4 + \overline{1}, x \neq \overline{0}, y \neq \overline{0}$ をみたす $\mathbb{F}_{17}$ の解は存在しない．上の定理を使って，このことを確認してみると，$p - 6a - 11 = 17 - 6 - 11 = 0$ と確かめられる．

問 5.1 $p = 73$ に対して，$y^4 = x^4 + \overline{1}$ をみたす (x^4, y^4) の組を実際にすべて求めよ．($73 = 3^2 + 8^2$ だから $a = -3$ であり，定理 5.5.1 によれば，$y^4 = x^4 + \overline{1}$ をみたす (x, y) の組は $p - 6a - 11 = 80$ 個あるはずである．$z^4 = \overline{1}$ をみたす z が 4 つあることを考えると，80 個の (x, y) のうち，$4 \times 4 = 16$ 個の組は同じ (x^4, y^4) を与える．したがって，$80 \div 16 = 5$ 個の (x^4, y^4) がある．)

今までずっと $p \equiv 1 \pmod 8$ の仮定の下に計算してきた．次に $p \equiv 5 \pmod 8$ の場合を考えよう．類似の方法で計算していくので，$p \equiv 1 \pmod 8$ の場合を参考にして，自分で考えながら読んでいってほしい．

まず，i, j を $0 \le i, j \le 3$ と限定せず，すべての整数 i, j に対して，$\mathbb{F}_p$ 上の曲線

$$C(i,j) : \overline{g}^j y^4 = \overline{g}^i x^4 + \overline{1}$$

を考えた方が便利なので，そうすることにする．とはいうものの，$i \equiv i' \pmod 4$，$j \equiv j' \pmod 4$ とすると，

$$\begin{aligned} C(i,j) &\longrightarrow C(i',j') \\ (x,y) &\longmapsto (\overline{g}^{\frac{i-i'}{4}} x, \overline{g}^{\frac{j-j'}{4}} y) \end{aligned}$$

なる写像は $S(i,j)$ と $S(i',j')$ の間の 1 対 1 対応を与えるので (逆写像はもちろん $(x,y) \mapsto (\overline{g}^{\frac{i'-i}{4}} x, \overline{g}^{\frac{j'-j}{4}} y)$)，

$$i \equiv i' \pmod 4,\ j \equiv j' \pmod 4 \quad \Longrightarrow \quad n(i,j) = n(i',j')$$

が成立する．したがって，$0 \le i, j \le 3$ の場合に $n(i,j)$ がわかれば，すべての整数 i, j に対して $n(i,j)$ はわかる．

最初に $p \equiv 1 \pmod 8$ のときとの違いは $\xi^4 = -\overline{1}$ をみたすような ξ が存在しないことである．今度は $\eta = \overline{g}^{\frac{p-5}{8}} \in \mathbb{F}_p$ とおくことにする．$\overline{g}^{\frac{p-1}{2}} = -\overline{1}$ であることを使って，

$$\eta^4 = \overline{g}^{\frac{p-5}{2}} = \overline{g}^{\frac{p-1}{2}} \overline{g}^{-2} = -\overline{g}^{-2}$$

が得られる．両辺に $\overline{g}^2$ をかけると，

$$-\overline{1} = \overline{g}^2 \eta^4 \in g^2 H_4$$

となる．つまり，今度は $-\overline{1}$ は長方形 (5.1) の第 3 行に現れるのである．

これから，$p \equiv 1 \pmod 8$ のときの計算の類似をたどることにしよう．$\overline{g}^j y^4 = \overline{g}^i x^4 + \overline{1}$ 上の点 (x,y) に対して，

$$\overline{g}^{i+2}(\eta x)^4 = -\overline{g}^i x^4 = -\overline{g}^j y^4 + \overline{1} = \overline{g}^{j+2}(\eta y)^4 + \overline{1}$$

となり，$(\eta y, \eta x)$ は $\overline{g}^{i+2} y^4 = \overline{g}^{j+2} x^4 + \overline{1}$ 上の点になる．こうして今度は，

$$\begin{aligned} C(i,j) &\longrightarrow C(j+2, i+2) \\ (x,y) &\longmapsto (\eta y, \eta x) \end{aligned}$$

という写像ができる．この逆写像は $(x,y) \mapsto (\eta^{-1} y, \eta^{-1} x)$ であって，上の写像は $S(i,j)$ と $S(j+2, i+2)$ の間の 1 対 1 対応を与える．よって，

$$n(i,j) = n(j+2, i+2)$$

である．このように i と j との対称性が今度は崩れている．そこで，対称性を得

るために，上の等式を $(i, j+2)$ に対して適用して，

$$n(i, j+2) = n(j+4, i+2) = n(j, i+2)$$

として使うことにする．この形で使うとこの場合にも対称性が得られる (後で述べる行列 (5.20) が対称になる)．

次に $S(i, j)$ と $S(4-i, j-i)$ との対応は，$p \equiv 1 \pmod 8$ のときとまったく同じに作れるので，

$$n(i, j) = n(4-i, j-i)$$

が得られる．したがって，$p \equiv 1 \pmod 8$ のときと同様に，

$$n(1,1) = n(3,0),\ n(1,2) = n(3,1),\ n(1,3) = n(3,2),$$
$$n(2,2) = n(2,0),\ n(2,3) = n(2,1),\ n(3,3) = n(1,0)$$

である．

今度は $n(0,2) = \alpha_0$, $n(0,3) = \alpha$, $n(0,4) = n(0,0) = \beta$, $n(0,5) = n(0,1) = \gamma$, $n(1,0) = \delta$ とおくことにする．$n(i,j)$ を並べるときに，$n(i,2)$ が第 1 列，$n(i,3)$ が第 2 列，... となるように並べることにする．こうすると，$n(i,j+2) = n(j,i+2)$ から，$n(0,3) = n(1,2)$, $n(0,0) = n(0,4) = n(2,2)$, $n(0,1) = n(0,5) = n(3,2)$, $n(1,0) = n(1,4) = n(2,3)$, $n(1,1) = n(1,5) = n(3,3)$, $n(2,1) = n(2,5) = n(3,4) = n(3,0)$ が得られるので，これらの等式を合わせて

$$\begin{pmatrix} n(0,2) & n(0,3) & n(0,0) & n(0,1) \\ n(1,2) & n(1,3) & n(1,0) & n(1,1) \\ n(2,2) & n(2,3) & n(2,0) & n(2,1) \\ n(3,2) & n(3,3) & n(3,0) & n(3,1) \end{pmatrix} = \begin{pmatrix} \alpha_0 & \alpha & \beta & \gamma \\ \alpha & \gamma & \delta & \delta \\ \beta & \delta & \beta & \delta \\ \gamma & \delta & \delta & \alpha \end{pmatrix} \tag{5.20}$$

となることがわかる．右辺の行列は，対角線に関して対称で (行列の言葉では対称行列であると言う)，しかも $p \equiv 1 \pmod 8$ のときとまったく同じ行列である．

次はこの行列の各行の和を考える．今度は H_4 の中に $-\overline{1}$ は入っていないので，H_4 の元に $\overline{1}$ を加えても $\overline{0}$ にはならない．よって，(5.7) にあたる式は

$$\alpha_0 + \alpha + \beta + \gamma = 4(p-1)$$

となる．第 2 行に関する式 (5.8) はそのまま成立する．第 3 行に関する式 (5.9) は，$g^2 H_4$ の中に $-\overline{1}$ が入っているので，

$$2\beta + 2\delta = 16 \cdot \left(\frac{p-1}{4} - 1\right) = 4(p-5),$$

つまり

$$\beta + \delta = 2(p-5) \tag{5.21}$$

となる．以上の 3 つの 1 次式に対して，$p \equiv 1 \pmod 8$ の場合と同様に，p を消去して計算すると，今度は

$$\alpha_0 = -\beta + 2\delta \tag{5.22}$$

$$\alpha + \gamma = 2(\beta + 8) \tag{5.23}$$

が得られる．

次に §5.4 のように，

$$\mathcal{S} : x^4 + \overline{g}y^4 + \overline{g}^2 z^4 + \overline{1} = 0$$

という方程式の解で，x, y, z がすべて $\overline{0}$ でないものの数を $\mathcal{N}$ として，これを 2 通りの方法で求めることにしよう．

x, y, z を $\mathbb{F}_p$ の $\overline{0}$ でない元として，$x^4 + \overline{g}y^4 + \overline{g}^2 z^4 + \overline{1} = 0$ をみたしているとする．$W = x^4 + \overline{1}$ とおくと，やはり $W \neq \overline{0}$ である．なぜなら，$W = x^4 + \overline{1} = \overline{0}$ であるとすると，$-\overline{1} = x^4 \in H_4$ となって矛盾するからである．

$W = x^4 + \overline{1} \in g^i H_4$ であるとする．$W = \overline{g}^i w^4$ と書く．w を固定して，

$$\overline{g}^i w^4 + \overline{g}y^4 + \overline{g}^2 z^4 = \overline{0}$$

の y, z がどちらも $\overline{0}$ でない解 (y, z) の個数を考えよう．$\overline{g}y^4$ で割って，$\overline{g}(z/y)^4$ を移項し，$-\overline{1} = \overline{g}^2 \eta^4$ を使えば，上の式は

$$\overline{g}^3 \left(\eta \frac{z}{y}\right)^4 = \overline{g}^{i-1} \left(\frac{w}{y}\right)^4 + \overline{1}$$

と変形できる．よって，このような (y, z) の個数は $n(i-1, 3)$ 個である．$W = x^4 + \overline{1} \in g^i H_4$ となる $\overline{0}$ でない x の個数は $\frac{1}{4}n(0, i)$ 個だから，以上により，

$$\begin{aligned}\mathcal{N} &= \frac{1}{4} \sum_{i=0}^{3} n(0, i) n(i-1, 3) \\ &= \frac{1}{4}(\beta\delta + \gamma\alpha + \alpha_0\gamma + \alpha\delta)\end{aligned}$$

が得られる．

一方，x, y, z を $\mathbb{F}_p$ の $\overline{0}$ でない元として，$x^4 + \overline{g}y^4 + \overline{g}^2 z^4 + \overline{1} = 0$ であるとし，$W = \overline{g}y^4 + \overline{1}$ とおくと，やはり $W \neq \overline{0}$ であることが同様の方法で証明できる．そこで，$W = \overline{g}y^4 + \overline{1} \in g^i H_4$ であるとしよう．$W = \overline{g}^i w^4$ と書く．w を固定して，

$$\overline{g}^i w^4 + x^4 + \overline{g}^2 z^4 = \overline{0}$$

の x, z がどちらも $\overline{0}$ でない解 (x, z) の数を次は考える．x^4 で割って，$\overline{g}^2(z/x)^4$ を移項し，$-\overline{1} = \overline{g}^2\eta^4$ を使えば，上の式は

$$\left(\overline{g}\eta\frac{z}{x}\right)^4 = \overline{g}^i\left(\frac{w}{x}\right)^4 + \overline{1}$$

と変形できる．よって，このような (x, z) の個数は $n(i, 0)$ 個である．また，$W = \overline{g}y^4 + \overline{1}$ となる $\overline{0}$ でない y の数は $\frac{1}{4}n(1, i)$ 個である．したがって，

$$\begin{aligned}\mathcal{N} &= \frac{1}{4}\sum_{i=0}^{3} n(1, i)n(i, 0) \\ &= \frac{1}{4}(\delta\beta + \delta^2 + \alpha\beta + \gamma\delta)\end{aligned}$$

が今度は得られる．

$\mathcal{N}$ の 2 つの表示から，

$$\beta\delta + \gamma\alpha + \alpha_0\gamma + \alpha\delta = \delta\beta + \delta^2 + \alpha\beta + \gamma\delta$$

となる．これに $\alpha_0 = -\beta + 2\delta$ を代入して，右辺から左辺を引いて計算すると，

$$\delta^2 + (\beta - \delta)(\alpha + \gamma) - \alpha\gamma = 0 \tag{5.24}$$

が得られる．まず，(5.23) より $\alpha + \gamma = 2(\beta + 8)$ である．また，

$$\alpha\gamma = \frac{1}{4}((\alpha + \gamma)^2 - (\alpha - \gamma)^2) = (\beta + 8)^2 - \frac{1}{4}(\alpha - \gamma)^2$$

となる (2 つ目の式では再び (5.23) を使った) ので，これらを (5.24) の $\alpha + \gamma$, $\alpha\gamma$ のところに代入して計算すると

$$(\beta - \delta)^2 + \frac{1}{4}(\alpha - \gamma)^2 = 16(\delta + 4)$$

が得られる．両辺を 16 で割った後に，$\frac{1}{2}(\beta - \delta) + 1$ を加え，(5.21) を使って変形すると，

$$\begin{aligned}\frac{1}{64}(\alpha - \gamma)^2 + \frac{1}{16}(\beta - \delta)^2 + \frac{1}{2}(\beta - \delta) + 1 &= \frac{1}{2}(\beta + \delta) + 5 \\ &= p - 5 + 5 = p,\end{aligned}$$

よって，

$$\left(\frac{\beta - \delta}{4} + 1\right)^2 + 4\left(\frac{\alpha - \gamma}{16}\right)^2 = p \tag{5.25}$$

が得られる (結果として $p \equiv 1 \pmod 8$ のときとまったく同じ式になっていることに注意しておく).

p を (5.4) で述べたように，

$$p = a^2 + b^2 \quad (a \text{ は奇数，} b \text{ は偶数}),$$

$a \equiv 3 \pmod 4$, $b > 0$ と取る ($p \equiv 5 \pmod 8$ に注意する).

(5.25) と比べると，

$$-a = \frac{\beta - \delta}{4} + 1$$

であることがわかる．よって，$\beta - \delta = -4a - 4$ であり，(5.21) と合わせて，

$$\beta = p - 2a - 7, \quad \delta = p + 2a - 3$$

がわかる．また，(5.22) に代入すれば，

$$\alpha_0 = p + 6a + 1$$

もわかる．β の計算から，次が得られる．

定理 5.5.2　p を $p \equiv 5 \pmod 8$ をみたす素数として，

$$p = a^2 + b^2,$$

a は $a \equiv 3 \pmod 4$ をみたす奇数，b は正の偶数と書く．曲線

$$C(0,0): \ y^4 = x^4 + \overline{1}$$

の x も y も $\overline{0}$ でない $\mathbb{F}_p$ 上の点の個数は

$$p - 2a - 7$$

である．

たとえば，$p = 29$ ととると，$29 = 5^2 + 2^2$ であるから，$a = -5$ である．

$$(\mathbb{F}_{29}^{\times})^4 = \{\overline{1}, \overline{7}, \overline{16}, \overline{20}, \overline{23}, \overline{24}, \overline{25}\}$$

なので，$y^4 = x^4 + \overline{1}$ をみたす (x^4, y^4) の組は，$(\overline{23}, \overline{24})$, $(\overline{24}, \overline{25})$ の 2 つである．それぞれの組から $4 \times 4 = 16$ 個の (x, y) ができる (たとえば最初の組からは，$x^4 = \overline{23}$ をみたす x は $\overline{3}$, $\overline{7}$, $\overline{22}$, $\overline{26}$ の 4 つであり，$y^4 = \overline{24}$ をみたす y は $\overline{4}$, $\overline{10}$, $\overline{19}$, $\overline{25}$ の 4 つなので，それぞれを組み合わせて 16 個の解 (x, y) があることがわかる)．したがって，$y^4 = x^4 + \overline{1}$ の x も y も $\overline{0}$ でない解 (x, y) の数は全部で 32 個であるが，定理 5.5.2 によれば $p - 2a - 7 = 32$ であり，確かにこの定理が成立している．

5.6　すべての $C(i,j)$ の有理点の数の決定

この節の結果は問 5-2 および §5.11 以降でしか使わないので，有理点の個数の決定に興味を持つ読者以外は，この節を最初は飛ばして，次の節に進むことを勧める．

p は $p \equiv 1 \pmod 4$ なる素数として，a, b を (5.4) のように取る ($b > 0$)．まずは g の取り方に条件をつける．$a^2 + b^2 = p$ だから，$a^2 \equiv -b^2 \pmod p$ であり，$(\overline{b}^{-1}\overline{a})^2 = -\overline{1}$ となっている．よって，$\mathbb{F}_p$ 上で $x^2 = -\overline{1}$ という方程式の 2 つの解は，$\pm\overline{b}^{-1}\overline{a}$ である．今，g を原始根として $g^{\frac{p-1}{4}}$ を考える．$g^{\frac{p-1}{2}} \equiv -1 \pmod p$ であること (定理 2.6.1 証明の中の式 (2.2) 参照) に注意すると，

$$(g^{\frac{p-1}{4}})^2 = g^{\frac{p-1}{2}} \equiv -1 \pmod p$$

であるから，$\overline{g}^{\frac{p-1}{4}}$ は $\pm\overline{b}^{-1}\overline{a}$ のどちらかである．そこで，原始根 g を

$$\overline{g}^{\frac{p-1}{4}} = -\overline{b}^{-1}\overline{a}$$

となるように取ることにする．これは，

$$a + bg^{\frac{p-1}{4}} \equiv 0 \pmod p$$

となるように g を取る，と言っても同じことである．

もし g が上をみたさないときは，$\overline{g}^{\frac{p-1}{4}} = \overline{b}^{-1}\overline{a}$ となっている．このとき，$gh \equiv 1 \pmod p$ となる整数 h を取ると，h も原始根である．また，$\overline{g}\overline{h} = \overline{1}$ だから，$\overline{h}$ は $\mathbb{F}_p^\times$ の中の $\overline{g}$ の乗法に関する逆元であり，$\overline{h}^{\frac{p-1}{4}} = -\overline{b}^{-1}\overline{a}$ となる．よって，原始根として h を取れば，条件がみたされる．

この g の条件は，次のようにも説明できる．$\overline{i} = -\overline{b}^{-1}\overline{a} \in \mathbb{F}_p$ とおく．つまり，$a + bi \equiv 0 \pmod p$ となるような整数 i を取る．このとき，

$$\overline{g}^{\frac{p-1}{4}} = \overline{i}$$

となるように原始根 g を取ったことになる．

補題 5.6.1　r を $0 < r < p-1$ をみたす整数とするとき，

$$\sum_{n=1}^{p-1} n^r \equiv 0 \pmod p$$

である．

証明

$$\sum_{n=1}^{p-1} n^r \equiv \sum_{i=0}^{p-2} (g^i)^r = \frac{(g^r)^{p-1} - 1}{g^r - 1} \equiv 0 \pmod p$$

ここに $g^r \not\equiv 1 \pmod p$, $(g^r)^{p-1} \equiv 1 \pmod p$ を使った．　□

$n(i,j)$ を §5.3, §5.5 のように $\mathbb{F}_p$ 上の曲線 $C(i,j) : \overline{g}^j y^4 = \overline{g}^i x^4 + \overline{1}$ の点 (x,y) で $x \neq \overline{0}$ かつ $y \neq \overline{0}$ をみたすものの数とする．

補題 5.6.2　i を $a + bi \equiv 0 \pmod p$ をみたす整数とするとき，

$$\sum_{n=1}^{p-1} (n^4+1)^{\frac{p-1}{4}} \equiv \frac{1}{4}(n(0,0) - n(0,2) + i(n(0,1) - n(0,3)))$$
$$\equiv -2 \pmod p$$

が成り立つ．

証明 $\mathbb{F}_p$ の $\overline{0}$ 以外の元を (5.1) のように長方形に並べる．H_4 の元は $\frac{p-1}{4}$ 乗すると $\overline{1}$ になり，gH_4 の元は $\frac{p-1}{4}$ 乗すると $\overline{i}$ になり ($\overline{g}^{\frac{p-1}{4}} = \overline{i}$ だから)，g^2H_4 の元は $\frac{p-1}{4}$ 乗すると $-\overline{1}$ になり，g^3H_4 の元は $\frac{p-1}{4}$ 乗すると $-\overline{i}$ になる．1 から $p-1$ までの整数 n で，$\overline{n^4+1}$ が H_4 に入るものの数は $\frac{1}{4}n(0,0)$ 個 (なぜなら $\overline{n^4+1} \in H_4$ であるとき，n を決めると $n^4+1 = y^4$ をみたす y は 4 つあるので)，gH_4 に入るものの数は $\frac{1}{4}n(0,1)$ 個，g^2H_4 に入るものの数は $\frac{1}{4}n(0,2)$ 個，g^3H_4 に入るものの数は $\frac{1}{4}n(0,3)$ 個である．以上により，

$$\sum_{n=1}^{p-1} (n^4+1)^{\frac{p-1}{4}}$$
$$\equiv \frac{1}{4}n(0,0)\cdot 1 + \frac{1}{4}n(0,1)\cdot i + \frac{1}{4}n(0,2)\cdot(-1) + \frac{1}{4}n(0,3)\cdot(-i) \pmod p$$

となる．

次に，$(n^4+1)^{\frac{p-1}{4}}$ を二項定理を用いて展開した $p-1$ 次式を考える．その式の 1 次, 2 次, $\ldots, p-2$ 次の項は，補題 5.6.1 によれば，$\sum_{n=1}^{p-1}$ を取ると p で割り切れる．したがって，

$$\sum_{n=1}^{p-1} (n^4+1)^{\frac{p-1}{4}} = \sum_{n=1}^{p-1} \sum_{j=0}^{(p-1)/4} \begin{pmatrix} \frac{p-1}{4} \\ j \end{pmatrix} n^{4j} = \sum_{j=0}^{(p-1)/4} \begin{pmatrix} \frac{p-1}{4} \\ j \end{pmatrix} \sum_{n=1}^{p-1} n^{4j}$$
$$\equiv \sum_{n=1}^{p-1} n^{p-1} + \sum_{n=1}^{p-1} 1 \equiv 2(p-1) \equiv -2 \pmod p$$

となる．ここで，$\begin{pmatrix} \frac{p-1}{4} \\ j \end{pmatrix}$ は二項係数 $({}_{\frac{p-1}{4}}C_j)$ であり，2 つ目の合同式ではフェルマの小定理 $n^{p-1} \equiv 1 \pmod p$ を使った．以上により，補題 5.6.2 が証明

された. □

まず，$p \equiv 1 \pmod 8$ とする．(5.6) の行列の第 1 行の値を補題 5.6.2 に代入すると，

$$\alpha_0 - \beta + i(\alpha - \gamma) \equiv -8 \pmod p$$

が得られる．(5.18), (5.19) より $\alpha_0 - \beta = -8a - 8$ なので，

$$-a + \frac{1}{8}i(\alpha - \gamma) \equiv 0 \pmod p$$

となる．よって，$i(\alpha - \gamma) \equiv 8a \equiv -8ib \pmod p$ が得られる．ここに，$a + bi \equiv 0 \pmod p$ を使った．したがって，$\alpha - \gamma \equiv -8b \pmod p$ がわかる．(5.17) より $|\alpha - \gamma| = 8b$ だから，$8b \not\equiv -8b \pmod p$ を考慮して，上の合同式は等式

$$\alpha - \gamma = -8b$$

を導く．(5.10) と (5.18) から $\alpha + \gamma = 2\beta = 2p + 4a - 6$ だから，

$$\alpha = p + 2a - 4b - 3, \qquad \gamma = p + 2a + 4b - 3$$

と計算できる．

次に，$p \equiv 5 \pmod 8$ とする．今度は (5.20) を補題 5.6.2 に代入すると，

$$\beta - \alpha_0 + i(\gamma - \alpha) \equiv -8 \pmod p$$

となり，定理 5.5.2 の直前の式を代入すれば，

$$-a + \frac{1}{8}i(\gamma - \alpha) \equiv 0 \pmod p$$

が得られるので，$\gamma - \alpha = -8b$ つまり

$$\alpha - \gamma = 8b$$

となる．(5.23) から

$$\alpha + \gamma = 2(\beta + 8) = 2p - 4a + 2$$

だから，

$$\alpha = p - 2a + 4b + 1, \qquad \gamma = p - 2a - 4b + 1$$

と計算できる．

以上により，次が得られた．

定理 5.6.3 p を $p \equiv 1 \pmod 4$ をみたす素数として，

$$p = a^2 + b^2$$

b は正の偶数，a は (5.4) のように取る．p の原始根 g を

$$a + bg^{\frac{p-1}{4}} \equiv 0 \pmod p$$

をみたすように取る．このとき，$\mathbb{F}_p$ 上の曲線 $C(i,j) : \overline{g}^j y^4 = \overline{g}^i x^4 + \overline{1}$ の点 (x, y) で x も y も $\overline{0}$ でない $\mathbb{F}_p$ 上の点の個数を $n(i,j)$ と書く．$n(i,j)$ を (5.6), (5.20) のように表すとき，$n(i,j)$ は次のように書ける．

$p \equiv 1 \pmod 8$ のとき，

$$\alpha_0 = p - 6a - 11, \quad \alpha = p + 2a - 4b - 3, \quad \beta = p + 2a - 3$$
$$\gamma = p + 2a + 4b - 3, \quad \delta = p - 2a + 1$$

である．

$p \equiv 5 \pmod 8$ のとき，

$$\alpha_0 = p + 6a + 1, \quad \alpha = p - 2a + 4b + 1, \quad \beta = p - 2a - 7$$
$$\gamma = p - 2a - 4b + 1, \quad \delta = p + 2a - 3$$

である．

5.7　4 次ガウス周期の基本定理

準備ができたので，いよいよこの本の主定理に進むことにする．ガウスが前節までに述べてきた 4 次曲線の有理点の個数を計算したのは，これから述べる 4 次ガウス周期の基本定理を証明し，さらにそれに続く 4 乗剰余の相互法則を証明するためであった，と私は思っている．ただ，出版された論文ではガウスは 4 次ガウス周期の基本定理を述べてはいない．ガウスは「4 次剰余の理論 第 1 部」で，「注意深い読者 (lectores attenti)」は，前節までに述べてきた有理点の数の決定と 4 次ガウス周期との関係をたやすく理解するだろう，と書くのみである．

定理 5.7.1 (4 次ガウス周期の基本定理)　p を $p \equiv 1 \pmod 4$ をみたす素数とする．

$$p = a^2 + b^2, \quad a \text{ は奇数，} b \text{ は偶数}$$

と書く．また，

$$p \equiv 1 \pmod 8 \quad \text{のとき} \quad a \equiv 1 \pmod 4,$$
$$p \equiv 5 \pmod 8 \quad \text{のとき} \quad a \equiv 3 \pmod 4$$

となるように，a の符号を決める (こうすると整数 a は p から一意的に決まる)．g

を p の原始根とする．$[1]_4$ と $[g^2]_4$ を考える (これらは g の取り方によらない).

(1) $p \equiv 1 \pmod 8$ のとき，

$$[1]_4[g^2]_4 = -\frac{p-1}{16} + \frac{a-1}{8}\sqrt{p}$$

が成立する．したがって，$[1]_4$, $[g^2]_4$ は

$$x^2 - \frac{-1+\sqrt{p}}{2}x - \frac{p-1}{16} + \frac{a-1}{8}\sqrt{p} = 0$$

の 2 解になる．

(2) $p \equiv 5 \pmod 8$ のとき，

$$[1]_4[g^2]_4 = \frac{3p+1}{16} - \frac{a+1}{8}\sqrt{p}$$

が成立する．したがって，$[1]_4$, $[g^2]_4$ は

$$x^2 - \frac{-1+\sqrt{p}}{2}x + \frac{3p+1}{16} - \frac{a+1}{8}\sqrt{p} = 0$$

の 2 解になる．

証明 2 次ガウス周期の基本定理の第 1 の証明 (§4.3) を参考にするとよいと思う．定理 3.3.1(ガウスの積公式) により，

$$[1]_4[g^2]_4 = \sum_{\alpha \in H_4} [1+\overline{g}^2\alpha]_4 \tag{5.26}$$

である．§4.3 と同じように，$\overline{1}+\overline{g}^2\alpha \in H_4$ となる $\alpha \in H_4$ の数を A 個としよう．このような α に対して，$\alpha = x^4$ となるような x は 4 つあり，$\overline{1}+\overline{g}^2\alpha = y^4$ となるような y は 4 つある．したがって，方程式 $y^4 = \overline{g}^2x^4 + \overline{1}$ の x も y も $\overline{0}$ でない解の個数は $16A$ となる．前節の記号 $n(i,j)$ を使うと，これは $n(2,0)$ なので，$16A = n(2,0)$，つまり $A = \frac{1}{16}n(2,0)$ であることがわかる．この方法を任意の g^jH_4 に適用すれば，$\overline{1}+\overline{g}^2\alpha \in g^jH_4$ となる $\alpha \in H_4$ の数が $\frac{1}{16}n(2,j)$ 個であることがわかる．そこで，命題 3.1.4 (4) により，$j = 0, 1, 2, 3$ に対して，(5.26) の式の右辺には $[g^j]_4$ が $\frac{1}{16}n(2,j)$ 個出てくることになる．

次に，$-\overline{1}$ が g^jH_4 のどこに出てくるかを考えよう．$p \equiv 1 \pmod 8$ のとき，$\xi = \overline{g}^{(p-1)/8}$ とおくと，$-\overline{1} = \xi^4$ より，$-\overline{1} \in H_4$ である．よって，$-\overline{1} \notin g^2H_4$ であり，$1+\overline{g}^2\alpha \neq 0$ $(\alpha \in H_4)$ である．よって，(5.26) の右辺には $[0]_4$ は出て来ない．したがってこのとき，

$$[1]_4[g^2]_4 = \sum_{j=0}^{3} \frac{1}{16}n(2,j)[g^j]_4$$

が得られる．(5.18) により，

$$n(2,0)=n(2,2)=p+2a-3, \qquad n(2,1)=n(2,3)=p-2a+1$$

なので，これを代入すると，

$$[1]_4[g^2]_4 = \frac{1}{16}(p+2a-3)([1]_4+[g^2]_4)+\frac{1}{16}(p-2a+1)([g]_4+[g^3]_4)$$

を得る．ガウス周期の定義から，$[1]_4+[g^2]_4=[1]_2$, $[g]_4+[g^3]_4=[g]_2$ である．さらに，(5.2), (5.3) を代入すると，

$$[1]_4[g^2]_4 = -\frac{p-1}{16}+\frac{a-1}{8}\sqrt{p}$$

が得られる．

$$[1]_4+[g^2]_4=[1]_2=\frac{-1+\sqrt{p}}{2}$$

と合わせて，解と係数の関係により，定理 5.7.1 (1) にある 2 次方程式が得られる．

次に $p \equiv 5 \pmod 8$ の場合，つまり 定理 5.7.1 の (2) を考えよう．$\eta=\overline{g}^{(p-5)/8}$ とおくと，$-\overline{1}=\overline{g}^2\eta^4 \in g^2H_4$ である．したがって，$\alpha=\eta$ のとき，$\overline{1}+\overline{g}^2\alpha=\overline{0}$ となる．これは，(5.26) の右辺に $[0]_4$ が 1 回だけ現れることを意味する．よって，このとき

$$[1]_4[g^2]_4=[0]_4+\sum_{j=0}^{3}\frac{1}{16}n(2,j)[g^j]_4$$

となる．今度は，定理 5.5.2 の直前にある β,δ の計算 (または定理 5.6.3) から，

$$n(2,0)=n(2,2)=p-2a-7, \qquad n(2,1)=n(2,3)=p+2a-3$$

であり，また $[0]_4=\frac{1}{4}(p-1)$ である．これらを代入すると，

$$[1]_4[g^2]_4=\frac{1}{4}(p-1)+\frac{1}{16}(p-2a-7)([1]_4+[g^2]_4)+\frac{1}{16}(p+2a-3)([g]_4+[g^3]_4)$$

を得る．$p \equiv 1 \pmod 8$ のときと同じく，$[1]_4+[g^2]_4=[1]_2$, $[g]_4+[g^3]_4=[g]_2$, (5.2), (5.3) を代入すると，

$$[1]_4[g^2]_4=\frac{3p+1}{16}-\frac{a+1}{8}\sqrt{p}$$

となる．2 次方程式は解と係数の関係から得られる．以上により，4 次ガウス周期の基本定理が証明された．　□

定理 5.7.1 の 2 次方程式の判別式 D を計算すると，

$$
\begin{aligned}
&p \equiv 1 \pmod 8 \quad \text{のとき} \quad D = \frac{p - a\sqrt{p}}{2} \\
&p \equiv 5 \pmod 8 \quad \text{のとき} \quad D = -\frac{p - a\sqrt{p}}{2}
\end{aligned}
\tag{5.27}
$$

である．これらをまとめて，$D = (-1)^{\frac{p-1}{4}} \frac{p-a\sqrt{p}}{2}$ と書ける．このことは，4 乗剰余の相互法則を追求する次の節で，最も**重要な役割**を果たすことになる．

また，定理 5.7.1 の 2 次方程式を解けば，

$$
\begin{aligned}
&p \equiv 1 \pmod 8 \quad \text{のとき} \quad x = \frac{-1 + \sqrt{p} \pm \sqrt{2(p - a\sqrt{p})}}{4} \\
&p \equiv 5 \pmod 8 \quad \text{のとき} \quad x = \frac{-1 + \sqrt{p} \pm i\sqrt{2(p - a\sqrt{p})}}{4}
\end{aligned}
\tag{5.28}
$$

となるので，$[1]_4$, $[g^2]_4$ はこのように書けることがわかるのである．

$\overline{g}^j y^4 = \overline{g}^3 x^4 + \overline{g}$ の x も y も $\overline{0}$ でない $\mathbb{F}_p$ 上の点の個数は，$\overline{g}^{j-1} y^4 = \overline{g}^2 x^4 + \overline{1}$ の x も y も $\overline{0}$ でない $\mathbb{F}_p$ 上の点の個数に等しい．また，$[g]_4 + [g^3]_4 = [g]_2 = (-1 - \sqrt{p})/2$ である．これらのことに注意すると，定理 5.7.1 と同じ方法で，次の定理を証明できる．

定理 5.7.2 (**4 次ガウス周期の基本定理 2**)　2 つの 4 次ガウス周期 $[g]_4$, $[g^3]_4$ に関して，

$$
\begin{aligned}
&p \equiv 1 \pmod 8 \quad \text{のとき} \quad [g]_4[g^3]_4 = -\frac{p-1}{16} - \frac{a-1}{8}\sqrt{p} \\
&p \equiv 5 \pmod 8 \quad \text{のとき} \quad [g]_4[g^3]_4 = \frac{3p+1}{16} + \frac{a+1}{8}\sqrt{p}
\end{aligned}
$$

が成り立ち，したがって $[g]_4$, $[g^3]_4$ は

$$
\begin{aligned}
&p \equiv 1 \pmod 8 \quad \text{のとき} \quad \frac{-1 - \sqrt{p} \pm \sqrt{2(p + a\sqrt{p})}}{4} \\
&p \equiv 5 \pmod 8 \quad \text{のとき} \quad \frac{-1 - \sqrt{p} \pm i\sqrt{2(p + a\sqrt{p})}}{4}
\end{aligned}
$$

である．

問 5.2 g と $n(i,j)$ を定理 5.6.3 の通りとする ($n(i,j)$ は §5.6 の問 5-1 の後に書いたように，($0 \leq i, j \leq 3$ に限定せず) すべての整数 i, j に対して使うことにする)．

(1) 定理 5.7.1 と同じ方法を用いて，

$$[1]_4[g]_4 = \frac{1}{16}\sum_{j=0}^{3} n(1,j)[g^j]_4$$

$$[g^2]_4[g^3]_4 = \frac{1}{16}\sum_{j=0}^{3} n(1,j-2)[g^j]_4$$

を示せ．

(2) $p \equiv 1 \pmod 8$ であっても $p \equiv 5 \pmod 8$ であっても，$n(1,j)+n(1,j-2)$ は $j = 0, 1, 2, 3$ に対して，それぞれ $\alpha+\delta, \gamma+\delta, \alpha+\delta, \gamma+\delta$ であることを確認せよ．このことを用いて，

$$\begin{aligned}
[1]_4[g]_4 + [g^2]_4[g^3]_4 &= \frac{1}{16}\left((\alpha+\delta)\frac{-1+\sqrt{p}}{2} + (\gamma+\delta)\frac{-1-\sqrt{p}}{2}\right) \\
&= \frac{1}{32}(-(\alpha+\gamma+2\delta)+(\alpha-\gamma)\sqrt{p}) \\
&= -\frac{p-1}{8} - (-1)^{\frac{p-1}{4}}\frac{b\sqrt{p}}{4}
\end{aligned}$$

を示せ．

(3) (1), (2) と同様の方法を用いて

$$[1]_4[g^3]_4 + [g]_4[g^2]_4 = -\frac{p-1}{8} + (-1)^{\frac{p-1}{4}}\frac{b\sqrt{p}}{4}$$

を示せ．

具体的な素数 p に対して，(5.28) がどういうことなのかを書き下してみよう．

$p = 5$ のとき，$5 = 1^2 + 2^2$ から $a = -1$ である．$g = 2$ と取れ，$[1]_4 = \zeta_5 = e^{\frac{2\pi i}{5}}$, $[4]_4 = e^{-\frac{2\pi i}{5}}$ であり，虚部が正なものは $[1]_4$ なので，

$$[1]_4 = e^{2\pi i/5} = \frac{-1+\sqrt{5}+i\sqrt{10+2\sqrt{5}}}{4}$$

となっている．これから，

$$\cos\frac{2\pi}{5} = \frac{-1+\sqrt{5}}{4}, \qquad \sin\frac{2\pi}{5} = \frac{\sqrt{10+2\sqrt{5}}}{4}$$

が再び得られる．

$p = 13$ のとき，$13 = 3^2 + 2^2$ から $a = 3$ である．§3.5 で

$$\begin{aligned}
[1]_4 &= e^{2\pi i/13} + e^{6\pi i/13} + e^{18\pi i/13} \\
&= \frac{-1+\sqrt{13}+i\sqrt{26-6\sqrt{13}}}{4}
\end{aligned}$$

を証明した．この結果は，上で述べた一般論と合致している．

$p=17$ とする．$17=1^2+4^2$ から $a=1$ である．$g=3$ と取れる．$H_4=\{\overline{1},\overline{13},\overline{16},\overline{4}\}$, $\overline{9}H_4=\{\overline{9},\overline{15},\overline{8},\overline{2}\}$ より，

$$[1]_4=e^{2\pi i/17}+e^{8\pi i/17}+e^{26\pi i/17}+e^{32\pi i/17}=2\Big(\cos\frac{2\pi}{17}+\cos\frac{8\pi}{17}\Big)$$
$$[9]_4=e^{4\pi i/17}+e^{16\pi i/17}+e^{18\pi i/17}+e^{30\pi i/17}=2\Big(\cos\frac{4\pi}{17}+\cos\frac{16\pi}{17}\Big)$$

である．$\cos\frac{2\pi}{17}>\cos\frac{4\pi}{17}$, $\cos\frac{8\pi}{17}>\cos\frac{16\pi}{17}$ だから，$[1]_4>[9]_4$ がわかる．よって，$[1]_4$ に対しては符号は $+$ を取り，

$$[1]_4=\frac{-1+\sqrt{17}+\sqrt{34-2\sqrt{17}}}{4},$$

したがって，

$$\cos\frac{2\pi}{17}+\cos\frac{8\pi}{17}=\frac{-1+\sqrt{17}+\sqrt{34-2\sqrt{17}}}{8}$$

が得られる．

$p=29$ とする．$29=5^2+2^2$ より $a=-5$ である．$g=2$ と取れる．$H_4=\{\overline{1},\overline{16},\overline{24},\overline{7},\overline{25},\overline{23},\overline{20}\}$, $4H_4=\{\overline{4},\overline{6},\overline{9},\overline{28},\overline{13},\overline{5},\overline{22}\}$ より複素数 $[1]_4$ の実部 $\mathrm{Re}[1]_4$ は

$$\begin{aligned}
\mathrm{Re}[1]_4&=\cos\frac{2\pi}{29}+\cos\frac{14\pi}{29}+\cos\frac{32\pi}{29}+\cos\frac{40\pi}{29}+\cos\frac{46\pi}{29}\\
&\quad+\cos\frac{48\pi}{29}+\cos\frac{50\pi}{29}\\
&=\cos\frac{2\pi}{29}+\cos\frac{8\pi}{29}+\cos\frac{10\pi}{29}+\cos\frac{12\pi}{29}+\cos\frac{14\pi}{29}\\
&\quad+\cos\frac{18\pi}{29}+\cos\frac{26\pi}{29}\\
&=\frac{-1+\sqrt{29}}{4}
\end{aligned}$$

が得られる．$[1]_4$ の虚部 $\mathrm{Im}[1]_4$ を考えると，

$$\begin{aligned}
\mathrm{Im}[1]_4&=\sin\frac{2\pi}{29}+\sin\frac{14\pi}{29}+\sin\frac{32\pi}{29}+\sin\frac{40\pi}{29}+\sin\frac{46\pi}{29}\\
&\quad+\sin\frac{48\pi}{29}+\sin\frac{50\pi}{29}\\
&=\sin\frac{2\pi}{29}+\sin\frac{14\pi}{29}-\sin\frac{8\pi}{29}-\sin\frac{10\pi}{29}-\sin\frac{12\pi}{29}\\
&\quad-\sin\frac{18\pi}{29}-\sin\frac{26\pi}{29}
\end{aligned}$$

である．

$$\sin\frac{2\pi}{29}+\sin\frac{14\pi}{29}=2\sin\frac{8\pi}{29}\cos\frac{6\pi}{29}<\sin\frac{8\pi}{29}+\sin\frac{10\pi}{29}$$

より，$\mathrm{Im}[1]_4<0$ である．したがって，2 次方程式を解いた (5.28) の符号は $-$ を取る必要があり，

$$\begin{aligned}\mathrm{Im}[1]_4&=\sin\frac{2\pi}{29}+\sin\frac{14\pi}{29}-\sin\frac{8\pi}{29}-\sin\frac{10\pi}{29}-\sin\frac{12\pi}{29}\\&\quad-\sin\frac{18\pi}{29}-\sin\frac{26\pi}{29}\\&=-\frac{\sqrt{58+10\sqrt{29}}}{4}\end{aligned}$$

が得られる．

このように 4 次ガウス周期の基本定理は，三角関数の間のきわめて不思議な関係式を含んでいる．

5.8　正 17 角形の作図

次に進む前に，ここで正 17 角形の作図について述べておこう．もちろん，具体的な素数 p が与えられれば，ガウス周期 $[a]_d$ がみたす方程式を計算することは (第 3 章の積公式により) 原理的には難しくない．前節の定理 5.7.1 が驚くべきなのは，一般の p に対して 4 次ガウス周期がみたす方程式を与えている点であった．それでも，このことを確認した上で (つまりこの節の計算はしようと思えば第 3 章で可能であったことを確認した上で)，具体的な素数 $p=17$ に対して，ガウス周期を計算しよう．前節で

$$[1]_4=2\left(\cos\frac{2\pi}{17}+\cos\frac{8\pi}{17}\right)=\frac{-1+\sqrt{17}+\sqrt{34-2\sqrt{17}}}{4}$$

まで計算したから，あと一歩で $\cos\frac{2\pi}{17}$ を計算できる状況にある．

まず，4 次ガウス周期を完全に計算してしまおう．§2.7 にある $p=17$ のときの H_4 の剰余類の表をもう一度書いておこう．

$\overline{1}$	$\overline{13}$	$\overline{16}$	$\overline{4}$
$\overline{3}$	$\overline{5}$	$\overline{14}$	$\overline{12}$
$\overline{9}$	$\overline{15}$	$\overline{8}$	$\overline{2}$
$\overline{10}$	$\overline{11}$	$\overline{7}$	$\overline{6}$

$[1]_4$ と $[9]_4$ の値は前節で計算した．$[3]_4$ と $[10]_4$ の値を計算する．

$$[3]_4 + [10]_4 = [3]_2 = \frac{-1-\sqrt{17}}{2}$$

であり，定理 5.7.2 によれば (あるいは積公式を使って直接計算すれば)

$$[3]_4[10]_4 = -1$$

もわかる．よって，$[3]_4, [10]_4$ は

$$x^2 - \frac{-1-\sqrt{17}}{2}x - 1 = 0$$

の 2 解である．$[3]_4 > [10]_4$ も cos を使った表示で，前節のように簡単にわかるので，$[3]_4$ が上の 2 次方程式の解の大きい方，つまり

$$[3]_4 = \frac{-1-\sqrt{17}+\sqrt{34+2\sqrt{17}}}{4}$$

である．

それではいよいよ 8 次ガウス周期を計算しよう．$H_8 = \{\overline{1}, \overline{16}\}, 3^4H_8 = \{\overline{4}, \overline{13}\}$ より，上の $[1]_4$ の式から，

$$[1]_8 + [4]_8 = [1]_4 = \frac{-1+\sqrt{17}+\sqrt{34-2\sqrt{17}}}{4}$$

である．積公式 (定理 3.3.1) より，

$$[1]_8[4]_8 = [5]_8 + [14]_8 = [3]_4 = \frac{-1-\sqrt{17}+\sqrt{34+2\sqrt{17}}}{4}$$

となる．よって，$[1]_8, [4]_8$ は

$$x^2 - \frac{-1+\sqrt{17}+\sqrt{34-2\sqrt{17}}}{4}x + \frac{-1-\sqrt{17}+\sqrt{34+2\sqrt{17}}}{4} = 0$$

の 2 解である．$[1]_8 = 2\cos\frac{2\pi}{17} > 2\cos\frac{8\pi}{17} = [4]_8$ より，

$$\begin{aligned}[1]_8 =& \frac{1}{8}(-1+\sqrt{17}+\sqrt{34-2\sqrt{17}} \\ &+\sqrt{68+12\sqrt{17}+2(-1+\sqrt{17})\sqrt{34-2\sqrt{17}}-16\sqrt{34+2\sqrt{17}}}\ )\end{aligned}$$

であることがわかる．したがって，

$$\begin{aligned}\cos\frac{2\pi}{17} =& \frac{1}{16}(-1+\sqrt{17}+\sqrt{34-2\sqrt{17}} \\ &+\sqrt{68+12\sqrt{17}+2(-1+\sqrt{17})\sqrt{34-2\sqrt{17}}-16\sqrt{34+2\sqrt{17}}}\ )\end{aligned}$$

を得る．

3.1節のガウスの銅像の土台部分（正17角形をかたどった星がある）（著者撮影）

実際の定規とコンパスを使った作図については，youtube で heptadecagon compass と検索すると，いくつか見ることができる．

問 5.3 もっと別の素数に対して，8 次ガウス周期を計算してみよう．$p=41$ について考える．

(1)　まず 4 次ガウス周期を計算する．最小原始根は $g=6$ である．$a=5$ と $[1]_4<[36]_4$ であることを示し，(5.28) を使って

$$[1]_4=\frac{-1+\sqrt{41}-\sqrt{82-10\sqrt{41}}}{4},$$

$$[36]_4=\frac{-1+\sqrt{41}+\sqrt{82-10\sqrt{41}}}{4}$$

を証明せよ．また，$[6]_4<[11]_4$ を示し，

$$[6]_4=\frac{-1-\sqrt{41}-\sqrt{82+10\sqrt{41}}}{4}$$

を証明せよ．

(2)　8 次周期に進む．$H_8=\{\overline{1},\overline{10},\overline{16},\overline{18},\overline{37}\}$, $25H_8=\{\overline{4},\overline{23},\overline{25},\overline{31},\overline{40}\}$ となることを確かめよ．積公式を使って，

$$\begin{aligned}[1]_8[25]_8&=[6]_4+[36]_4+[0]_8\\&=\frac{18+\sqrt{82-10\sqrt{41}}-\sqrt{82+10\sqrt{41}}}{4}\end{aligned}$$

を示し，

$$[1]_8+[25]_8=[1]_4=\frac{-1+\sqrt{41}-\sqrt{82-10\sqrt{41}}}{4}$$

と合わせて，$[1]_8$, $[25]_8$ は

$$x^2-\frac{-1+\sqrt{41}-\sqrt{82-10\sqrt{41}}}{4}x+\frac{18+\sqrt{82-10\sqrt{41}}-\sqrt{82+10\sqrt{41}}}{4}=0$$

の 2 解であることを証明せよ．$[1]_8$ の虚部は正であることを示すことにより，

$$\sin\frac{2\pi}{41}+\sin\frac{20\pi}{41}+\sin\frac{32\pi}{41}+\sin\frac{36\pi}{41}-\sin\frac{8\pi}{41}$$
$$=\frac{1}{8}\sqrt{164+12\sqrt{41}+(14+2\sqrt{41})\sqrt{82-10\sqrt{41}}-16\sqrt{82+10\sqrt{41}}}$$

を証明せよ．

5.9　4 乗剰余の相互法則に向けて I

§4.6 で見たように，2 次ガウス周期の基本定理から平方剰余の相互法則は簡単に導かれたわけだから，4 次ガウス周期の基本定理を証明した今，それを 4 乗剰余の相互法則の探求に使いたいと思うのはきわめて自然である．ガウスが 4 次ガウス周期の基本定理を持っていたことは確実であり，それを使って 4 乗剰余相互法則の存在および形を探したことも確実であると私には思われる．論文「4 次剰余の理論 第 1 部」で，ガウスは単に補充法則 (2 がいつ 4 乗剰余になるかを決める法則) を証明しているだけであるが，ここでは補充法則ではなく，一般の 4 乗剰余相互法則を探求していきたいと思う．私は ガウスの論文「4 次剰余の理論 第 1 部」を読んだとき，曲線の有理点の数の決定後，当然それが 4 乗剰余相互法則の証明に使われるのだろうと思った．それが，単に補充法則に使われただけだったので，驚いたというか拍子抜けしたというか，とてもおかしな気分になった．これでは「牛刀を持って鶏を割く」そのものである．これだけの準備をしたのだから，おそらくガウスがこれを書いたときには，後で使う予定だったのだろうと私は思う．これからここで述べるのは，どこかの文献にある話ではなく，私自身が推測し考えたことであるが，4 乗剰余相互法則に向けての道を進んで行きたい．

最初に一言断っておくと，現代の数学で 4 乗剰余相互法則を考えるときには，一般のアーベル拡大で成り立つアルティンの相互法則 (類体論) をまず証明してお

き，それをガウス数体上の 4 次のクンマー拡大に適用するというのが最もわかりやすい方法である．たとえて言えば，これは目的地に行くために飛行機に乗って行くようなもので，4 乗剰余相互法則という山に登るための標準的な旅行プランは，現在ではこの飛行機だと思う．もっとも，この山に向かう別の方法として，ガウス和とヤコビ和を使うというたとえて言えば，電車で行く「古典的」方法もある．しかしながら，我々がここでしようとしているのは，このような飛行機や電車を使う方法ではなく，4 次ガウス周期の基本定理という正多角形の作図と直接結びつく基本定理だけを手に持って，歩いてこの山に向かうことである．なおこの章のこれ以降の部分は複雑なので，相互法則に特別に興味がある読者以外は，最初に第 6 章に進んでもよい．

これからずっと，p は $p \equiv 1 \pmod 4$ をみたす素数とする．$p = a^2 + b^2$ と 2 つの平方数の和で書く．ここで，a は (5.4) の通りに取った奇数であり，偶数 b は正に取ることにする．a, b は p に対してただ一つ決まることをもう一度注意しておこう．

もう一つの素数 ℓ がいつ p の 4 乗剰余になるかという問題を考える．ℓ が p の 4 乗剰余となるための必要十分条件がもし存在するのなら，それを求めたい．これが目標である．

まず，ℓ が平方非剰余のときには，当然 ℓ は 4 乗剰余にはならないので，ℓ は平方剰余である，と仮定する，ルジャンドル記号で言えば

$$\left(\frac{\ell}{p}\right) = 1$$

である．

これから平方剰余のときの議論 (§4.6) をたどって，議論を進めて行きたい．(大学の学部の代数学の知識のある読者は付録 §A.3 を参考にするとよい．) 最初に，命題 4.6.2 の類似として，同じ方法で次の命題を証明することができる．

命題 5.9.1 ℓ を p と異なる素数とするとき，$([1]_4)^\ell - [\ell]_4$ を考えると，この数は

$$([1]_4)^\ell - [\ell]_4 = a_0[1]_4 + a_1[g]_4 + a_2[g^2]_4 + a_3[g^3]_4 \ ,$$

ここに a_0, a_1, a_2, a_3 は整数で ℓ の倍数，という形に一意的に表される．

証明 命題 4.6.2 の証明と同じ方法で証明する．積公式 (定理 3.3.1) により，

$([1]_4)^\ell$ は b_0, b_1, b_2, b_3, b_4 を整数として，

$$([1]_4)^\ell = b_0[1]_4 + b_1[g]_4 + b_2[g^2]_4 + b_3[g^3]_4 + b_4[0]_4$$

という形に書くことができる．

$$[0]_4 = \frac{p-1}{4} = -\frac{p-1}{4}([1]_4 + [g]_4 + [g^2]_4 + [g^3]_4)$$

だから，

$$\begin{aligned}([1]_4)^\ell =& \left(b_0 - \frac{p-1}{4}b_4\right)[1]_4 + \left(b_1 - \frac{p-1}{4}b_4\right)[g]_4 \\ &+ \left(b_2 - \frac{p-1}{4}b_4\right)[g^2]_4 + \left(b_3 - \frac{p-1}{4}b_4\right)[g^3]_4\end{aligned}$$

となり，$([1]_4)^\ell - [\ell]_4$ は整数と 4 つの 4 次周期を使って命題のように書けることがわかる．

一意性は $[g^i]_4$ を定義に従って ζ^i を使って書き下すことによって，命題 4.4.4 からわかる．

最後に a_0, a_1, a_2, a_3 が ℓ の倍数であることは，命題 4.6.2 とまったく同じに証明できる．すなわち，補題 4.6.3 を使って，$([1]_4)^\ell - [\ell]_4$ を書き直し，$\zeta, \zeta^g, \zeta^{g^2}, \zeta^{g^3}$ の係数を比較すればよい．　□

次に，$[g]_4$ と $[1]_4$ との関係をきちんと書くことを考える．

補題 5.9.2

$$\sqrt{\frac{p-a\sqrt{p}}{2}} \cdot \frac{a+\sqrt{p}}{b} = \sqrt{\frac{p+a\sqrt{p}}{2}}$$

が成り立つ．

証明 次のように計算すればよい．$p - a^2 = (\sqrt{p}-a)(\sqrt{p}+a) = b^2$ の両辺に $\frac{\sqrt{p}}{2b}$ を掛けると

$$\frac{p-a\sqrt{p}}{2} \cdot \frac{\sqrt{p}+a}{b} = \frac{b\sqrt{p}}{2} \tag{5.29}$$

が得られる．一方 $b > 0$ だから

$$\sqrt{\frac{p-a\sqrt{p}}{2}} \cdot \sqrt{\frac{p+a\sqrt{p}}{2}} = \frac{\sqrt{p^2-a^2p}}{2} = \frac{\sqrt{pb^2}}{2} = \frac{b\sqrt{p}}{2} \tag{5.30}$$

と計算できる．(5.29) の両辺を $\sqrt{\frac{p-a\sqrt{p}}{2}}$ で割れば，右辺は (5.30) を使って $\sqrt{\frac{p+a\sqrt{p}}{2}}$ となるので，

$$\sqrt{\frac{p-a\sqrt{p}}{2}}\cdot\frac{\sqrt{p}+a}{b}=\sqrt{\frac{p+a\sqrt{p}}{2}}$$

が得られる. □

平方剰余のときは整数だけを相手にすればよかったが, §4.6 の方法を適用するためには, 分数も考える必要がある. $p=a^2+b^2$ という最初の表示を思い出そう. b は正の偶数である. $p_1,\ldots,p_r$ を b を割るすべての素数とする. 既約分数 $\frac{n}{m}$ (m, n は整数) で, m を割るどんな素数も上の $p_1,\ldots,p_r$ のうちのどれかであるような既約分数を b-分数とここで仮に呼ぶことにする. b 分数全体を $\mathbb{Z}[1/b]$ と書く. 普通の整数は分母を 1 と考えて, $\mathbb{Z}[1/b]$ の中に入っている. 例で説明すると, たとえば $p=5$ のとき, $5=1^2+2^2$ から $b=2$ であり, $\frac{7}{8}$ は $\mathbb{Z}[1/2]$ に入るが, $\frac{5}{6}$ は $\mathbb{Z}[1/2]$ に入らない. $p=37$ とすると, $37=1^2+6^2$ から $b=6$ であり, $-\frac{17}{72}$ は $\mathbb{Z}[1/6]$ に入るが, $\frac{1}{30}$ は $\mathbb{Z}[1/6]$ に入らない. $\mathbb{Z}[1/b]$ は加法, 減法, 乗法で閉じている (x, $y\in\mathbb{Z}[1/b]$ であれば $x\pm y$, $xy\in\mathbb{Z}[1/b]$ である).

$$\frac{n_1}{m_1}+\frac{n_2}{m_2}\sqrt{p} \qquad \left(\frac{n_1}{m_1},\frac{n_2}{m_2}\in\mathbb{Z}[1/b]\right)$$

の型の数全体を $\mathbb{Z}[\sqrt{p},1/b]$ と書く (つまり上で n_1, m_1, n_2, m_2 は整数で, $\frac{n_1}{m_1}, \frac{n_2}{m_2}$ を既約分数とするとき, m_1, m_2 を割る素数はすべて b を割る素数). $\mathbb{Z}[\sqrt{p},1/b]$ も加法, 減法, 乗法で閉じている.

命題 5.9.3 $i=0, 1, 2, 3$ に対して, ある α_i, $\beta_i\in\mathbb{Z}[\sqrt{p},1/b]$ が存在して, $[g^i]_4=\alpha_i+\beta_i[1]_4$ という形に書ける.

証明 まず,

$$D=(-1)^{\frac{p-1}{4}}\frac{p-a\sqrt{p}}{2}$$

とおくと, (5.28) より,

$$[1]_4=\frac{-1+\sqrt{p}}{4}\pm\frac{\sqrt{D}}{2}$$

が成り立つ (符号は特定しない). 一方, 定理 5.7.2 から,

$$D'=(-1)^{\frac{p-1}{4}}\frac{p+a\sqrt{p}}{2}$$

とおくと,

$$[g]_4=\frac{-1-\sqrt{p}}{4}\pm\frac{\sqrt{D'}}{2}$$

が成り立っている.

$[1]_4$ と $[g]_4$ を比べる. 補題 5.9.2 によると,

$$\sqrt{D}\cdot\frac{a+\sqrt{p}}{b}=\sqrt{D'}$$

が成立するから,

$$\begin{aligned}[g]_4&=\frac{-1-\sqrt{p}}{4}\pm\frac{a+\sqrt{p}}{b}\frac{\sqrt{D}}{2}\\&=\frac{-1-\sqrt{p}}{4}\pm\frac{a+\sqrt{p}}{b}\Big([1]_4-\frac{-1+\sqrt{p}}{4}\Big)\end{aligned}$$

である. よって, $\alpha_1=\frac{-1-\sqrt{p}}{4}\mp\frac{a+\sqrt{p}}{b}\cdot\frac{-1+\sqrt{p}}{4}$, $\beta_1=\pm\frac{a+\sqrt{p}}{b}$ とおくと, α_1, $\beta_1\in\mathbb{Z}[\sqrt{p},1/b]$ であり,

$$[g]_4=\alpha_1+\beta_1[1]_4$$

と書ける ($[1]_4$, $[g]_4$ の符号がどのようになっていたとしても上の形に書けることは確かである).

また, $[1]_4+[g^2]_4=[1]_2=(-1+\sqrt{p})/2$ だから, $\alpha_2=(-1+\sqrt{p})/2$, $\beta_2=-1$ とおけば, α_2, $\beta_2\in\mathbb{Z}[\sqrt{p},1/b]$ であり,

$$[g^2]_4=\alpha_2+\beta_2[1]_4$$

と書ける. $[g]_4+[g^3]_4=(-1-\sqrt{p})/2$ を使えば, $[g^3]_4$ も同様に書けることがわかる. □

次に, 補題 4.6.4 の類似に進む. 4 次ガウス周期の基本定理 (定理 5.7.1) の中で述べられている多項式を $\varphi_4(x)$ と書くことにする. すなわち, $p\equiv 1 \pmod 8$ のとき,

$$\varphi_4(x)=x^2-\frac{-1+\sqrt{p}}{2}x-\frac{p-1}{16}+\frac{a-1}{8}\sqrt{p}\,,$$

$p\equiv 5 \pmod 8$ のとき,

$$\varphi_4(x)=x^2-\frac{-1+\sqrt{p}}{2}x+\frac{3p+1}{16}-\frac{a+1}{8}\sqrt{p}$$

と定義する.

補題 5.9.4 $f(x)\in\mathbb{Z}[\sqrt{p},1/b][x]$ を $\mathbb{Z}[\sqrt{p},1/b]$ 係数の多項式で, $[1]_4$ を解に持つ, つまり $f([1]_4)=0$ であると仮定する. このとき, $f(x)$ は $\varphi_4(x)$ で割り切れる.

証明 まず，$\varphi_4(x)$ が $s+t\sqrt{p}$ (s, t は有理数) という形の解は持たないことを示す (この事実はいろいろな方法で証明できるが，ここでは 2 次方程式の理論を用いて初等的に考えてみる)．もしこの形の解を持つと仮定すると，$\varphi_4(x)$ の判別式 D は 2 乗元，つまり

$$D=(\alpha_0+\alpha_1\sqrt{p})^2 \quad (\alpha_0,\ \alpha_1 \text{ は有理数})$$

と書けることになる．

$$D=(-1)^{\frac{p-1}{4}}\frac{p-a\sqrt{p}}{2}$$

だから，$p\equiv 5 \pmod 8$ のとき $D<0$ であり，矛盾する．$p\equiv 1 \pmod 8$ のとき，$(\alpha_0+\alpha_1\sqrt{p})^2$ を展開して，

$$\frac{p}{2}=\alpha_0^2+p\alpha_1^2, \quad -\frac{a}{2}=2\alpha_0\alpha_1$$

が得られる．α_0, α_1 を既約分数で書いたときのどちらか，または両方の分母が p で割り切れるとすると，$\alpha_0^2+p\alpha_1^2$ を既約分数で書いたときの分母も p で割り切れる．ところが，$\frac{p}{2}=\alpha_0^2+p\alpha_1^2$ だから，α_0, α_1 の分母は共に p で割り切れない．このことと $\alpha_0^2=p(\frac{1}{2}-\alpha_1^2)$ から，α_0 を既約分数で書いたときの分子は p で割り切れる．よって，$a=-4\alpha_0\alpha_1$ より，a も p で割り切れる．しかし，これは a の取り方からあり得ず，矛盾である．以上により，$\varphi_4(x)$ は $s+t\sqrt{p}$ (s, t は有理数) という形の解は持たない．

あとは補題 4.6.4 とまったく同じに証明できる．すなわち，$f(x)$ を $\varphi_4(x)$ で割ったときの余りを考えると，それは 0 しかあり得ず，$f(x)$ は $\varphi_4(x)$ で割り切れている． □

ここでまず，ℓ が b を割り切らないと仮定する．b は偶数なので，特に ℓ は奇素数である．ℓ が p の平方剰余であるという仮定と $p\equiv 1 \pmod 4$ という仮定から，平方剰余の相互法則により，

$$\left(\frac{p}{\ell}\right)=1$$

となっていることに注意しておく．

$x^2\equiv p \pmod{\ell}$ をみたす整数 x をひとつ取り，それを $(\sqrt{p})_\ell\in\mathbb{Z}$ と書くことにする．後の都合のため，$(\sqrt{p})_\ell$ を奇数に取ることにする．もちろん，$(\sqrt{p})_\ell$ はひとつには決まらず，取り方はたくさんある．

写像

$$\epsilon_\ell : \mathbb{Z}[\sqrt{p}, 1/b] \longrightarrow \mathbb{F}_\ell$$

を

$$\frac{n_1}{m_1} + \frac{n_2}{m_2}\sqrt{p} \mapsto \overline{\overline{m}}_1^{-1}\overline{\overline{n}}_1 + \overline{\overline{m}}_2^{-1}\overline{\overline{n}}_2\overline{\overline{(\sqrt{p})_\ell}}$$

で定義する．ここで，$i = 1, 2$ に対して，$\frac{n_i}{m_i} \in \mathbb{Z}[1/b]$ であるから，m_i は ℓ で割れず，$\overline{\overline{m}}_i$ は乗法に関する逆元を持つので，それを $\overline{\overline{m}}_i^{-1}$ と書いている．$(\sqrt{p})_\ell$ さえ決めれば，ϵ_ℓ は自然な mod ℓ の写像である．定義から，

$$\epsilon_\ell(\alpha + \beta) = \epsilon_\ell(\alpha) + \epsilon_\ell(\beta)$$
$$\epsilon_\ell(\alpha\beta) = \epsilon_\ell(\alpha)\epsilon_\ell(\beta)$$

が成り立つことを簡単に確かめることができる (現代数学の言葉では，これは ϵ_ℓ が環の準同型写像であるということである).

§4.6 と同じように，多項式の係数をすべて ϵ_ℓ で写像することにより，この写像を多項式に延長する．つまり写像

$$\epsilon_\ell : \mathbb{Z}[\sqrt{p}, 1/b][x] \longrightarrow \mathbb{F}_\ell[x]$$

を

$$f(x) = \sum_{i=0}^{n} \alpha_i x^i \quad \text{に対して，} \quad \epsilon_\ell(f(x)) = \sum_{i=0}^{n} \epsilon_\ell(\alpha_i) x^i$$

と定義する．多項式に延長したこの写像も和と積を保っている．つまり，

$$\epsilon_\ell(f(x) + g(x)) = \epsilon_\ell(f(x)) + \epsilon_\ell(g(x)), \quad \epsilon_\ell(f(x)g(x)) = \epsilon_\ell(f(x))\epsilon_\ell(g(x))$$

が成立している．

準備ができたので，§4.6 の方法で 4 乗剰余相互法則を考えよう．$\varphi_4(x)$ の判別式を D と書いたことを思い出そう．

$$D = (-1)^{\frac{p-1}{4}} \frac{p - a\sqrt{p}}{2}$$

である．

$$D_\ell = (-1)^{\frac{p-1}{4}} \frac{p - a(\sqrt{p})_\ell}{2}$$

とおくと，$(\sqrt{p})_\ell$ を奇数にとっておいたので，D_ℓ は整数であり，$\epsilon_\ell(D) = \overline{\overline{D_\ell}}$ である．また，$\overline{\overline{D_\ell}}$ は $\epsilon_\ell(\varphi_4(x))$ の判別式である．具体的な p, ℓ に対する $(\sqrt{p})_\ell$, D_ℓ の数値例については，定理 5.9.5 の後の表を見てほしい．

まず，最初に ℓ が p の 4 乗剰余であるとする．このとき，

$$\left(\frac{D_\ell}{\ell}\right) = 1$$

であることを証明する．ここで，左辺はルジャンドル記号である．ℓ が p の 4 乗剰余だから，命題 3.1.4 (4) により，$[\ell]_4 = [1]_4$ である．命題 5.9.1 により，

$$([1]_4)^\ell - [1]_4 = a_0[1]_4 + a_1[g]_4 + a_2[g^2]_4 + a_3[g^3]_4,$$

ここに a_0, a_1, a_2, a_3 は ℓ の倍数，という形に書ける．さらに，命題 5.9.3 により，$[g]_4, [g^2]_4, [g^3]_4$ は $\mathbb{Z}[\sqrt{p}, 1/b]$ の元と $[1]_4$ で表せるので，

$$([1]_4)^\ell - [1]_4 = \alpha_0 + \alpha_1[1]_4 \qquad (\alpha_0,\ \alpha_1 \in \mathbb{Z}\left[\sqrt{p}, 1/b\right])$$
$$\epsilon_\ell(\alpha_0) = \epsilon_\ell(\alpha_1) = 0$$

と書ける．

$$f(x) = x^\ell - x - (\alpha_0 + \alpha_1 x)$$

とおく．$f([1]_4) = 0$ であるから，補題 5.9.4 により，$f(x)$ は $\varphi_4(x)$ で割り切れる．$\epsilon_\ell(f(x)) = x^\ell - x$ であるから，$\mathbb{F}_\ell$ を係数とする多項式の世界で，$x^\ell - x$ は $\epsilon_\ell(\varphi_4(x))$ で割り切れる．

さて，$\epsilon_\ell(\varphi_4(x))$ が $x^\ell - x = x(x^{\ell-1} - 1)$ を割り切ることから，命題 2.3.4 (4) を使うと，$\epsilon_\ell(\varphi_4(x)) = \overline{\overline{0}}$ の 2 つの解は $\mathbb{F}_\ell$ の元であることがわかる．このことは，この 2 次方程式の判別式 $\overline{\overline{D_\ell}}$ が 2 乗元であることを意味している．よって，$\left(\frac{D_\ell}{\ell}\right) = 1$ である．

次に今度は，ℓ が p の平方剰余であるが，4 乗剰余ではないとしよう．このとき，

$$\left(\frac{D_\ell}{\ell}\right) = -1$$

を証明する．ℓ が平方剰余だが 4 乗剰余でないので，$\overline{\ell} \in g^2 H_4$ となり，命題 3.1.4 (4) により，$[\ell]_4 = [g^2]_4$ である．今度は 命題 5.9.1 により，

$$([1]_4)^\ell - [g^2]_4 = a_0[1]_4 + a_1[g]_4 + a_2[g^2]_4 + a_3[g^3]_4\ ,$$

ここに a_0, a_1, a_2, a_3 は ℓ の倍数，という形に書けている．$[g^2]_4 = \frac{-1+\sqrt{p}}{2} - [1]_4$ も使って書き直すと，

$$([1]_4)^\ell + [1]_4 - \frac{-1+\sqrt{p}}{2} = \alpha_0 + \alpha_1[1]_4$$

$$\alpha_0,\ \alpha_1 \in \mathbb{Z}[\sqrt{p}, 1/b], \qquad \epsilon_\ell(\alpha_0) = \epsilon_\ell(\alpha_1) = 0$$

なる α_0, α_1 が存在する．記号の簡略化のために $c = (-1+\sqrt{p})/2$ とおく．もち

ろん $c \in \mathbb{Z}[\sqrt{p}, 1/b]$ である.

今度は，多項式

$$f(x) = x^{\ell} + x - c - \alpha_0 - \alpha_1 x$$

を考える．$f([1]_4) = 0$ であるから，補題 5.9.4 により，$f(x)$ は $\varphi_4(x)$ で割り切れる．よって，$\epsilon_\ell(f(x))$ が $\epsilon_\ell(\varphi_4(x))$ で割り切れる．ここで，$\epsilon_\ell(\varphi_4(x)) = \overline{\overline{0}}$ の解は，

$$\alpha = \overline{\overline{2}}^{-1}(\epsilon_\ell(c) \pm \sqrt{\epsilon_\ell(D)}\,)$$

という形であることに注意しておく．

ここで，D_ℓ が ℓ の平方剰余であると仮定する．そうすると，$\sqrt{\epsilon_\ell(D)} \in \mathbb{F}_\ell$ であり，$\epsilon_\ell(\varphi_4(x)) = \overline{\overline{0}}$ の解 α は $\mathbb{F}_\ell$ に入る．一方，α は

$$\epsilon_\ell(f(x)) = x^{\ell} + x - \epsilon_\ell(c) = 0$$

の解でもあるので，$\alpha^{\ell} + \alpha - \epsilon_\ell(c) = 0$ もみたしている．α は $\mathbb{F}_\ell$ の元だから，$\alpha^{\ell} = \alpha$ をみたす (フェルマの小定理)．よって，$\alpha = \overline{\overline{2}}^{-1}\epsilon_\ell(c)$ がわかる．これは $\epsilon_\ell(D) = \overline{\overline{0}}$，つまり $D_\ell \equiv 0 \pmod{\ell}$ を導くが，これは矛盾である．なぜなら，D_ℓ に $(-1)^{\frac{p-1}{4}} 2(p + a(\sqrt{p})_\ell)$ をかけると，

$$(p + a(\sqrt{p})_\ell)(p - a(\sqrt{p})_\ell) \equiv p^2 - a^2 p = p(p - a^2) = pb^2 \pmod{\ell}$$

が得られるが，ℓ は p も b も割り切らないので，D_ℓ も割り切らないからである．よって，D_ℓ が平方剰余であるという仮定が間違っており，$\left(\dfrac{D_\ell}{\ell}\right) = -1$ が成り立っている．

以上により，考えているような条件をみたす p, ℓ に対して，

$$\ell \text{ が } p \text{ の 4 乗剰余} \iff \left(\frac{D_\ell}{\ell}\right) = 1 \tag{5.31}$$

が得られた．ここに右辺の記号はルジャンドル記号である．

注意 (5.31) の意味，実例については，定理 5.9.5 の後で詳しく述べる．また付録の§A.3 で，代数学初歩 (環論初歩) の知識を仮定して，上の証明を簡潔にまとめたので，参考にしてほしい．

先に進む前にここで確かめておきたいのは，D_ℓ は $\epsilon_\ell(\sqrt{p})$ の取り方によっていたので，条件 $(\frac{D_\ell}{\ell}) = 1$ が $\epsilon_\ell(\sqrt{p})$ の取り方によるかという問題である．$\epsilon_\ell(\sqrt{p})$ のかわりに $-\epsilon_\ell(\sqrt{p})$ を採用したとする．このとき，

$$\frac{p-a(\sqrt{p})_\ell}{2}\cdot\frac{p+a(\sqrt{p})_\ell}{2}\equiv\frac{p^2-a^2p}{4}\equiv\frac{pb^2}{4}\pmod{\ell}$$

であり,

$$\left(\frac{p}{\ell}\right)=1,\quad\left(\frac{\frac{b^2}{4}}{\ell}\right)=1$$

だから,

$$\left(\frac{(-1)^{\frac{p-1}{4}}\frac{p-a(\sqrt{p})_\ell}{2}}{\ell}\right)=1\iff\left(\frac{(-1)^{\frac{p-1}{4}}\frac{p+a(\sqrt{p})_\ell}{2}}{\ell}\right)=1$$

である．このように，条件 $\left(\frac{D_\ell}{\ell}\right)=1$ は $\epsilon_\ell(\sqrt{p})$ の取り方によらない．

次に，ℓ が b を割り切る場合について考える．ℓ が奇素数のときは，上とほとんど同じ議論で証明することができるが，煩雑となるので付録にまわし，§A.3 において，現代の代数学初歩の知識を仮定した証明を与えておいた．問 5-5 でも別証明を与える．結論としては，ℓ が b を割る奇素数で，p の平方剰余であると仮定すると，

$p\equiv1\pmod{8}$ または $\ell\equiv1\pmod{4}$ のとき，ℓ は p の 4 乗剰余であり，
$p\equiv5\pmod{8}$ かつ $\ell\equiv3\pmod{4}$ のとき，ℓ は p の 4 乗剰余ではない

となる．

最後に $\ell=2$ を考えよう．$p\equiv5\pmod{8}$ のときは，2 は p の平方剰余ではないので，4 乗剰余でもない．$p\equiv1\pmod{8}$ と仮定する．$\ell=2$ については，ガウスは「4 次剰余の理論 第 1 部」で，しっかりと証明を書いている．§4.7 で述べた 2 つ目の平方剰余の補充法則の証明法は，ガウスの方法を平方剰余に適用したものなので，それを参考にして以下の証明を見てもらえればよいと思う．

§4.7 のように，整数を

$$1,2,\ldots,\frac{p-1}{2},\frac{p+1}{2},\ldots,p-1$$

と並べ，連続する 2 個の数が共に 4 乗剰余となる数の組の個数を q と書くことにする．集合で書けば，

$$\{m\mid 1\le m<p-1,\ m\text{ は整数で}, m\text{ と }m+1\text{ が共に }p\text{ の 4 乗剰余}\}$$

の元の数が q である．$1\le m<\frac{p-1}{2}$ の範囲の整数 m で，m と $m+1$ が共に 4 乗剰余である数の個数を r とする．-1 は 4 乗剰余なので (命題 2.7.3)，このよ

うな m に対して，$p-(m+1)$ と $p-m$ も共に 4 乗剰余となる．また，2 が p の 4 乗剰余のとき，$\frac{p-1}{2}$, $\frac{p+1}{2}$ は共に 4 乗剰余なので，$q=2r+1$ である．逆に，2 が p の 4 乗剰余でないとき，$\frac{p-1}{2}$ は 4 乗剰余でないので，$q=2r$ となる．

さて，定理 5.5.1 で，曲線 $y^4=x^4+\overline{1}$ の x も y も $\overline{0}$ ではない $\mathbb{F}_p$ 上の点の個数は，$p-6a-11$ 個であることを証明した．数の列 $1, 2, \ldots, p-1$ に $m, m+1$ が共に 4 乗剰余であるものがあれば，$\overline{m}=x^4, \overline{m+1}=y^4$ を取って，曲線上の点が 16 個できる．逆にこの曲線上の点からは，上のような $m, m+1$ ができる．よって，

$$q=\frac{p-6a-11}{16}$$

である．以上により，2 が 4 乗剰余のとき $r=\frac{q-1}{2}=\frac{1}{32}(p-6a-27)$ であり，2 が 4 乗剰余でないとき $r=\frac{q}{2}=\frac{1}{32}(p-6a-11)$ と計算できる．特に定義から，r は整数なので，2 が 4 乗剰余のとき

$$p\equiv 6a+27 \pmod{32},$$

2 が 4 乗剰余でないとき

$$p\equiv 6a+11 \pmod{32}$$

である．

2 が 4 乗剰余のとき，$p\equiv 6a+27 \pmod{32}$ に $p=a^2+b^2$ を代入し，$a\equiv 1 \pmod 4$ と取ったので，$a=4k+1$ とおいて代入すると，

$$16k(k-1)-32+b^2\equiv 0 \pmod{32}$$

が得られる．$k(k-1)$ は偶数だから，$b^2\equiv 0 \pmod{32}$ が得られ，これは b が 8 で割り切れることを意味する．

2 が 4 乗剰余でないとき，$p\equiv 6a+11 \pmod{32}$ の左辺に $p=a^2+b^2$ と $a=4k+1$ を代入すると，

$$16k(k-1)-16+b^2\equiv 0 \pmod{32}$$

となる．したがって，$b^2\equiv 16 \pmod{32}$ となり，b は 4 の倍数ではあるが，8 の倍数ではない．

以上を合わせると，次の結論が得られる．

$$2 \text{ が } p \text{ の 4 乗剰余} \iff b\equiv 0 \pmod 8 \tag{5.32}$$

この最後の結論は，

$$2 \text{ が } p \text{ の 4 乗剰余} \iff p=a^2+64b^2 \text{と書ける}$$

という形で，ガウスの定理としてよく知られている．

記号を導入すると便利なので，次の記号を導入しよう．ℓ が p の 4 乗剰余のとき，

$$\left(\frac{\ell}{p}\right)_4 = 1$$

と書く．ℓ が p の平方剰余であって，4 乗剰余でないとき，

$$\left(\frac{\ell}{p}\right)_4 = -1$$

と書くことにする (後で §5.11 において，もっと一般的に使える $(\frac{\alpha}{\pi})_4$ という記号を導入するが，ここではとりあえず，上の記号を使うことにする)．

この記号を使うと，奇素数 ℓ が b の約数で，$(\frac{\ell}{p}) = 1$ のときの結論は，

$$\left(\frac{\ell}{p}\right)_4 = (-1)^{\frac{p-1}{4}\frac{\ell-1}{2}} \tag{5.33}$$

と表せる．

ここまでで得られたこと ((5.31), (5.33), (5.32)) をすべてまとめて，定理として述べたいと思う．

定理 5.9.5　p を $p \equiv 1 \pmod 4$ をみたす素数とする．$p = a^2 + b^2$, a は奇数，b は偶数と書き，

$$\begin{aligned} p \equiv 1 \pmod 8 \quad &\text{のとき} \quad a \equiv 1 \pmod 4, \\ p \equiv 5 \pmod 8 \quad &\text{のとき} \quad a \equiv 3 \pmod 4) \end{aligned}$$

となるように，a の符号を決め，また $b > 0$ と取る (こうすると整数 a, b は p から一意的に決まる)．ℓ を p と異なる素数とする．ℓ が p の平方非剰余ならば，当然 ℓ は p の 4 乗剰余ではないので，ℓ は p の平方剰余となっている，つまり $(\frac{\ell}{p}) = 1$ と仮定する．

(1)　$\ell = 2$ のとき，$p \equiv 1 \pmod 8$ であり，$b \equiv 0 \pmod 4$ である．このとき，

$$\left(\frac{2}{p}\right)_4 = (-1)^{\frac{b}{4}}$$

が成り立つ．

(2)　ℓ が奇素数で b を割り切るとき，

$$\left(\frac{\ell}{p}\right)_4 = (-1)^{\frac{p-1}{4}\frac{\ell-1}{2}}$$

が成り立つ．

(3)　ℓ が奇素数で b を割り切らないとき，$x^2 \equiv p \pmod{\ell}$ をみたす奇数 x をひとつ取り，それを $(\sqrt{p})_\ell$ と書くことにする．

$$D_\ell = (-1)^{\frac{p-1}{4}} \frac{p - a(\sqrt{p})_\ell}{2}$$

とおく．D_ℓ は ℓ と素な整数である．このとき，

$$\left(\frac{\ell}{p}\right)_4 = \left(\frac{D_\ell}{\ell}\right)$$

が成り立つ．ここで，右辺はルジャンドル記号 (平方剰余記号) である．なお，ここで $(\frac{D_\ell}{\ell})$ は $(\sqrt{p})_\ell$ の取り方によらない．

この定理により，ℓ が p の 4 乗剰余であるかどうか，という mod p 世界の問題は，**完全に mod ℓ 世界の言葉**で書き切ることができる．しかも，任意の素数 ℓ に対して，必要十分条件が与えられている．また，定理の式の右辺に現れるのは，簡単な式か平方剰余記号なので，計算は簡単である．ある意味で 4 乗剰余相互法則は，これでできあがっていると思えなくもない．ガウスは 1807 年 4 月 30 日付のソフィ・ジェルマンに宛てた手紙の中で

> この冬にも，私はそこにまったく新しい分野を加えることに成功しました．それは 3 次剰余と 4 次剰余の理論であり，**平方剰余の理論が達したのと等しい完成度**となりました．(ガウス全集第 10 巻 72 ページ)

と書いている (また上の言葉の後，2 がどのような p の 3 乗剰余，4 乗剰余になるかという定理が述べられ，定理 5.9.5 (1) もそこで述べられている)．ガウスが 1807 年の 2 月に 4 乗剰余の研究でさまざまな発見をしたことは，「数学日記」からもわかる．ガウスは定理 5.9.5 にあたるもの，もしくはそれに近いものを得ていたのではないか，と私には思われる．

しかし，しかしである．この定理 5.9.5 には対称性がない．平方剰余相互法則がきわめて美しいのは，p と ℓ との対称性にある．「相互法則」という名前の由来もそこから来ているのだろう．こうしてみると，定理 5.9.5 はまだ不十分である．そもそも，定理 5.9.5 の中でよくわからないのは，D_ℓ の意味である．この

$$D_\ell = (-1)^{\frac{p-1}{4}} \frac{p - a(\sqrt{p})_\ell}{2}$$

の正体は何なのだろうか．この意味を探っていけば，対称性を持つ美しい定理にたどり着くのだろうか．次の節では D_ℓ の意味を探って行く．読者は，次の節を読む前に，ぜひ D_ℓ の意味を自分で考えてみてほしい．

相互法則のさらなる探求に進む前に，上の定理は特定の数が 4 乗剰余であるかどうかを判定するときに，威力を発揮することを述べておきたい．2 が 4 乗剰余であるかどうかは完全に解明したから，次に 3 がどのような p に対して 4 乗剰余になるか，という問題を考えたい．

5 以上の素数 p に対して，平方剰余の相互法則により，

$$\left(\frac{3}{p}\right) = (-1)^{\frac{p-1}{2}} \left(\frac{p}{3}\right)$$

であるから，3 が p の平方剰余であるためには，$p \equiv \pm 1 \pmod{12}$ であることが必要十分である．今，$p \equiv 1 \pmod 4$ を仮定しているので，$p \equiv 1 \pmod{12}$ であることが必要十分である．

まず $p \equiv 1 \pmod{24}$ であるとする．3 が b を割り切るとき，定理 5.9.5 (2) により，

$$\left(\frac{3}{p}\right)_4 = (-1)^{\frac{p-1}{4}} = 1$$

なので，3 は p の 4 乗剰余である．3 が b を割り切らないとする．このとき，$b^2 \equiv 1 \pmod 3$ である．$p = a^2 + b^2 \equiv 1 \pmod 3$ なので，a は 3 で割り切れる．a と $(\sqrt{p})_\ell$ は奇数で，$p - a(\sqrt{p})_\ell \equiv 1 - 3 \equiv -2 \pmod 6$ となるので，

$$D_3 \equiv (-1)^{\frac{p-1}{4}} \left(-\frac{2}{2}\right) \equiv -1 \equiv 2 \pmod 3$$

である．したがって，定理 5.9.5 (3) により，

$$\left(\frac{3}{p}\right)_4 = \left(\frac{D_3}{3}\right) = \left(\frac{2}{3}\right) = -1$$

となり，3 は 4 乗剰余ではない．

次に，$p \equiv 13 \pmod{24}$ であるとする．同様の考察を行うと，3 が b を割り切るとき，定理 5.9.5 (2) により，3 は p の 4 乗剰余ではなく，3 が b を割り切らないとき，$D_3 \equiv -2 \equiv 1 \pmod 3$ より，定理 5.9.5 (3) を適用して，3 は p の 4 乗剰余である．以上により，次の系が得られた．

系 5.9.6 $p = a^2 + b^2$ を定理 5.9.5 の通りの素数とする．このとき，3 が p の 4 乗剰余であるためには，

$p \equiv 1 \pmod{24}$, $b \equiv 0 \pmod 3$ または $p \equiv 13 \pmod{24}$, $b \not\equiv 0 \pmod 3$

となることが必要十分である．

問 5.4 p を定理 5.9.5 の通りの素数とし，5 が p の平方剰余であるとする．このとき，

$$5 \text{ が } p \text{ の 4 乗剰余} \Longleftrightarrow b \equiv 0 \pmod 5$$

であることを，系 5.9.6 と同じ方法で証明せよ．

3, 5 が p の 4 乗剰余になるための上の必要十分条件は，ガウスの論文「4 次剰余の理論 第 2 部」[4] に (証明なしで) 載っている (正確には，$-3, 5, -7, \ldots$ に対して述べられている)．

次に，上の定理 5.9.5 を数値例によって確かめてみたいと思う．

$p = 37$ とする．$37 = 1^2 + 6^2$ であるから，$a = -1, b = 6$ である．$37 \equiv 5 \pmod 8$ だから，2 は平方剰余でない．また，3 は系 5.9.6 によれば，4 乗剰余ではない．

以下，$\ell \geq 5$ なる素数 ℓ で 37 の平方剰余であるものに対して，$(\sqrt{p})_\ell$ (のひとつ) の値，D_ℓ (のひとつ) の値，$(\frac{D_\ell}{\ell})$，および $(\frac{D_\ell}{\ell}) = 1$ のときに $x^4 \equiv \ell \pmod p$ となる (ひとつの) 整数 x の表を与える．$\ell < 100$ までの範囲で表にした．

素数 ℓ	7	11	41	47	53	67	71	73	83
$(\sqrt{p})_\ell$	3	9	23	15	39	29	45	57	55
D_ℓ	-20	-23	-30	-26	-38	-33	-41	-47	-46
$(\frac{D_\ell}{\ell})$	1	-1	-1	1	1	-1	1	-1	1
解 x	3			27	2		4		16

このように，確かに $(\frac{D_\ell}{\ell}) = 1$ となる ℓ は p の 4 乗剰余であり，$(\frac{D_\ell}{\ell}) = -1$ となる ℓ は p の 4 乗剰余でないことを確かめることができる．

次に $p \equiv 1 \pmod 8$ なる素数の例も考えてみよう．$p = 73$ と取る．$73 = 3^2 +$

8^2 であるから，$a=-3, b=8$ である．b は 8 の倍数だから，定理 5.9.5 (1) により，2 は 73 の 4 乗剰余である．実際に確かめてみると，$25^4 \equiv 2 \pmod{73}$ であり，確かに 2 は 4 乗剰余である．

次に奇素数 ℓ で 73 の平方剰余であるものに対して，37 のときと同様に，$(\sqrt{p})_\ell$ (のひとつ) の値，D_ℓ (のひとつ) の値，$(\frac{D_\ell}{\ell})$，および $(\frac{D_\ell}{\ell})=1$ のときに $x^4 \equiv \ell \pmod{p}$ となる (ひとつの) 整数 x の表を与える．ここでも $\ell < 100$ の範囲を表にした．

素数 ℓ	3	19	23	37	41	61	67	71	79	89	97
$(\sqrt{p})_\ell$	1	15	21	31	27	45	41	59	51	47	49
D_ℓ	38	59	68	83	77	104	98	125	113	107	110
$(\frac{D_\ell}{\ell})$	-1	-1	-1	1	1	-1	-1	1	-1	1	-1
解 x				4	5			31		2	

このように数値例を計算して思うことは，$(\sqrt{p})_\ell$ の計算がやや面倒なことである．平方剰余のときには，このようなことはなかった．われわれは定理 5.9.5 でひとつの山に登ったことは確かだが，ここで満足せず，さらに進みたいと思う．

5.10　4 乗剰余の相互法則に向けて II

この節では前節の記号をそのまま使う．すなわち，p は $p \equiv 1 \pmod{4}$ をみたす素数であり，$p=a^2+b^2$ と書き，a, b は定理 5.9.5 の通りとする．ℓ は pb を割らない素数で，p の平方剰余になっているとする．$(\sqrt{p})_\ell$ を定理 5.9.5 (3) のように取り，

$$D_\ell = (-1)^{\frac{p-1}{4}} \frac{p-a(\sqrt{p})_\ell}{2}$$

の意味を探求して行きたい．

まずは，$\ell \equiv 1 \pmod{4}$ の場合を考えることにしよう．

最初にまったく単純な性質ではあるが，$((\sqrt{p})_\ell)^2 \equiv p \pmod{\ell}$ であるので，

$$\frac{p-a(\sqrt{p})_\ell}{2} \equiv (\sqrt{p})_\ell \frac{(\sqrt{p})_\ell - a}{2} = (\sqrt{p})_\ell \frac{-a+(\sqrt{p})_\ell}{2} \pmod{\ell}$$

となることがわかる．これに気づくと，

$$\left(\frac{D_\ell}{\ell}\right) = \left(\frac{(-1)^{\frac{p-1}{4}}}{\ell}\right)\left(\frac{(\sqrt{p})_\ell}{\ell}\right)\left(\frac{\frac{-a+(\sqrt{p})_\ell}{2}}{\ell}\right)$$

となることがわかる．ここで，もし $(\sqrt{p})_\ell$ が ℓ の平方剰余であれば，p は ℓ の 4 乗剰余であり，$(\sqrt{p})_\ell$ が ℓ の平方非剰余であれば，p は ℓ の 4 乗剰余ではない．よって，

$$\left(\frac{(\sqrt{p})_\ell}{\ell}\right) = \left(\frac{p}{\ell}\right)_4$$

が成り立っている．また，$\ell \equiv 1 \pmod 4$ なので，$\left(\frac{-1}{\ell}\right) = 1$ である (定理 2.6.1)．したがって，

$$\left(\frac{D_\ell}{\ell}\right) = \left(\frac{p}{\ell}\right)_4 \left(\frac{\frac{-a+(\sqrt{p})_\ell}{2}}{\ell}\right) \tag{5.34}$$

であって，この式を使うと定理 5.9.5 (3) の式は，

$$\left(\frac{\ell}{p}\right)_4 = \left(\frac{p}{\ell}\right)_4 \left(\frac{\frac{-a+(\sqrt{p})_\ell}{2}}{\ell}\right) \tag{5.35}$$

と書くことができる．こうなると，平方剰余の相互法則にきわめて似た感じがある．しかしまだ，

$$\frac{-a+(\sqrt{p})_\ell}{2}$$

の意味が不明であるし，完全な対称性も得られていない．

さらに進むために，表記の方法を変えたいと思う．今まで，$\mathbb{F}_p$ 世界のものを表すには $\overline{*}$ を使い，$\mathbb{F}_\ell$ 世界のものを表すには $\overline{\overline{*}}$ を使ってきた．記号が煩雑になるため，このような線はこれからは書かないことにする．ここまで読み進んで来てくれた読者は，n と書いたときに，整数の n なのか，mod p 世界の n なのか，mod ℓ 世界の n なのかは文脈で理解できると思う．$\sqrt{p}$ も 2 乗すると p になる元という意味で，実数世界でも $\mathbb{F}_\ell$ 世界でも使うことにする．今，p は ℓ の平方剰余であり，2 乗して p になる元は $\mathbb{F}_\ell$ の中に存在している．それを単純に $\sqrt{p}$ と書くことにする．こうしてみると，意味が知りたい元は

$$\frac{-a+\sqrt{p}}{2} \in \mathbb{F}_\ell$$

である．また，ルジャンドル記号 $\left(\frac{*}{\ell}\right)$ の分子は整数だけでなく，$\mathbb{F}_\ell$ の元も入れてよいことにする．そうすると，(5.35) は，

$$\left(\frac{\ell}{p}\right)_4 = \left(\frac{p}{\ell}\right)_4 \left(\frac{\frac{-a+\sqrt{p}}{2}}{\ell}\right) \tag{5.36}$$

となり，少しだけ見やすくなる．

1) 最初に，

$$\left(\frac{\frac{-a+\sqrt{p}}{2}}{\ell}\right)=1$$

であると仮定する．

$$\left(\frac{\frac{-a+\sqrt{p}}{2}}{\ell}\right)\left(\frac{\frac{a+\sqrt{p}}{2}}{\ell}\right)=\left(\frac{\frac{p-a^2}{4}}{\ell}\right)=\left(\frac{\frac{b^2}{4}}{\ell}\right)=1$$

であるから，

$$\left(\frac{\frac{a+\sqrt{p}}{2}}{\ell}\right)=1$$

でもある．ということは，

$$\pm\sqrt{\frac{-a+\sqrt{p}}{2}},\quad \pm\sqrt{\frac{a+\sqrt{p}}{2}}$$

という 4 つの元が $\mathbb{F}_\ell$ の中に存在する．

$$\sqrt{\frac{-a+\sqrt{p}}{2}}\sqrt{\frac{a+\sqrt{p}}{2}}=\sqrt{\frac{p-a^2}{4}}=\sqrt{\frac{b^2}{4}}$$

であるが，これが $\frac{b}{2}$ となるように，$\sqrt{\frac{-a+\sqrt{p}}{2}}$, $\sqrt{\frac{a+\sqrt{p}}{2}}$ の符号を選んでおくことにする．今，$\ell\equiv 1 \pmod 4$ であるから，-1 は ℓ の平方剰余であり (定理 2.6.1)，$\mathbb{F}_\ell$ には 2 乗して -1 になる元が存在する．それをひとつ取って i と書くことにしよう．ここで，天下り的だが，

$$s=\sqrt{\frac{a+\sqrt{p}}{2}}+i\sqrt{\frac{-a+\sqrt{p}}{2}} \tag{5.37}$$

とおく．今，$\sqrt{\frac{a+\sqrt{p}}{2}}$, $\sqrt{\frac{a+\sqrt{p}}{2}}$, i はすべて $\mathbb{F}_\ell$ の元なので，s も $\mathbb{F}_\ell$ の元である．

$$\begin{aligned}s^2&=\frac{a+\sqrt{p}}{2}-\frac{-a+\sqrt{p}}{2}+2i\sqrt{\frac{a+\sqrt{p}}{2}\cdot\frac{-a+\sqrt{p}}{2}}\\&=a+2i\sqrt{\frac{b^2}{4}}=a+bi\end{aligned} \tag{5.38}$$

となる ($a+bi$ の平方根を上のように計算するこの方法は，ガウスの論文「4 次剰余の理論 第 2 部」[4] の§32 に載っている)．また，

$$s' = \sqrt{\frac{a+\sqrt{p}}{2}} - i\sqrt{\frac{-a+\sqrt{p}}{2}}$$

とおくと，s' も $\mathbb{F}_\ell$ の元で，

$$(s')^2 = \frac{a+\sqrt{p}}{2} - \frac{-a+\sqrt{p}}{2} - 2i \cdot \frac{b}{2} = a - bi$$

となる．よって，$a+bi, a-bi$ は共に平方剰余であり，

$$\left(\frac{a+bi}{\ell}\right) = \left(\frac{a-bi}{\ell}\right) = 1$$

となっている．

2) これは逆にたどることもできる．今度は逆に，$a+bi$ が ℓ の平方剰余であると仮定しよう．$x^2 = a+bi$ という方程式は，$\mathbb{F}_\ell$ の中で 2 つの解を持つ．

$$s = \sqrt{\frac{a+\sqrt{p}}{2}} + i\sqrt{\frac{-a+\sqrt{p}}{2}}$$

とおくと，$x^2 = a+bi$ の解は，形式的に $\pm s$ であると考えられる．よって，s が $\mathbb{F}_\ell$ に入っている．また，$(a+bi)(a-bi) = a^2+b^2 = p$ も仮定により ℓ の平方剰余だから，$a-bi$ も平方剰余である．よって，

$$s' = \sqrt{\frac{a+\sqrt{p}}{2}} - i\sqrt{\frac{-a+\sqrt{p}}{2}}$$

とおくとき，$\pm s'$ も $\mathbb{F}_\ell$ の元である．よって，$s - s' = 2i\sqrt{\frac{-a+\sqrt{p}}{2}}$ も $\mathbb{F}_\ell$ の元であり，$2i$ が $\mathbb{F}_\ell$ の 0 でない元だから，$2i$ で割って，$\sqrt{\frac{-a+\sqrt{p}}{2}}$ も $\mathbb{F}_\ell$ の元である．$s+s'$ を考えれば，同様に $\sqrt{\frac{a+\sqrt{p}}{2}}$ が $\mathbb{F}_\ell$ の元であり，

$$\left(\frac{\frac{-a+\sqrt{p}}{2}}{\ell}\right) = \left(\frac{\frac{a+\sqrt{p}}{2}}{\ell}\right) = 1$$

である．

3) 上の 1), 2) から

$$\left(\frac{\frac{-a+\sqrt{p}}{2}}{\ell}\right) = 1 \Longleftrightarrow \left(\frac{a+bi}{\ell}\right) = 1$$

である．このことは (1), 2) で述べたことも合わせて)

$$\left(\frac{\frac{-a+\sqrt{p}}{2}}{\ell}\right)=\left(\frac{\frac{a+\sqrt{p}}{2}}{\ell}\right)=\left(\frac{a+bi}{\ell}\right)=\left(\frac{a-bi}{\ell}\right)$$

とも書くことができる．

以上により，(5.36) は次のように変形できる．

定理 5.10.1　定理 5.9.5 の仮定に加えて，$\ell\equiv 1 \pmod 4$ であり，ℓ は b を割り切らないとする．このとき，

$$\left(\frac{\ell}{p}\right)_4=\left(\frac{p}{\ell}\right)_4\left(\frac{a+bi}{\ell}\right)$$

となる．

これで，法則としては，いっそうきれいになった．また，右辺の平方剰余記号 $(\frac{a+bi}{\ell})$ は計算しやすいものである．

この考え方で行くと，問題となっていた $\frac{-a+\sqrt{p}}{2}$ の意味であるが，“$\sqrt{\frac{-a+\sqrt{p}}{2}}$ とは，$\sqrt{a+bi}$ の**虚部**である” と解釈できることがわかる ((5.37), (5.38) を見よ)．

節を改めて，定理 5.10.1 の意味を次の節でさらに追求していく．

5.11　4 乗剰余の相互法則に向けて III

これ以上，進むためには本質的に新しい世界に踏み込まねばならない．新しくできあがった定理 5.10.1 をよく見てみよう．右辺の平方剰余記号の分子は $a+bi$ であり，今は $\mathbb{F}_\ell$ の元と考えているものの，普通に考えれば典型的な複素数である．もし複素数の世界で考えれば，右辺の第 1 項の分子の p も $p=(a+bi)(a-bi)$ と分解している．p も分解した方が，この式の意味，対称性がよりはっきりするのではないか．

このように考えてくると，今までの 4 乗剰余の議論を，最初から複素数の世界で，より正確にはガウス整数 $\mathbb{Z}[i]$ の世界で行うというアイディアにたどり着くのである．ガウスの論文「4 次剰余の理論 第 2 部」[4] によって，整数論が通常の整数を越えて新しい世界 (代数的整数の世界) に拡張されたことは，大きな変革であった．これは天才的なアイディアであったが，この本で見てきたように相互法則への道を一歩一歩進んでいくと，これが自然なアイディアであることもわかってもらえるのではないかと思う．

さて，代数的整数の理論を本格的に展開するには，たくさんの準備が必要で，こ

の本のレベルを超えてしまう (大学の数学科の学部 3 年程度の数学が必要である) が，ガウス整数 $\mathbb{Z}[i] = \{m + ni \mid m, n \in \mathbb{Z}\}$ の世界に限定して必要最小限のことを述べ，どのようなことができるのか，なるべく簡単に説明したいと思う．

I) (素因数分解と合同式) ガウス整数 $\mathbb{Z}[i] = \{m + ni \mid m, n \in \mathbb{Z}\}$ の世界では，(幸いなことに!) ガウス素数による素因数分解が一意的にできる．次の形の複素数を**この本ではガウス素数**と呼ぶことにする．

i) $\pi = 1 + i$ はガウス素数である．整数 2 は $2 = (-i)(1 + i)^2$ とガウス素数を使った形に分解される．

ii) p を $p \equiv 1 \pmod 4$ をみたす普通の素数とするとき，a, b を定理 5.9.5 のように取る．このとき，$a + bi, a - bi$ はガウス素数である．$p = (a + bi)(a - bi)$ と分解する．$a + bi$ と $a - bi$ は異なるガウス素数であることに注意しておく．この型のガウス素数のことを**分解型のガウス素数**とこの本では呼ぶことにする．ガウスは [4] §36 で (定理 5.9.5 の条件をみたす a, b に対する) $a \pm bi$ を primarius というラテン語で表しており，今でも英語で primary と呼ばれる条件である．

iii) p を $p \equiv 3 \pmod 4$ をみたす普通の素数とするとき，$-p$ はガウス素数である．この型のガウス素数のことを**惰性型のガウス素数**とこの本では呼ぶことにする (p そのものより $-p$ を使う方が相互法則はうまくいく，というのは [4] にあるガウスのアイディアである)．

以上の $1 + i, a \pm bi, -p$ を**ガウス素数**と呼ぶことにする．

整数の世界では，任意の整数 n は

$$n = \pm p_1^{e_1} \cdots p_r^{e_r}$$

(ここに $p_1, \ldots, p_r$ は素数，$r \geq 0, e_1, \ldots, e_r$ は正の整数) という形に素因数分解でき，しかもこの分解は**一意的**であった．これと同じように，任意のガウス整数 $m + ni$ は

$$m + ni = \epsilon \pi_1^{e_1} \cdots \pi_r^{e_r}$$

(ここに $\pi_1, \ldots, \pi_r$ はガウス素数，$r \geq 0, \epsilon$ は $\pm 1, \pm i$ のどれか，$e_1, \ldots, e_r$ は正の整数) という形に**一意的**にガウス素因数分解できる．このことの証明は省略する．ガウス整数の素因数分解の様子は，たとえば

$$18 - 51i = -i(-3)(-1 + 2i)^2(3 - 2i)$$

といった感じである．

素因数分解の一意性があれば，割り切れる，割り切れないという整数の世界と同じことができるので，合同式の理論も作ることができる．$\alpha, \beta, \gamma \in \mathbb{Z}[i]$ に対して，

$$\alpha \equiv \beta \pmod{\gamma}$$

であるとは，$\alpha - \beta$ が γ で割り切れることである．

II) (分解型ガウス素数に対する 4 乗剰余記号の定義) まず，π を I) の分解型のガウス素数とする．π は $\pi = a \pm bi$ という型の数で，$p = a^2 + b^2$ は $p \equiv 1 \pmod 4$ をみたす素数である．整数の世界で $p = 0$ の世界を考えたときと同じように，ガウス整数の世界で $\pi = 0$ という世界を考えると，やはり $\mathbb{F}_p$ が得られるのだが，この世界で $x^4 - 1 = 0$ の解が $\pm 1, \pm i$ しかないことを使うと，π で割り切れない任意のガウス整数 $m + ni$ に対して，$(m+ni)^{\frac{p-1}{4}}$ は mod π で $\pm 1, \pm i$ のどれかと合同であることを示すことができる．ϵ を $\pm 1, \pm i$ のいずれかとして，

$$(m+ni)^{\frac{p-1}{4}} \equiv \epsilon \pmod{\pi} \tag{5.39}$$

となるとき，

$$\left(\frac{m+ni}{\pi}\right)_4 = \epsilon$$

と定義する．これは p と素な整数 n に対してのオイラーの基準

$$n^{\frac{p-1}{2}} \equiv \left(\frac{n}{p}\right) \pmod{p}$$

に対応している (問 2-2 を見よ).

例をあげる．$p = 5, \pi = -1 + 2i$ とするとき，$2 - (-i) = -i(-1+2i)$ より，$2 \equiv -i \pmod{\pi}$ であり，$3 - i = -(1+i)(-1+2i)$ より $3 \equiv i \pmod{\pi}$ である．また，$4 \equiv -1 \pmod{\pi}$ はすぐにわかる．よって，

$$\left(\frac{2}{-1+2i}\right)_4 = -i, \quad \left(\frac{3}{-1+2i}\right)_4 = i, \quad \left(\frac{4}{-1+2i}\right)_4 = -1$$

となる．$\pi = 1 + 4i, p = 17$ とするとき，$81 + i = (5 - 19i)(1 + 4i)$ だから，$3^4 \equiv -i \pmod{\pi}$ であり，$10000 - i = (588 - 2353i)(1 + 4i)$ だから，$10^4 \equiv i \pmod{\pi}$ である．また，$(1+2i)^4 + 1 = -6(1+4i)$ である．よって，

$$\left(\frac{3}{1+4i}\right)_4 = -i, \quad \left(\frac{10}{1+4i}\right)_4 = i, \quad \left(\frac{1+2i}{1+4i}\right)_4 = -1 \tag{5.40}$$

となる．

4 乗剰余記号のいくつかの重要な性質を述べる．

定義から，α, β を π と素な 2 つのガウス整数とするとき，

$$\left(\frac{\alpha\beta}{\pi}\right)_4 = \left(\frac{\alpha}{\pi}\right)_4 \left(\frac{\beta}{\pi}\right)_4 \tag{5.41}$$

が成り立つ．

(5.40) の最初の 2 つの計算と (5.41) とを使うと，§2.7 にある $p = 17, g = 3$ととったときの H_4 の剰余類の表の第 1 行，第 2 行，第 3 行，第 4 行のそれぞれの数に対して，4 乗剰余記号 $(\frac{*}{1+4i})_4$ を計算すると，それぞれ $1, -i, -1, i$ となることがわかる．一般に $p \equiv 1 \pmod 4$ なる素数 p に対して，$p = \pi\pi'$ とガウス素数に分解したとき，$H_4, gH_4, g^2H_4, g^3H_4$ のそれぞれの元に対して，4 乗剰余記号 $(\frac{*}{\pi})_4$ を計算すると，それぞれ $1, (\frac{g}{\pi})_4, -1, (\frac{g^3}{\pi})_4 = ((\frac{g}{\pi})_4)^{-1}$ となる．

α と β が共に普通の整数のとき，$\alpha \equiv \beta \pmod \pi$ が成り立つことと $\alpha \equiv \beta \pmod p$ が成り立つことは同値である．なぜなら，前者が成り立てば $\pi = a \pm bi$ が $\alpha - \beta$ を割り切るので，複素共役をとって $\pi' = a \mp bi$ も $\alpha - \beta$ を割り切り，$p = \pi\pi'$ も $\alpha - \beta$ を割り切るからである (逆は π が p を割り切るので明らか)．このことを用いると，p と素な整数 n に対して，

$$n \text{ が } p \text{ の 4 乗剰余} \iff \left(\frac{n}{\pi}\right)_4 = 1 \tag{5.42}$$

であり，n が p の平方剰余だが 4 乗剰余ではないことは $(\frac{n}{\pi})_4 = -1$ と同値であることがわかる．よって，p の平方剰余であるような ℓ に対して，今まで $(\frac{\ell}{p})_4$ という記号を使ってきたが，この記号は $(\frac{\ell}{\pi})_4$ に置き換えられる．あるいは，π' を π の複素共役として，$(\frac{\ell}{\pi'})_4$ にも置き換えられる．つまり，

$$\left(\frac{\ell}{p}\right)_4 = \left(\frac{\ell}{\pi}\right)_4 = \left(\frac{\ell}{\pi'}\right)_4 \tag{5.43}$$

が成り立っている．

π と素なガウス整数 $m + ni$ に対しても，平方剰余記号を定義することにする．すなわち，$x^2 \equiv m + ni \pmod \pi$ にガウス整数解があるとき，$(\frac{m+ni}{\pi}) = 1$ と書き，そうでないとき $(\frac{m+ni}{\pi}) = -1$ と書くことにする．このとき，

$$\left(\frac{m+ni}{\pi}\right) = \left(\left(\frac{m+ni}{\pi}\right)_4\right)^2 \tag{5.44}$$

が成り立っている．

π' を π の複素共役，$\bar{\epsilon}$ を ϵ の複素共役とする．式 (5.39) の複素共役を取ると，

$$(m - ni)^{\frac{p-1}{4}} \equiv \bar{\epsilon} \pmod{\pi'}$$

が得られる．4 乗剰余記号で表すと，

$$\overline{\left(\frac{m+ni}{\pi}\right)_4}=\left(\frac{m-ni}{\pi'}\right)_4 \tag{5.45}$$

が成り立っている．ここで，左辺は $(\frac{m+ni}{\pi})_4$ の複素共役である．

定理 5.10.1 を新しく定義した 4 乗剰余記号を使って解釈し直そう．まず，$p=a^2+b^2$, $\ell=c^2+d^2$ と分解する．a, b は今まで通り，c, d も d が正の偶数で，c は $\ell\equiv 1 \pmod 8$ のとき $c\equiv 1 \pmod 4$ であり，$\ell\equiv 5 \pmod 8$ のとき $c\equiv 3 \pmod 4$ ととる．$\pi=a+bi, \pi'=a-bi, \lambda=c+di, \lambda'=c-di$ とおく．定理 5.10.1 の左辺は，(5.43) を使って，$(\frac{\ell}{\pi'})_4$ と書くことにする．($(\frac{\ell}{\pi})_4$ でもよいのだが，後の都合上 $(\frac{\ell}{\pi'})_4$ を使う)．これは (5.41) により，

$$\left(\frac{\ell}{\pi'}\right)_4=\left(\frac{c+di}{\pi'}\right)_4\left(\frac{c-di}{\pi'}\right)_4=\left(\frac{\lambda}{\pi'}\right)_4\left(\frac{\lambda'}{\pi'}\right)_4$$

と分解する．定理 5.10.1 の右辺の第 1 項はまず，$(\frac{p}{\lambda})_4$ と書き，それを (5.41) により

$$\left(\frac{p}{\lambda}\right)_4=\left(\frac{\pi}{\lambda}\right)_4\left(\frac{\pi'}{\lambda}\right)_4$$

と分解する．定理 5.10.1 の右辺の第 2 項はガウス整数 $a+bi=\pi$ を mod λ したものと考えることにする (今まで i は $\mathbb{F}_\ell$ の中で 2 乗して -1 になる元というだけだったが，i として $-\overline{\overline{c}}^{-1}\overline{\overline{d}}$ を取ることにすると $\lambda=0$ の世界，$\overline{\overline{c}}+\overline{\overline{d}}i=\overline{\overline{0}}$ の世界で考えていることになる [$\mathbb{F}_\ell$ の中の c, d を表すのに，$\overline{\overline{c}}, \overline{\overline{d}}$ を使った])．すると，(5.44) から，

$$\left(\frac{a+bi}{\lambda}\right)=\left(\frac{\pi}{\lambda}\right)=\left(\left(\frac{\pi}{\lambda}\right)_4\right)^2$$

である．よって，定理 5.10.1 の右辺は，(5.41) により，

$$\left(\frac{\pi}{\lambda}\right)_4\left(\frac{\pi'}{\lambda}\right)_4\left(\left(\frac{\pi}{\lambda}\right)_4\right)^2=\left(\left(\frac{\pi}{\lambda}\right)_4\right)^3\left(\frac{\pi'}{\lambda}\right)_4$$

となる．ϵ が $\pm1, \pm i$ のどれかなので，その共役 $\overline{\epsilon}$ は ϵ^3 に一致する．したがって，(5.45) により，

$$\left(\left(\frac{\pi}{\lambda}\right)_4\right)^3=\overline{\left(\frac{\pi}{\lambda}\right)_4}=\left(\frac{\pi'}{\lambda'}\right)_4$$

である．よって，定理 5.10.1 は，

$$\left(\frac{\lambda}{\pi'}\right)_4\left(\frac{\lambda'}{\pi'}\right)_4=\left(\frac{\pi'}{\lambda'}\right)_4\left(\frac{\pi'}{\lambda}\right)_4$$

となる．両辺の複素共役を取ると，(5.45) により，

$$\left(\frac{\lambda}{\pi}\right)_4\left(\frac{\lambda'}{\pi}\right)_4=\left(\frac{\pi}{\lambda}\right)_4\left(\frac{\pi}{\lambda'}\right)_4 \tag{5.46}$$

が得られる．

こうして π と λ に関して，相互的に見える定理が証明されたわけだが，ここまで来れば，当然 $(\frac{\lambda}{\pi})_4$ と $(\frac{\pi}{\lambda})_4$ が直接結びついているのではないか，と推測できる．

その探求に向かう前に，(5.46) を一般化しておきたい．定理 5.10.1 によって，(5.46) は "ℓ が p の平方剰余であり，b を割らない" という条件の下に証明されている．しかし，これほどきれいな式は，この条件なしで成立するのではないか，と思うのである．実際に，証明できる．

定理 5.11.1 p, ℓ を共に $p\equiv\ell\equiv 1 \pmod 4$ をみたす素数とし，$\pi=a+bi$, $\pi'=a-bi$, $\lambda=c+di$, $\lambda'=c-di$ を上の通りのガウス素数とする．"ℓ が p の平方剰余であり，b と互いに素" という条件を (つけても) つけなくても，

$$\left(\frac{\lambda}{\pi}\right)_4\left(\frac{\lambda'}{\pi}\right)_4=\left(\frac{\pi}{\lambda}\right)_4\left(\frac{\pi}{\lambda'}\right)_4$$

$$\left(\frac{\lambda}{\pi'}\right)_4\left(\frac{\lambda'}{\pi'}\right)_4=\left(\frac{\pi'}{\lambda}\right)_4\left(\frac{\pi'}{\lambda'}\right)_4$$

が成立する．

証明 第 1 の式の複素共役を取れば，第 2 の式が得られるから，第 1 の式のみを証明すればよい．

$[1]_4$ と $[g^2]_4$ がみたす 2 次方程式は 4 次ガウス周期の基本定理 (定理 5.7.1) の通りであり，その判別式は (5.27) により，

$$D=(-1)^{\frac{p-1}{4}}\frac{p-a\sqrt{p}}{2}$$

である．$([1]_4-[g^2]_4)^2=D$ だから，上から，

$$[1]_4-[g^2]_4=\pm\sqrt{(-1)^{\frac{p-1}{4}}\frac{p-a\sqrt{p}}{2}}$$

が得られる．また，$[g]_4$ と $[g^3]_4$ を考えると，定理 5.7.2 より，

$$([g^3]_4-[g]_4)^2=(-1)^{\frac{p-1}{4}}\frac{p+a\sqrt{p}}{2}$$

となるので，

$$[g^3]_4 - [g]_4 = \pm\sqrt{(-1)^{\frac{p-1}{4}}\frac{p+a\sqrt{p}}{2}}$$

であることがわかる．

原始根 g を $a + bg^{\frac{p-1}{4}} \equiv 0 \pmod p$ となるように取るとき (これは定理 5.6.3 での取り方である)，$[1]_4 - [g^2]_4$, $[g^3]_4 - [g]_4$ の符号について，もう少し詳しいことがわかる．

まず最初に $p \equiv 1 \pmod 8$ であるとしよう．問 5-2 (2), (3) によると，

$$\begin{aligned}([1]_4 - [g^2]_4)([g^3]_4 - [g]_4) &= ([1]_4[g^3]_4 + [g]_4[g^2]_4) - ([1]_4[g]_4 + [g^2]_4[g^3]_4) \\ &= \Big(-\frac{p-1}{8} + \frac{b}{4}\sqrt{p}\Big) - \Big(-\frac{p-1}{8} - \frac{b}{4}\sqrt{p}\Big) \\ &= \frac{b}{2}\sqrt{p} > 0\end{aligned}$$

となっている．したがって，このとき

$$[1]_4 - [g^2]_4 = \pm\sqrt{\frac{p-a\sqrt{p}}{2}} \quad と \quad [g^3]_4 - [g]_4 = \pm\sqrt{\frac{p+a\sqrt{p}}{2}} \tag{5.47}$$

は同じ符号を取る (複号同順).

次に $p \equiv 5 \pmod 8$ のときを考える．このとき，

$$[1]_4 - [g^2]_4 = \pm i\sqrt{\frac{p-a\sqrt{p}}{2}}, \qquad [g^3]_4 - [g]_4 = \pm i\sqrt{\frac{p+a\sqrt{p}}{2}}$$

となっているので，この符号を考える．$p \equiv 1 \pmod 8$ のときと同様に，問 5-2 (2), (3) を使うと，

$$\begin{aligned}([1]_4 - [g^2]_4)([g^3]_4 - [g]_4) &= \Big(-\frac{p-1}{8} - \frac{b}{4}\sqrt{p}\Big) - \Big(-\frac{p-1}{8} + \frac{b}{4}\sqrt{p}\Big) \\ &= -\frac{b}{2}\sqrt{p} < 0\end{aligned}$$

が得られる．したがって，このときやはり，

$$[1]_4 - [g^2]_4 = \pm i\sqrt{\frac{p-a\sqrt{p}}{2}} \quad と \quad [g^3]_4 - [g]_4 = \pm i\sqrt{\frac{p+a\sqrt{p}}{2}} \tag{5.48}$$

は複号同順である．

$a \pm bi$ が 4 乗元かどうか調べたいと思ったとき，重要なのが $a + bi$ の平方根を与える式 (5.37), (5.38) である．以前はこれらの式は，$\mathbb{F}_\ell$ の元の式と考えたが，今度は普通の複素数の式と考えよう．きちんと書く．s を

$$s = \sqrt{\frac{a+\sqrt{p}}{2}} + i\sqrt{\frac{-a+\sqrt{p}}{2}}$$

という複素数とすると，

$$\begin{aligned} s^2 &= \left(\sqrt{\frac{a+\sqrt{p}}{2}} + i\sqrt{\frac{-a+\sqrt{p}}{2}}\right)^2 \\ &= \frac{a+\sqrt{p}}{2} - \frac{-a+\sqrt{p}}{2} + 2i\sqrt{\frac{p-a^2}{4}} = a+bi \end{aligned}$$

が成り立つ．

ここで，$p \equiv 1 \pmod 8$ のとき，(5.47) により，

$$\begin{aligned} \sqrt{\frac{a+\sqrt{p}}{2}} &= \frac{1}{\sqrt[4]{p}}\sqrt{\frac{p+a\sqrt{p}}{2}} = \pm\frac{1}{\sqrt[4]{p}}([g^3]_4 - [g]_4), \\ \sqrt{\frac{-a+\sqrt{p}}{2}} &= \frac{1}{\sqrt[4]{p}}\sqrt{\frac{p-a\sqrt{p}}{2}} = \pm\frac{1}{\sqrt[4]{p}}([1]_4 - [g^2]_4) \end{aligned}$$

(複号同順)

であることに注意すると，

$$t = ([g^3]_4 - [g]_4) + i([1]_4 - [g^2]_4) \tag{5.49}$$

とおけば，

$$s = \pm\frac{1}{\sqrt[4]{p}}([g^3]_4 - [g]_4 + i([1]_4 - [g^2]_4)) = \pm\frac{1}{\sqrt[4]{p}}t$$

である．よって，$s^2 = a+bi$ を使って，

$$t^2 = (\pm\sqrt[4]{p}s)^2 = \sqrt{p}(a+bi)$$

が得られる．

$p \equiv 5 \pmod 8$ のときは，(5.48) により

$$\begin{aligned} \sqrt{\frac{a+\sqrt{p}}{2}} &= \frac{1}{\sqrt[4]{p}}\sqrt{\frac{p+a\sqrt{p}}{2}} = \pm\frac{1}{i\sqrt[4]{p}}([g^3]_4 - [g]_4), \\ \sqrt{\frac{-a+\sqrt{p}}{2}} &= \frac{1}{\sqrt[4]{p}}\sqrt{\frac{p-a\sqrt{p}}{2}} = \pm\frac{1}{i\sqrt[4]{p}}([1]_4 - [g^2]_4) \end{aligned}$$

(複号同順)

であるから，t を上と同じように，(5.49) で定義すると，$s = \pm\frac{1}{i\sqrt[4]{p}}t$ であり，

$$t^2 = (\pm i \sqrt[4]{p} s)^2 = -\sqrt{p}(a+bi)$$

となっている．両者をまとめると，

$$t^2 = (-1)^{\frac{p-1}{4}} \sqrt{p}(a+bi) \tag{5.50}$$

と書ける．さらに言えば，

$$t^4 = p(a+bi)^2 = (a+bi)^3(a-bi) = \pi^3\pi' \tag{5.51}$$

である．

補題 5.11.2 ℓ を $\ell \equiv 1 \pmod 4$ なる素数とする．$\pi = a+bi$ とおく．

$$t^\ell - \left(\left(\frac{\ell}{\pi}\right)_4\right)^3 t = \alpha_0[1]_4 + \alpha_1[g]_4 + \alpha_2[g^2]_4 + \alpha_3[g^3]_4 \ ,$$

ここに $\alpha_0, \alpha_1, \alpha_2, \alpha_3$ は ℓ で割り切れるガウス整数，という形に書くことができる．この式を

$$t^\ell \equiv \left(\left(\frac{\ell}{\pi}\right)_4\right)^3 t \pmod \ell$$

と書くことにする．

まず，補題 5.11.2 を証明する．最初に命題 4.4.4 と同じく，$\sum_{i=1}^{p-1} a_i\zeta^i$ (a_i はガウス整数) という形の数は，その表示は一意的である，つまり $\sum_{i=1}^{p-1} a_i\zeta^i = \sum_{i=1}^{p-1} b_i\zeta^i$ (a_i, b_i はガウス整数) が成立すれば，すべての i に対して $a_i = b_i$ となることを，命題 4.4.4 と同じ方法で証明できることに注意しておく．

命題 5.9.1 により，

$$([1]_4)^\ell \equiv [\ell]_4 \pmod \ell$$

である．ここに合同式の意味は，命題 5.9.1 の通りの意味である．まったく同様の方法で，任意の $i = 0, 1, 2, 3$ に対して，

$$([g^i]_4)^\ell \equiv [\ell g^i]_4 \pmod \ell$$

が証明できる．$\ell \equiv 1 \pmod 4$ であるから，$i^\ell = i$ となることに注意すると，補題 4.6.3 を使うことにより，t の定義 (5.49) と上から

$$t^\ell \equiv ([\ell g^3]_4 - [\ell g]_4) + i([\ell]_4 - [\ell g^2]_4) \pmod \ell \tag{5.52}$$

が得られる．(合同式の意味は，左辺から右辺を引いたものが，ガウス整数 α_0, α_1, α_2, α_3 を使って，$\ell(\alpha_0[1]_4 + \alpha_1[g]_4 + \alpha_2[g^2]_4 + \alpha_3[g^3]_4)$ という形に書ける

ということである.) $\ell \in H_4$ のとき，上の合同式 (5.52) の右辺は t そのものである．$\ell \in gH_4$ のとき，合同式 (5.52) の右辺は

$$([g^4]_4 - [g^2]_4) + i([g]_4 - [g^3]_4) = -i(([g^3]_4 - [g]_4) + i([1]_4 - [g^2]_4)) = -it$$

である．$\ell \in g^2H_4$ のときは，合同式 (5.52) の右辺は

$$([g^5]_4 - [g^3]_4) + i([g^2]_4 - [g^4]_4) = -(([g^3]_4 - [g]_4) + i([1]_4 - [g^2]_4)) = -t$$

であり，$\ell \in g^3H_4$ のときは，合同式 (5.52) の右辺は

$$([g^6]_4 - [g^4]_4) + i([g^3]_4 - [g^5]_4) = i(([g^3]_4 - [g]_4) + i([1]_4 - [g^2]_4)) = it$$

となる．$\pi = a + bi$ とおくと，g の取り方と 4 乗剰余記号の定義により，$\ell \in H_4$ のとき，$\left(\frac{\ell}{\pi}\right)_4 = 1$ であり，$\ell \in gH_4$ のとき，$\left(\frac{\ell}{\pi}\right)_4 = i$ であり，$\ell \in g^2H_4$ のとき，$\left(\frac{\ell}{\pi}\right)_4 = -1$ であり，$\ell \in g^3H_4$ のとき，$\left(\frac{\ell}{\pi}\right)_4 = -i$ である．このことから，上の 4 つの場合をひとつにまとめて，合同式 (5.52) は，

$$t^\ell \equiv \left(\left(\frac{\ell}{\pi}\right)_4\right)^3 t \pmod{\ell}$$

と書き直すことができる．これで補題 5.11.2 が証明された．　□

定理 5.11.1 の証明に戻ろう．(5.51) により，

$$t^\ell = (t^4)^{\frac{\ell-1}{4}} t = (\pi^3\pi')^{\frac{\ell-1}{4}} t$$

となっているので，この式と 4 乗剰余記号の定義の式および (5.41) から，

$$t^\ell = (\pi^3\pi')^{\frac{\ell-1}{4}} t \equiv \left(\frac{\pi^3\pi'}{\lambda}\right)_4 t \equiv \left(\left(\frac{\pi}{\lambda}\right)_4\right)^3 \left(\frac{\pi'}{\lambda}\right)_4 t \pmod{\lambda}$$

が得られる．よって，補題 5.11.2 と比べて，

$$\left(\left(\frac{\ell}{\pi}\right)_4\right)^3 \equiv \left(\left(\frac{\pi}{\lambda}\right)_4\right)^3 \left(\frac{\pi'}{\lambda}\right)_4 \pmod{\lambda}$$

となるが，両辺は ± 1, $\pm i$ なので，この合同式は等式

$$\left(\left(\frac{\ell}{\pi}\right)_4\right)^3 = \left(\left(\frac{\pi}{\lambda}\right)_4\right)^3 \left(\frac{\pi'}{\lambda}\right)_4$$

となる．$\left(\left(\frac{\ell}{\pi}\right)_4\right)^3$ は $\left(\frac{\ell}{\pi}\right)_4$ の複素共役 $\overline{\left(\frac{\ell}{\pi}\right)_4}$ であり，$\left(\left(\frac{\pi}{\lambda}\right)_4\right)^3$ は $\left(\frac{\pi}{\lambda}\right)_4$ の複素共役 $\overline{\left(\frac{\pi}{\lambda}\right)_4}$ である．また，$\left(\frac{\pi'}{\lambda}\right)_4$ の複素共役 $\overline{\left(\frac{\pi'}{\lambda}\right)_4}$ は $\left(\frac{\pi}{\lambda'}\right)_4$ に等しい．よって，上の等式の複素共役を取ると，

$$\left(\frac{\ell}{\pi}\right)_4 = \left(\frac{\pi}{\lambda}\right)_4 \left(\frac{\pi}{\lambda'}\right)_4$$

が得られる．左辺は，$\left(\frac{\ell}{\pi}\right)_4 = \left(\frac{\lambda}{\pi}\right)_4 \left(\frac{\lambda'}{\pi}\right)_4$ と計算できるので，この式は定理 5.11.1 の第 1 の式に他ならない． □

それでは，いよいよ $\left(\frac{\lambda}{\pi}\right)_4$ と $\left(\frac{\pi}{\lambda}\right)_4$ を直接比べることにしよう．

まず，$\pi = -1 + 2i$ と取って，5 と互いに素なさまざまな分解型ガウス素数 $\lambda = c \pm di$ ($\pm$ 両方を考える) に対して，$\left(\frac{\lambda}{\pi}\right)_4$ と $\left(\frac{\pi}{\lambda}\right)_4$ の値を計算してみることにする．

$\lambda = 3 + 2i$ とすると，$3 + 2i - (-1) = -2i(-1 + 2i)$ より，$3 + 2i \equiv -1 \pmod{\pi}$ であり，

$$\left(\frac{3+2i}{\pi}\right)_4 = -1$$

である．一方，$(-1 + 2i)^3 - 1 = (2 - 2i)(3 + 2i)$ より，

$$\left(\frac{\pi}{3+2i}\right)_4 = 1$$

であるから，

$$\left(\frac{3+2i}{\pi}\right)_4 = -\left(\frac{\pi}{3+2i}\right)_4$$

となっている．

次に，$1 + 4i - i = (1 - i)(-1 + 2i)$, $(-1 + 2i)^4 - i = (5 + 3i)(1 + 4i)$ を考えると，

$$\left(\frac{1+4i}{\pi}\right)_4 = i\ , \quad \left(\frac{\pi}{1+4i}\right)_4 = i$$

であり，両者は等しい．$\pi = -1 + 2i$ といくつかの λ に対して 4 乗剰余記号を計算した結果は以下の表の通りである．

λ	$3+2i$	$3-2i$	$1+4i$	$1-4i$	$-5+2i$	$-5-2i$	$-1+6i$
$(\frac{\lambda}{\pi})_4$	-1	$-i$	i	-1	1	-1	$-i$
$(\frac{\pi}{\lambda})_4$	1	i	i	-1	-1	1	i

こうしてみると，$\ell = c^2 + d^2$ が $\ell \equiv 5 \pmod 8$ のときに $(\frac{\lambda}{\pi})_4 = -(\frac{\pi}{\lambda})_4$ であり，$\ell \equiv 1 \pmod 8$ のとき，$(\frac{\lambda}{\pi})_4 = (\frac{\pi}{\lambda})_4$ となっているのではないか，と推測できる．

次に，$\pi = 1 + 4i$ と取ってみよう．同じように表を作ると，次が得られる．

λ	$-1+2i$	$-1-2i$	$3+2i$	$3-2i$	$-5+2i$	$-5-2i$	$-1+6i$
$(\frac{\lambda}{\pi})_4$	i	-1	i	$-i$	$-i$	1	i
$(\frac{\pi}{\lambda})_4$	i	-1	i	$-i$	$-i$	1	i

このときは，$(\frac{\lambda}{\pi})_4 = (\frac{\pi}{\lambda})_4$ となっていることが見て取れる．

以上により，次が予測できる．

(4 乗剰余相互法則 I)　$\pi = a \pm bi, \lambda = c \pm di$ を分解型のガウス素数，$\pi\pi' = p, \lambda\lambda' = \ell$ は互いに異なる素数 (4 で割って 1 あまる素数) とするとき，

$$\left(\frac{\lambda}{\pi}\right)_4 = (-1)^{\frac{p-1}{4}\frac{\ell-1}{4}}\left(\frac{\pi}{\lambda}\right)_4 \tag{5.53}$$

が成立する．

ついに，これで目指していた山の頂上 (の少なくとも一つ) が見えた．この式は完全な対称性を持っている！ また，この式が成立するなら，この式から定理 5.11.1 は簡単に導けることに注意しておこう．

4 乗剰余相互法則を完全なものにするためには，$\ell \equiv 3 \pmod 4$ なる素数 ℓ も考える必要がある．このとき，$-\ell$ を惰性型ガウス素数と呼ぶのであった．

$-\ell$ についての 4 乗剰余記号を定義する．$\ell^2 \equiv 1 \pmod 8$ であることに注意しておく．ℓ で割り切れない任意のガウス整数 $m+ni$ に対して，$(m+ni)^{\frac{\ell^2-1}{4}}$ は $\pm 1, \pm i$ のどれかと $\bmod\ \ell$ で合同になる (証明は略す)．

$$(m+ni)^{\frac{\ell^2-1}{4}} \equiv \epsilon \pmod \ell \quad (\epsilon \text{ は } \pm 1, \pm i \text{ のどれか})$$

のとき，

$$\left(\frac{m+ni}{-\ell}\right)_4 = \epsilon \tag{5.54}$$

と，この本では定義することにする．ここで，$(\frac{m+ni}{\ell})_4$ という記号でなく，$(\frac{m+ni}{-\ell})_4$ という記号を採用した理由は，この記号は整数が ℓ の 4 乗剰余であるかどうかをまったく判定しないからである (§5.9 では，(p と素な) n が ℓ の 4 乗剰余であることを $(\frac{n}{\ell})_4 = 1$ という記号で表していたので，それとの混同を避けたかったのである)．他の本ではこういう記号は使われていないので注意してほしい．π が分解型のガウス素数で，$p = \pi\pi'$ のとき，整数 n が p の 4 乗剰余であるかどうかは $(\frac{n}{\pi})_4 = 1$ であること，あるいは $(\frac{n}{\pi'})_4 = 1$ であることと同値であった．分

解型のときと違って，惰性型のガウス素数のときは，このような関係は存在しない．実際，以下の (5.57) で述べるように，任意の (ℓ と素な) 整数 n に対して，$(\frac{n}{-\ell})_4 = 1$ となってしまう．

分解型のガウス素数のときと同じように，定義から次の性質が成り立つ．α, β を ℓ と素な 2 つのガウス整数とするとき，

$$\left(\frac{\alpha\beta}{-\ell}\right)_4 = \left(\frac{\alpha}{-\ell}\right)_4 \left(\frac{\beta}{-\ell}\right)_4 \tag{5.55}$$

が成り立つ．

複素共役を取れば，

$$\overline{\left(\frac{m+ni}{-\ell}\right)_4} = \left(\frac{m-ni}{-\ell}\right)_4 \tag{5.56}$$

が成り立っている．

n が ℓ と互いに素な整数とするとき，フェルマの小定理より $n^{\ell-1} \equiv 1 \pmod{\ell}$ である．よって，

$$n^{\frac{\ell^2-1}{4}} = (n^{\ell-1})^{\frac{\ell+1}{4}} \equiv 1^{\frac{\ell+1}{4}} = 1 \pmod{\ell}$$

となる ($\ell+1$ が 4 で割り切れることを使っている)．したがって ℓ と素な任意の整数 n に対して，

$$\left(\frac{n}{-\ell}\right)_4 = 1 \tag{5.57}$$

である．(5.57) に対応する分解型ガウス素数の式は，

$$\left(\frac{n}{\pi}\right)_4 \left(\frac{n}{\pi'}\right)_4 = 1 \tag{5.58}$$

だと思われる (ここに n は $p = \pi\pi'$ と互いに素な整数)．(5.58) は (5.45) を使って，

$$\left(\frac{n}{\pi}\right)_4 \left(\frac{n}{\pi'}\right)_4 = \left(\frac{n}{\pi}\right)_4 \overline{\left(\frac{n}{\pi}\right)_4} = 1$$

と証明できる (ϵ が $\pm 1, \pm i$ のどれかなので，$\epsilon\bar{\epsilon} = 1$ である)．

惰性型ガウス素数についての 4 乗剰余の相互法則は次のようになる．

(4 乗剰余相互法則 II) $\pi = a \pm bi$ を分解型のガウス素数，ℓ を $\ell \equiv 3 \pmod 4$ をみたす素数とする ($-\ell$ は惰性型のガウス素数)．このとき，

$$\left(\frac{-\ell}{\pi}\right)_4 = \left(\frac{\pi}{-\ell}\right)_4 \tag{5.59}$$

が成立する．

(5.53) と (5.59) こそが目指していた 4 乗剰余相互法則の山頂である.

この 2 つの相互法則をひとつにまとめて表すこともできる (ガウスは [4] でそうしている) が，本質的なことではないので，ここでは上の表示のままとする.

ついに山頂が見えるところまで来たが，登頂の道はまだ険しいのだろうか．ガウスは [4] で証明を与えず，予告された証明は，結局出版されることはなかった．このことを考えると，証明の道はまだ遠いと思われるかもしれないが，われわれはかなりのことを証明しながらここまで来ているので，実はあと少しの苦労で頂上にたどり着くことができる．特に，4 乗剰余相互法則 II (5.59) は定理 5.11.1 と同じ方法で証明できる．4 乗剰余相互法則の頂上への道を，以下ステップに分けて述べていくことにする．各ステップは少し考えればわかるものばかりなので，その証明の詳細は読者にまかせることにする．ここまで読み進んでくれた読者は，各ステップを一歩一歩登ることにより，ぜひ山頂に登攀してほしい．なお以下の証明はアイゼンシュタインによるひとつの証明と本質的に同じであり，ガウスも近い証明を持っていた可能性がある.

[4 乗剰余相互法則 II の証明] $\pi = a + bi$, ℓ を (5.59) の通りとして，$\pi' = a - bi$, $p = \pi\pi' = a^2 + b^2$ とする (b の正負は問わない).

Step 1. $\ell \equiv 3 \pmod 4$ を使って，

$$\pi^\ell = (a + bi)^\ell \equiv a - bi = \pi' \pmod \ell$$

が証明できる.

Step 2. t を (5.49) で定義する．$\ell \equiv 3 \pmod 4$ に対して，補題 5.11.2 の議論をたどると，

$$t^\ell \equiv (-1)^{\frac{p-1}{4}} \left(\frac{\ell}{\pi}\right)_4 \bar{t} = \left(\frac{-\ell}{\pi}\right)_4 \bar{t} \pmod \ell$$

が証明できる．ただし，$\bar{t}$ は t の複素共役である．このとき注意すべき点は，$p \equiv 1 \pmod 8$ のとき，$[g^3]_4 - [g]_4$, $[1]_4 - [g^2]_4$ は共に実数なので，

$$\bar{t} = ([g^3]_4 - [g]_4) - i([1]_4 - [g^2]_4)$$

であるが，$p \equiv 5 \pmod 8$ のときは，$[g^3]_4 - [g]_4$, $[1]_4 - [g^2]_4$ が共に純虚数なので，

$$\bar{t} = -([g^3]_4 - [g]_4) + i([1]_4 - [g^2]_4)$$

となることである．補題 5.11.2 のように，どのような j に対して $\ell \in g^j H_4$ とな

るかによって場合分けして計算していけば，同じ方法で上の合同式が得られる．

Step 3. (5.50) より $t\bar{t} = |t|^2 = p$ なので，上の Step 2 を使うことにより，

$$t^{\ell+1} \equiv \left(\frac{-\ell}{\pi}\right)_4 p \pmod{\ell}$$

が証明できる．

Step 4. (5.51) と上の Step 1 を使うことにより，$t^4 \equiv \pi^{\ell+3} \pmod{\ell}$ が証明できる．このことと $(\frac{\pi}{-\ell})_4 \equiv \pi^{\frac{\ell^2-1}{4}} \pmod{\ell}$, $\pi^{\ell+1} \equiv \pi\pi' = p \pmod{\ell}$ により，

$$t^{\ell+1} \equiv \left(\frac{\pi}{-\ell}\right)_4 p \pmod{\ell}$$

となることが証明できる．

Step 5. Step 3, 4 から，4 乗剰余相互法則 II (5.59)

$$\left(\frac{-\ell}{\pi}\right)_4 = \left(\frac{\pi}{-\ell}\right)_4$$

が証明できる． □

[4 乗剰余相互法則 I の証明]　この 4 乗剰余相互法則 I の証明の中でだけ次のような記号 $(\frac{\beta}{\alpha})_4$ を使う．α を分解型ガウス素数もしくは惰性型ガウス素数の積であるとする．つまり，$\alpha = \pi_1 \cdots \pi_r$ ($\pi_1, \ldots, \pi_r$ は分解型ガウス素数あるいは惰性型ガウス素数) とする．β を α と素なガウス整数とするとき，

$$\left(\frac{\beta}{\alpha}\right)_4 = \left(\frac{\beta}{\pi_1}\right)_4 \cdots \left(\frac{\beta}{\pi_r}\right)_4$$

と定義する．この記号は平方剰余記号 (ルジャンドル記号) のときのヤコビ記号に対応する．

Step 1. n を $n \equiv 1 \pmod{4}$, $n \neq 1$ をみたす (普通の) 整数とするとき，n は分解型ガウス素数もしくは惰性型ガウス素数の積であることを示せる．特に，n と素な β に対して，$(\frac{\beta}{n})_4$ が定義される．π を分解型ガウス素数で n と素であるとするとき，

$$\left(\frac{n}{\pi}\right)_4 = \left(\frac{\pi}{n}\right)_4$$

となることを定理 5.11.1 と上で証明した 4 乗剰余相互法則 II を使って証明できる．

Step 2. n を Step 1 の通りとする．m を n と互いに素な整数とするとき，(5.57) と (5.58) を使って，

$$\left(\frac{m}{n}\right)_4 = 1$$

であることが証明できる．

Step 3. m, n を奇数とするとき，$(-1)^{\frac{m-1}{2}}(-1)^{\frac{n-1}{2}}=(-1)^{\frac{mn-1}{2}}$ となる．また，m, n が $m\equiv n\equiv 1 \pmod 4$ をみたす整数とするとき，

$$(-1)^{\frac{m-1}{4}}(-1)^{\frac{n-1}{4}}=(-1)^{\frac{mn-1}{4}}$$

も成立する．

Step 4. n を Step 1 の通りとする．Step 3 を使って，

$$\left(\frac{i}{n}\right)_4=(-1)^{\frac{n-1}{4}}$$

が証明できる．たとえば $n=-\ell$ で ℓ が $\ell\equiv 3 \pmod 4$ をみたす素数のとき，

$$\left(\frac{i}{-\ell}\right)_4=i^{\frac{\ell^2-1}{4}}=(i^{\ell-1})^{\frac{\ell+1}{4}}=(-1)^{\frac{\ell+1}{4}}=(-1)^{\frac{-\ell-1}{4}}$$

となり，成立している．一般には，n を素因数分解して考えればよい．

Step 5. これ以降，$\pi=a+bi$, $\lambda=c+di$, $p=\pi\pi'$, $\ell=\lambda\lambda'$ とする (b, d の正負は問わない)．

$a\lambda=ac+bd+d\pi i$ を用いて

$$\left(\frac{a}{\pi}\right)_4\left(\frac{\lambda}{\pi}\right)_4=\left(\frac{ac+bd}{\pi}\right)_4$$

が得られる．この式は，$(\frac{\lambda}{\pi})_4$ を知るためには，$\left(\frac{a}{\pi}\right)_4$ と $\left(\frac{ac+bd}{\pi}\right)_4$ がわかればよいことを述べている．a, $ac+bd$ は共に普通の整数であることに注意する．同様にして，

$$\left(\frac{c}{\lambda}\right)_4\left(\frac{\pi}{\lambda}\right)_4=\left(\frac{ac+bd}{\lambda}\right)_4$$

が得られる．

Step 6. $\pi, \lambda, a, b, c, d, \ldots$ を Step 5 の通りとする．$\hat{a}=(-1)^{\frac{a-1}{2}}a$ とおくと，$\hat{a}\equiv 1 \pmod 4$ となることが示せる．このとき，

$$\left(\frac{a}{\pi}\right)_4=(-1)^{\frac{a-1}{2}\cdot\frac{p-1}{4}}(-1)^{\frac{\hat{a}-1}{4}}=(-1)^{\frac{p-1}{4}}(-1)^{\frac{\hat{a}-1}{4}}$$

となることが証明できる．これを示すには，まず，$a=1$ のとき $p\equiv 1 \pmod 8$ であり，$a=-1$ のときは $p\equiv 5 \pmod 8$ であるから，$a=\pm 1$ のときは確かに成立している．そこで，$a\neq\pm 1$ としてよい．このとき，$\hat{a}\neq 1$ であり，Step 1, 2 より，

$$\left(\frac{a}{\pi}\right)_4=(-1)^{\frac{a-1}{2}\cdot\frac{p-1}{4}}\left(\frac{\hat{a}}{\pi}\right)_4=(-1)^{\frac{p-1}{4}}\left(\frac{\pi}{\hat{a}}\right)_4=(-1)^{\frac{p-1}{4}}\left(\frac{i}{\hat{a}}\right)_4$$

が示せるので，Step 4 を使えばよい．また，$\hat{c}$ を同様に定義して，

$$\left(\frac{c}{\lambda}\right)_4 = (-1)^{\frac{\ell-1}{4}}(-1)^{\frac{\hat{c}-1}{4}}$$

となることが証明できる．

Step 7. $(ac+bd)^\wedge = (-1)^{\frac{ac+bd-1}{2}}(ac+bd)$ とおく．$\overline{\left(\frac{ac+bd}{\lambda}\right)_4}$ で $\left(\frac{ac+bd}{\lambda}\right)_4$ の複素共役を表すことにする．Step 1, 2, 3, 4 を用いて，Step 6 と同じ方法で，

$$\left(\frac{ac+bd}{\pi}\right)_4 \overline{\left(\frac{ac+bd}{\lambda}\right)_4} = (-1)^{\frac{p\ell-1}{4}}(-1)^{\frac{(ac+bd)^\wedge-1}{4}}$$

が証明できる．この式を証明するには，

$$\left(\frac{ac+bd}{\pi}\right)_4 = (-1)^{\frac{ac-1}{2}\cdot\frac{p-1}{4}}\left(\frac{\pi}{(ac+bd)^\wedge}\right)_4$$

が成り立つので，$\overline{\left(\frac{ac+bd}{\lambda}\right)_4} = \left(\frac{ac+bd}{\lambda'}\right)_4$ に対しても同様の式を示し，$\pi\lambda' = ac+bd+(bc-ad)i$ を使って計算すればよい．

Step 8. $p \equiv 1 \pmod 8$ のとき b は 4 の倍数，$p \equiv 5 \pmod 8$ のとき b は 4 で割り切れないことに注意する．Step 3 を使って，

$$\hat{a}\hat{c}(ac+bd)^\wedge \equiv 1+bd \pmod 8$$

$$(-1)^{\frac{\hat{a}-1}{4}}(-1)^{\frac{\hat{c}-1}{4}}(-1)^{\frac{(ac+bd)^\wedge-1}{4}} = (-1)^{\frac{bd}{4}} = (-1)^{\frac{p-1}{4}\frac{\ell-1}{4}}$$

が証明できる．この式と Step 5, 6, 7 から 4 乗剰余相互法則 I (5.53)

$$\left(\frac{\lambda}{\pi}\right)_4 = (-1)^{\frac{p-1}{4}\frac{\ell-1}{4}}\left(\frac{\pi}{\lambda}\right)_4$$

が証明できる． □

かくして，4 乗剰余相互法則の証明が完了した．われわれの証明方法のポイントを振り返ってみると，4 乗剰余相互法則 II (5.59) は定理 5.11.1 と同じ方法，4 乗剰余相互法則 I (5.53) はその証明の Step 5 にあるように，$\left(\frac{\text{整数}}{\pi}\right)_4$, $\left(\frac{\text{整数}}{\lambda}\right)_4$ という形の記号の計算に持ち込み，本質的な相互法則の部分は Step 1 の式である．そしてこの式はやはり定理 5.11.1 を使って証明するのである．ということで，一番の鍵となる性質は §5.9 から一歩一歩進んでたどりついた定理 5.11.1 ということになる．

定理 5.11.1 は §5.11 で今までの議論と独立な証明を与えたわけだから，ある意味で言うと，§5.9, §5.10 の議論は回り道だったということになる．できあがった数学を記述するだけの普通の教科書なら，この 2 つの節は省略するだろうが，こ

の本は，この定理にたどり着く過程を重要視したのである．4 乗剰余相互法則の頂上から見下ろした景色としても，この 2 つの節は重要なものである (このことについては下でも述べる).

それでは，証明で最も重要な役割を果たした定理 5.11.1 の証明の鍵は何だったのだろうか．それは，$[1]_4-[g^2]_4$, $[g^3]_4-[g]_4$ などの値を具体的に求めて，それを $a+bi$ の平方根と結びつけたことである．これは，まぎれもなく 4 次ガウス周期の基本定理を使って得た結果であった！ 実は，定理 5.11.1 の証明で重要な役割を果たした数 t は (ほぼ) ガウス和と呼ばれているものである．しかし，われわれはこの数に 4 次ガウス周期の基本定理と $a+bi$ の平方根を求める議論からたどり着いたのである．こうしてみると，4 乗剰余相互法則の証明で最も重要な役割を果たしたのは，4 次ガウス周期の基本定理であるとも言えるであろう．この基本定理は，ガウスの「4 次剰余の理論 第 1 部」[3] の方法で証明したのである．こう考えてくると，ガウスの 1832 年の論文「4 次剰余の理論 第 2 部」[4] で定式化された 4 乗剰余相互法則は，ガウスの「4 次剰余の理論 第 1 部」にある曲線の有理点の数の決定を使って，(少なくともわれわれの方法では) 証明されたのである [9)]．このように，ガウスの論文 [3] は補充法則の証明などという小さな結果をはるかに越えて 4 乗剰余相互法則全体につながっている．

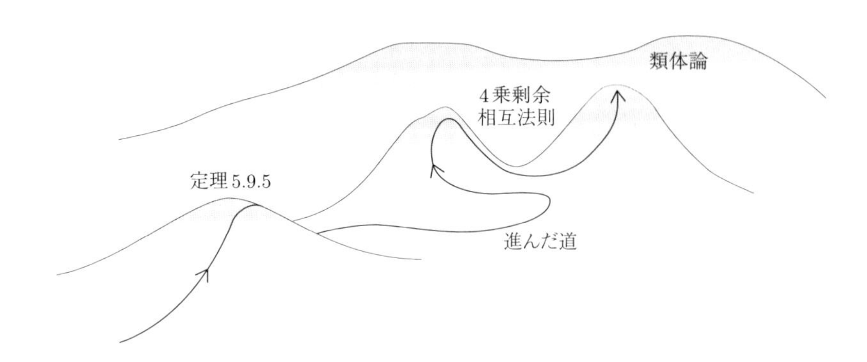

1820 年代後半から，「数論研究」やガウスの論文は，アーベル，ガロア，ディリクレ，ヤコビなどの多くの優れた後継者達によって詳しく分析されるようになる．高次の相互法則は，ヤコビ，アイゼンシュタイン，クンマーらによって創られていった．アイゼンシュタインは 4 乗剰余相互法則に 5 つの証明を与え，決定的な進歩をもたらした．クンマーは理想数 (イデアル) を定義して，さらに高次の相互

法則に進んだ．そして，1927 年にアルティンは，大域類体論の相互写像を具体的に与えて，すべての代数体の有限次アーベル拡大に相互法則が存在することを証明し，類体論を完成させた (§4.6 の平方剰余相互法則 (定理 4.6.1) の後の説明部分参照)．アルティンの相互法則から見ると，n 乗剰余相互法則は，$\mathbb{Q}(\zeta_n, \sqrt[n]{\alpha})/\mathbb{Q}(\zeta_n)$ という特別な型の体の拡大に関する相互法則なのである．

また完成した類体論によれば，“このような形の相互法則”が存在するのはアーベル拡大に限るのであり，普通の整数の上でいつ ℓ が p の 4 乗剰余であるか，という問題を考えても，その答は (平方剰余のときのような) 合同式によっては得られない，ということもわかる (拡大 $\mathbb{Q}(\sqrt[4]{\ell})/\mathbb{Q}$ がアーベル拡大でない，どころかガロア拡大ですらないから)．また，§5.9 の定理 5.9.5 は $\mathbb{Q}([1]_4)/\mathbb{Q}([1]_2)$ というアーベル拡大のアルティンの相互法則を記述しており，十分に興味深いものである，ということもわかる．

最後に 4 乗剰余相互法則の補充法則を述べて，この章を終わろうと思う．$\pi = a + bi$ を分解型のガウス素数 (b の正負は問わない)，$p = \pi\pi' = a^2 + b^2$ とし，ℓ を $\ell \equiv 3 \pmod 4$ なる素数とする．このとき，

$$\left(\frac{i}{a+bi}\right)_4 = i^{\frac{p-1}{4}}, \quad \left(\frac{i}{-\ell}\right)_4 = i^{\frac{\ell^2-1}{4}}$$

は定義からすぐにわかる．また，

$$\left(\frac{1+i}{a+bi}\right)_4 = \begin{cases} i^{\frac{a-b-1}{4}} & p \equiv 1 \pmod 8 \\ i^{\frac{a-b-5}{4}} & p \equiv 5 \pmod 8 \end{cases}$$

$$\left(\frac{1+i}{-\ell}\right)_4 = i^{\frac{-\ell-1}{4}}$$

が成立する (証明は省略する)．これらの法則を使えば，平方剰余のときと同じように，4 乗剰余記号を計算していくことができる．

問 5.5 4 乗剰余相互法則 (5.53), (5.59) を使って，定理 5.9.5 (2) を証明せよ．この節と §5.9 では記号が違ってしまっているので，以下のことを注意しておく．定理 5.9.5 (2) をこの節の記号で述べると，$\pi = a + bi$, $p = a^2 + b^2 \equiv 1 \pmod 4$, ℓ を b を割る奇素数とするときに，

$$\left(\frac{\ell}{\pi}\right)_4 = (-1)^{\frac{p-1}{4}\frac{\ell-1}{2}}$$

である (4 乗剰余相互法則 I の証明の中に出てくる $(\frac{\ell}{p})_4$ ではない)．

第 6 章

現代の数学へ

この章ではガウスの数学が現代の数学につながっていく様子を描写したいと思う．ガウスの数学が相互法則の一般化という問題を提起し，それが類体論という形で発展してきたことは既に述べた．しかし，それ以外にもガウスの論文「4 次剰余の理論 第 1 部」 [3] は，現代数学に大きな影響を与えている．この章では，数論幾何的な側面を語りたいと思う．

6.1 射影平面と射影曲線

X^2Y, XYZ, XY^2Z^3 のような形の式を単項式と言う．単項式の次数とは，それぞれの変数の次数の和のことで，上にあげた例では 3, 3, 6 である．単項式の和の形の式のことを多項式と呼ぶが，次数が等しい単項式の和の形の多項式を斉次式と呼ぶ．たとえば，$X^2Y + 5Y^3 - 3XYZ$ は 3 次の斉次式である．$X^2Y + 5Y^3 - 3XYZ = 0$ の解として，たとえば $(X, Y, Z) = (1, 1, 2)$ が取れるが，このように一つの解 $(1, 1, 2)$ が見つかれば，$(2, 2, 4)$ も $(3, 3, 6)$ も解であること，また $(k, k, 2k)$ という形の解があることがわかる．つまり，$f(X, Y, Z)$ を斉次式とするとき，$f(X, Y, Z) = 0$ の解を求めることは，本質的には比 $X : Y : Z$ を求めることである．このことを念頭に置いて，次のように定義する．

比 $X : Y : Z$ を点と考えて，$(X : Y : Z)$ と書き，このような点全体を**射影平面**と呼ぶことにする．正確に書くと，X, Y, Z のうち少なくともひとつは 0 でないとして，比 $X : Y : Z$ を考え，記号 $(X : Y : Z)$ を用意する．$X : Y : Z = X' : Y' : Z'$ のとき，$(X : Y : Z) = (X' : Y' : Z')$ と定義する．考える数 X, Y, Z を実数にしたとき，$(X : Y : Z)$ 全体を $\mathbb{P}^2(\mathbb{R})$, 考える数を複素数にしたとき，この全体を $\mathbb{P}^2(\mathbb{C})$ と書く [10)]．

なぜ「平面」と呼ぶかは，対象が本質的に 2 次元だからである．$\mathbb{P}^2(\mathbb{R})$ を考えよう．$Z \neq 0$ である $\mathbb{P}^2(\mathbb{R})$ の点 $(X : Y : Z)$ に普通の x, y 平面の点 $(\frac{X}{Z}, \frac{Y}{Z})$ を

対応させる，つまり

$$\Phi((X:Y:Z)) = \left(\frac{X}{Z}, \frac{Y}{Z}\right) \tag{6.1}$$

という $\mathbb{P}^2(\mathbb{R})$ の $Z \neq 0$ をみたす点全体から x, y 平面への写像を考えると，この写像 Φ はきちんと定義されており (well-defined であり)，この対応により $\mathbb{P}^2(\mathbb{R})$ の $Z \neq 0$ である点の全体と x, y 平面は $1:1$ に対応する (付録 A1-2 の言葉で全単射)．実際，$(x, y) \mapsto (x:y:1)$ という逆写像も存在する．違う言い方をすると，$\mathbb{P}^2(\mathbb{R})$ の $Z \neq 0$ のところは，$(x:y:1)$ という形であらわされ，これを普通の x, y 平面とみることができる．またこのように表されない $\mathbb{P}^2(\mathbb{R})$ の残った点は，$(x:y:0)$ という点全体であり，$(x:1:0)$ という点と $(1:0:0)$ でできている．この残った部分は 1 次元の "射影直線" $Z = 0$ と考えることができる．

上では $Z \neq 0$ から始めたが，$X \neq 0$ から始めることもできる．こう考えると，$\mathbb{P}^2(\mathbb{R})$ の $(1:y:z)$ という点全体は，y, z 平面と $1:1$ 対応する．$\mathbb{P}^2(\mathbb{R})$ は $(1:y:z)$ という点全体と $(0:y:1)$ という点全体，および $(0:1:0)$ でできている，と思うこともできる．また，$\mathbb{P}^2(\mathbb{R})$ は $Z \neq 0$ に対応する x, y 平面，$X \neq 0$ に対応する y, z 平面，$Y \neq 0$ に対応する x, z 平面が貼り合ってできている，とも考えられる．

さて x, y 平面の直線，たとえば $y = 2x + 1$ を考えよう．射影平面 $\mathbb{P}^2(\mathbb{R})$ の中で $Y = 2X + Z$ を考えて，$Z \neq 0$ のところを Φ で移してみると，$\frac{Y}{Z} = 2\frac{X}{Z} + 1$ だから，まさしく $y = 2x + 1$ となっている．$Y = 2X + Z$ で $Z = 0$ のとき，$Y = 2X$ だから，$(X:Y:Z) = (1:2:0)$ である．このように，射影平面 $\mathbb{P}^2(\mathbb{R})$ の中の直線 $Y = 2X + Z$ は，普通の直線 $y = 2x + 1$ にもう 1 点 $(1:2:0)$ を加えてできていることがわかる．

これは一般でもそうで，a, b を少なくともひとつは 0 でない実数とするとき，射影平面の中の直線 $aX + bY + cZ = 0$ は普通の x, y 平面の直線 $ax + by + c = 0$ と点 $(b:-a:0)$ でできている．イメージとしては，普通の直線の両端が，無限遠点でつながった感じである．

直線 $y = 2x + 1$ と $y = 2x + 3$ は平行であって，普通の座標平面では交わらないが，射影平面の中では $(1:2:0)$ で交わっている．一般に，異なる 2 つの直線は，射影平面の中では必ず 1 点で交わっている．

次に 2 次式を考えてみよう．証明したいことは，射影平面の中の 2 次曲線上の点は，射影平面の中の直線上の点と 1 : 1 対応が必ずつく，ということである (定理 6.1.1 で正確に述べる).

射影平面を考える前に，まずは普通の座標で考える．a, b を 0 ではない実数であり，少なくともひとつは正であるとして，2 次曲線

$$C : ax^2 + by^2 = 1$$

を考える．この図形は $ab > 0$ か $ab < 0$ であるかによって，楕円か双曲線になる．点 $P_0 = (x_0, y_0)$ をこの 2 次曲線上の点として，P_0 を通る傾き t の直線

$$\ell : y = t(x - x_0) + y_0$$

を考えよう．P_0 を通る直線 ℓ が曲線 C にもう一度交わる点の座標を求めたい．

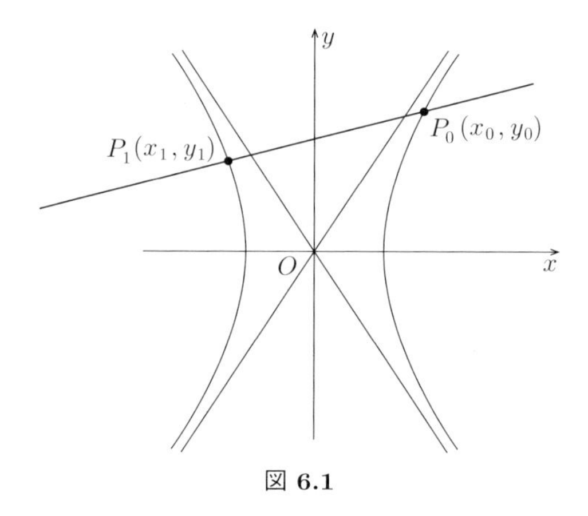

図 6.1

ℓ の式を C の式に代入して整理すると

$$(a + bt^2)x^2 + 2bt(y_0 - tx_0)x + b(y_0 - tx_0)^2 - 1 = 0$$

となる．この式から，$a + bt^2 \neq 0$ であれば，つまり $t \neq \pm\sqrt{-\frac{a}{b}}$ であれば，ℓ は必ずもう一度 C と交わり，その点を $P_1 = (x_1, y_1)$ とすると，2 次方程式の解と係数の関係から，

$$x_0 + x_1 = -\frac{2bt(y_0 - tx_0)}{a + bt^2}$$

であることがわかる ($P_0 = P_1$ となる場合，つまり ℓ が接線となる場合も考えている)．この式から x_1 を求めると，

$$x_1 = \frac{-ax_0 - 2by_0t + bx_0t^2}{a + bt^2}$$

となる．直線 ℓ の式に代入して，

$$y_1 = \frac{ay_0 - 2ax_0t - by_0t^2}{a + bt^2}$$

もわかる．こうして，$t \neq \pm\sqrt{-\frac{a}{b}}$ のとき，

$$P_1 = \Big(\frac{-ax_0 - 2by_0t + bx_0t^2}{a + bt^2}, \frac{ay_0 - 2ax_0t - by_0t^2}{a + bt^2}\Big) \tag{6.2}$$

と P_1 を求めることができる．

t が $\pm\sqrt{-\frac{a}{b}}$ でない実数を動くとき，この P_1 は曲線 C 上の点を動いていく．どのような点を動くか考えてみよう．P_0 を通って y 軸に平行な直線は上の ℓ の表示では表せないから，$P'_0 = (x_0, -y_0)$ を (6.2) の表示で表すことはできない．しかしそれ以外の点 P は，P と P_0 を結ぶ直線を取り ($P = P_0$ のときはその接線)，その傾きを t として，その t から作った P_1 を考えれば，C が ℓ と交わる 2 点がこの P_1, P_0 なのだから，$P = P_1$ である．つまり，P'_0 以外の C の点は (6.2) の形で表されていることがわかる．また，点 P はこの形でただ一通りに表される．というのは，P を決めれば t はただ一通りに決まるからである．こうして，2 次曲線のパラメータ表示が得られる．

例として，単位円の場合を考えてみよう．このとき，$a = b = 1$ であるから，除く数はない ($\sqrt{-\frac{a}{b}}$ は実数ではない)．$P_0 = (-1, 0)$ と取ると，(6.2) から，

$$P_1 = \Big(\frac{1 - t^2}{1 + t^2}, \frac{2t}{1 + t^2}\Big)$$

を得る．これは，円の有名なパラメータ表示である．

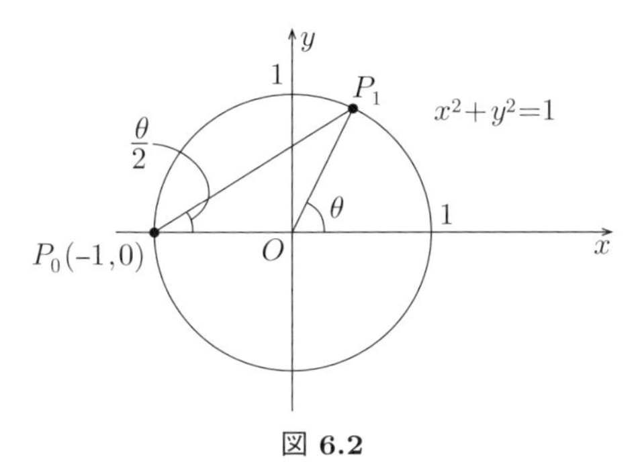

図 6.2

もう少し詳しく説明すると，$P_1 = (\cos\theta, \sin\theta)$ のとき，$t = \tan\frac{\theta}{2}$ であり，三角関数の倍角公式からも上の表示は得られる．$(-1, 0)$ 以外の単位円上の点は，この形で表すことができる．

射影平面でこの 2 次曲線を考えよう．射影平面での方程式は

$$\mathcal{C} : aX^2 + bY^2 = Z^2$$

である．というのは，$Z \neq 0$ のとき，上の式は $a(\frac{X}{Z})^2 + b(\frac{Y}{Z})^2 = 1$ となり，(6.1) の Φ により，普通の x, y 平面に移した姿が $ax^2 + by^2 = 1$ となるからである．$\mathbb{P}^2(\mathbb{R})$ の中の射影 2 次曲線 $\mathcal{C}$ は最初に考えた $C : ax^2 + by^2 = 1$ より多くの点を持つだろうか．$Z \neq 0$ のところは $ax^2 + by^2 = 1$ の点と対応しているから，問題は $Z = 0$ のところだけである．つまり，$aX^2 + bY^2 = 0$ となる点を探せばよい．$a, b > 0$ のとき，つまり楕円のときは $X = Y = 0$ となってしまい，$X = Y = Z = 0$ という点は射影平面にはないので，このときは $\mathcal{C}$ と C の点は同じである (1 : 1 に対応している)．しかし，$ab < 0$ のとき，つまり双曲線のときは，$aX^2 + bY^2 = 0$ とすると，$Y = \pm\sqrt{-\frac{a}{b}}X$ となる．つまり，$(1 : \pm\sqrt{-\frac{a}{b}} : 0)$ という点を射影 2 次曲線 $\mathcal{C}$ は持つ．このように，$\mathcal{C}$ は C より 2 点多く持つことになる．

ここでパラメータ表示 (6.2) に戻ろう．$\mathbb{P}^2(\mathbb{R})$ の中では，この表示は

$$\begin{aligned}&\left(\frac{-ax_0 - 2by_0t + bx_0t^2}{a + bt^2} : \frac{ay_0 - 2ax_0t - by_0t^2}{a + bt^2} : 1\right)\\ &= (-ax_0 - 2by_0t + bx_0t^2 : ay_0 - 2ax_0t - by_0t^2 : a + bt^2)\end{aligned}$$

と書くことができる．$ab < 0$ とする．2 つめの表示には，今まで除外していた $t = \pm\sqrt{-\frac{a}{b}}$ も代入できる．$t^2 = -\frac{a}{b}$ を代入すると，この点は

$$(-2ax_0 - 2by_0t : 2ay_0 - 2ax_0t : 0) = (ax_0 + by_0t : ax_0t - ay_0 : 0)$$

となる．

$$\begin{aligned}(ax_0 + by_0t)(ax_0 - by_0t) &= a^2x_0^2 - b^2y_0^2t^2 = a(ax_0^2 + by_0^2) = a\\ (x_0t - y_0)(ax_0 - by_0t) &= -bx_0y_0t^2 + (ax_0^2 + by_0^2)t - ax_0y_0 = t\end{aligned}$$

を使うと，

$$(ax_0 + by_0t : ax_0t - ay_0 : 0) = (a : at : 0) = (1 : t : 0)$$

となり，今 $t = \pm\sqrt{-\frac{a}{b}}$ であるから，確かに点 $(1 : \pm\sqrt{-\frac{a}{b}} : 0)$ が表されている．このように，すべての実数 t に対して，このパラメータ表示は意味を持つ．写像の言葉で書こう．$\mathbb{R}$ を実数全体の集合として，

$$f : \mathbb{R} \longrightarrow \mathcal{C}$$

$$t \longmapsto (-ax_0 - 2by_0t + bx_0t^2 : ay_0 - 2ax_0t - by_0t^2 : a + bt^2)$$

という写像が定義され，この写像 f は $\mathcal{C}$ の $P_0' = (x_0 : -y_0 : 1)$ を除くすべての

点と $\mathbb{R}$ との $1:1$ 対応を与えている.

t が $-\infty$ から ∞ まで動くとき，図形の上をこの点がどう動くか考えてみよう.楕円のときは，図 6.3 のように

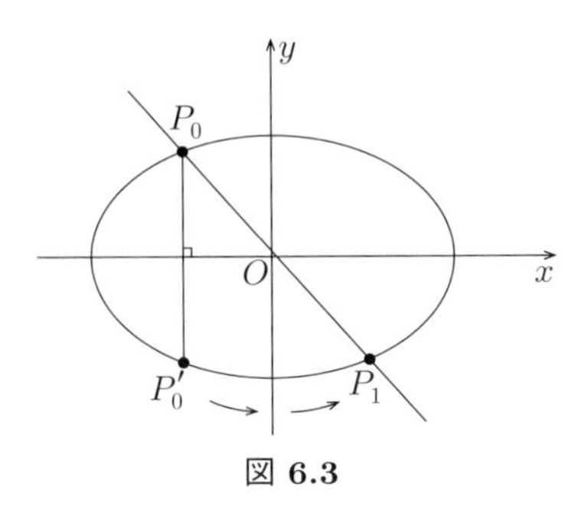

図 6.3

P_0' から出発して矢印の方向に進んで，P_0' に戻って来る．双曲線のときはもっとおもしろい.

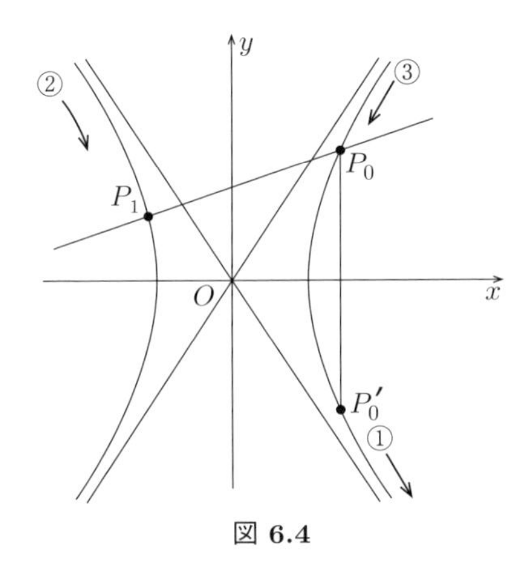

図 6.4

P_0' を出発した点は①の部分を矢印の方向に進むが，ずっと進んで漸近線 $y=-\sqrt{-\frac{a}{b}}x$ と (射影空間の中で) ついには交わる (交点は $(1:-\sqrt{-\frac{a}{b}}:0)$ である). 次に②から出現して矢印の方向に向かい，今度は漸近線 $y=\sqrt{-\frac{a}{b}}x$ と $(1:\sqrt{-\frac{a}{b}}:0)$ で交わって，③から出現し，P_0' に向かうのである.

さて，上で慣例により「$-\infty$ から ∞ まで」と書いた．しかし，実際は $-\infty$ も ∞ も実数ではない．射影平面の中には，今まで説明してきたように，そのような点も考えることができる．上の写像 f の定義域を射影直線に変えよう．どの直線

でもよいのだが，$Y=0$ を考えることにする．$\mathcal{L}$ を $\mathbb{P}^2(\mathbb{R})$ の中の $Y=0$ という直線とする．

$$f:\mathcal{L}\longrightarrow\mathcal{C}$$

を

$$\begin{aligned} &f((n:0:m)) \\ &= (-ax_0m^2-2by_0mn+bx_0n^2 : ay_0m^2-2ax_0mn-by_0n^2 : am^2+bn^2) \end{aligned} \tag{6.3}$$

と定義する．$m\neq 0$ のところでは，$t=\frac{n}{m}$ と考えると，確かにこの f は以前の f に一致している．

定理 6.1.1 $\mathbb{P}^2(\mathbb{R})$ の中の射影 2 次曲線 $\mathcal{C}$ と射影直線 $\mathcal{L}$ に関して，(6.3) で与えた $f:\mathcal{L}\longrightarrow\mathcal{C}$ は 1 : 1 対応となっている．

証明 P_0' を除いては f が 1 : 1 対応となっていることは，今まで確かめたので，射影直線になってつけ加わった $(1:0:0)$ と $P_0'=(x_0:-y_0:1)$ が対応していることを証明すれば十分である．$n=1$, $m=0$ を代入すると，

$$f((1:0:0))=(bx_0:-by_0:b)=(x_0:-y_0:1)=P_0'$$

となり，確かに対応している． □

以上述べてきたように，射影平面の中では直線に無限遠点が加わり，そしてその無限遠点により直線の両端をくっつけた形になっている．つまり，円のような形になっている．定理 6.1.1 により，すべての 2 次曲線も射影直線と同じ，つまりは円のような形になっている (双曲線が円のような形になることについては，t を動かしたときの点の動きを参考に考えてほしい)．正確な定義は述べないが，代数幾何の言葉では，双有理同値であると言う (射影直線と射影 2 次曲線は双有理同値である)．

このように 2 次までは大変わかりやすいのだが，3 次以上になるとずっと複雑な状況になる．代数曲線には種数という概念が定義される (ひとつの定義は，リーマン面の穴の数というものである．種数という概念は，この式が表す図形の幾何的性質を表している．詳しいことはこの本では述べることができない)．また，双有理同値という概念があって，双有理同値な 2 つの曲線の種数は等しい．1 次，2 次の曲線は種数が 0 であり，種数が 0 の曲線はすべて双有理同値であることも知

られている．3 次以上の曲線の例をあげると，たとえば $X^3+Y^3=Z^3$ は種数 1, $X^4+Y^4=Z^4$ は種数 3, $X^4+Y^2Z^2=Z^4$ は種数 1 であり，これらは (射影) 直線と双有理同値ではない．

6.2 有限体上の射影曲線の有理点の個数

前の節では実数上で考えたが，すべてを $\mathbb{F}_p$ 上で考えることもできる．X, Y, Z はすべて $\mathbb{F}_p$ の元であるとして，$(X:Y:Z)$ でできる射影平面 $\mathbb{P}^2(\mathbb{F}_p)$ を考えよう．$F(X,Y,Z)$ を $\mathbb{F}_p$ 係数の斉次式とするとき，$F(X,Y,Z)=0$ の X, Y, $Z\in\mathbb{F}_p$, $(X,Y,Z)\neq(0,0,0)$ となるような解に対して，$(X:Y:Z)\in\mathbb{P}^2(\mathbb{F}_p)$ を $F(X,Y,Z)=0$ の $\mathbb{F}_p$ 有理点と言う．さまざまな $F(X,Y,Z)$ に対し，その $\mathbb{F}_p$ 有理点の個数を数えたいと思う．前章の後半と同じように，$\mathbb{F}_p$ の元を表すのに，$\overline{1}, \overline{2}, \overline{3}$ のようではなく，1, 2, 3 のように $\overline{*}$ を使わずに書くことにする．

まず直線の場合を考えよう．たとえば，$Y=0$ には，

$$(0:0:1),\ (1:0:1), \ldots,\ (p-1:0:1),\ (1:0:0)$$

という $p+1$ 個の $\mathbb{F}_p$ 有理点がある．a, b, c を少なくともひとつは 0 でない $\mathbb{F}_p$ の元として，一般の射影直線 $aX+bY+cZ=0$ を考えると，この直線も $p+1$ 個の $\mathbb{F}_p$ 有理点を持つ．これは簡単な事実だが，直接証明してみよう．a か b のうちどちらかひとつは 0 でないとしてよい ($a=b=0$ のときは，$Z=0$ であるから，上の $Y=0$ と同じである)．最初に，$Z\neq 0$ となる解を数えるには，$\frac{X}{Z}=x$, $\frac{Y}{Z}=y$ とおき，$ax+by+c=0$ をみたす (x,y) の個数を数えればよい．$b\neq 0$ のとき，任意の $x\in\mathbb{F}_p$ に対して，$ax+by+c=0$ をみたす y がただひとつ存在するから，$ax+by+c=0$ の解は全部で p 個である．$b=0$ のとき，仮定から $a\neq 0$ であり，x の値は決まってしまうが，y は $\mathbb{F}_p$ の任意の値を取れるから，やはり p 個の解を持つ．次に，$aX+bY+cZ=0$ は $Z=0$ のとき，$(-b:a:0)$ なる解を持つ．上と合わせて，$aX+bY+cZ=0$ の $\mathbb{F}_p$ 有理点の個数は $p+1$ 個である．

2 次式についても同じことが言える．

定理 6.2.1 a, b を $\mathbb{F}_p$ の 0 でない元とする．

$$aX^2+bY^2=Z^2$$

は $\mathbb{P}^2(\mathbb{F}_p)$ の中で $p+1$ 個の $\mathbb{F}_p$ 有理点を持つ．

証明 まず，この曲線は少なくともひとつ $(X:Y:1)$ の形の $\mathbb{F}_p$ 有理点を持つ．このことをまず証明する．a が平方剰余であれば $x_0^2 \equiv a \pmod p$ なる x_0 を取り，$(x_0^{-1}:0:1)$ が有理点である．b が平方剰余であれば，同様に $y_0^2 \equiv b \pmod p$ なる y_0 を取り，$(0:y_0^{-1}:1)$ が有理点である．a も b も平方非剰余のとき，$y=-ax+1$ という関数を考え，x が $\mathbb{F}_p^\times$ のすべての平方剰余を動く ($H_2 = (\mathbb{F}_p^\times)^2$ を動く) と考えると，$-ax+1$ は $\frac{p-1}{2}$ 個の $\mathbb{F}_p$ の元を動くが，1 という値は取らないし ($x \neq 0$ だから)，0 という値も取らない (a が平方非剰余だから) ので，平方剰余が $\frac{p-1}{2}$ 個しかないことを考えると，このような $-ax+1$ のうち少なくともひとつは平方非剰余となる．つまり，$\beta = -a\alpha + 1$ をみたす平方剰余 α と平方非剰余 β が存在する．$\alpha \equiv x_0^2 \pmod p$, $\beta \equiv by_0^2 \pmod p$ をみたす x_0, y_0 をとれば，$(x_0:y_0:1)$ が $\mathbb{F}_p$ 有理点である．

$aX^2+bY^2=Z^2$ の $\mathbb{F}_p$ 有理点 $(x_0:y_0:1)$ を取ると，前節の議論をすべて $\mathbb{F}_p$ 上で行うことにより，$aX^2+bY^2=Z^2$ の $\mathbb{F}_p$ 有理点はすべて，

$$(-ax_0m^2-2by_0mn+bx_0n^2 : ay_0m^2-2ax_0mn-by_0n^2 : am^2+bn^2)$$

$(m, n \in \mathbb{F}_p)$ と表すことができる．この点は $Y=0$ の点 $(n:0:m)$ と 1 : 1 対応しているので，全部で $p+1$ 個の $\mathbb{F}_p$ 有理点があることがわかる． □

定理 6.2.1 を使って，定理 4.2.1 の別証明を与えることができる．定理 4.2.1 では $i, j \in \{0,1\}$ に対して，

$$1+g^ix^2 = g^jy^2$$

という式の $\mathbb{F}_p$ 有理点の個数を考えている．この曲線を射影平面の中で考えると，

$$-g^iX^2+g^jY^2 = Z^2$$

という式になる．そして，定理 6.2.1 により，$-g^iX^2+g^jY^2=Z^2$ は i, j の値によらずいつでも $p+1$ 個の有理点を持つことがわかる．この解の中で $Z=0$ となるものを求めよう．$i=j$ のときは $X^2=Y^2$ となるので，この解は $(\pm 1:1:0)$ の 2 個である．$i \neq j$ のときは $X^2=g^{j-i}Y^2$ となるので，$j-i=\pm 1$ を考慮すると，このような解は存在しない．以上により，$1+g^ix^2=g^jy^2$ の解の個数は，$i=j$ のとき $p+1-2=p-1$ 個，$i \neq j$ のとき $p+1$ 個であることがわかる．これは定理 4.2.1 に他ならない．以上のようにして，定理 4.2.1 の別証明が得られた．

第 4 章で与えた定理 4.2.1 の証明は，$p \equiv 1 \pmod 4$ の場合と $p \equiv 3 \pmod 4$

の場合に分けたように，整数論的証明であった．一方，上で与えた定理 4.2.1 の証明は代数幾何的である．定理 4.2.1 は 2 次ガウス周期の基本定理 (定理 4.1.1) の証明の鍵であった．その意味で，**2 次ガウス周期の基本定理にもうひとつの証明を与えたことになる**．

次にいよいよ射影 4 次曲線の有理点の個数を計算しようと思う．

定理 6.2.2 p を $p \equiv 1 \pmod 4$ をみたす素数とする．整数 a を第 5 章定理 5.9.5 の通りとする (a は p から一意的に定まることをもう一度注意しておく)．$\mathbb{P}^2(\mathbb{F}_p)$ の中で，

$$X^4 + Y^4 = Z^4$$

は，$p \equiv 1 \pmod 8$ のとき $p - 6a + 1$ 個，$p \equiv 5 \pmod 8$ のとき $p - 2a + 1$ 個の解を持つ．

証明 $Y \neq 0$ である解を求めるには，$(\frac{X}{Y})^4 + 1 = (\frac{Z}{Y})^4$ の解の個数を数えればよい．$p \equiv 1 \pmod 8$ のとき，定理 5.5.1 により，$z^4 = x^4 + 1$ の $xz \neq 0$ である解は，全部で $p - 6a - 11$ 個である．$x = 0$ となる解は $z = \pm 1, \pm i$ (i は $\mathbb{F}_p$ の中の $i^2 = -1$ をみたす数) と 4 つある．$p \equiv 1 \pmod 8$ であるから，g を p の原始根として，$\zeta_8 = g^{\frac{p-1}{8}}$ とおくと，$\zeta_8^4 = -1$ であり，$z = 0$ のとき，$x^4 = -1$ は 4 つの解 $x = \zeta_8^k$ ($k = 1, 3, 5, 7$) を持つ．以上により，$xz = 0$ となる解も合わせると，$z^4 = x^4 + 1$ の解は，全部で $p - 6a - 3$ 個である．最後に，$Y = 0$ のとき，$X^4 = Z^4$ は 4 つの解 $(\pm 1 : 0 : 1), (\pm i : 0 : 1)$ を持つ．以上により，$p \equiv 1 \pmod 8$ のときには，$X^4 + Y^4 = Z^4$ は $\mathbb{P}^2(\mathbb{F}_p)$ の中で $p - 6a + 1$ 個の解を持つことがわかった．

次に $p \equiv 5 \pmod 8$ の場合を考えよう．$p \equiv 1 \pmod 8$ の場合と同様に考えると，$z^4 = x^4 + 1$ の $xz \neq 0$ をみたす解の個数は，定理 5.5.2 により $p - 2a - 7$ 個である．$x = 0$ のときは上と同じ 4 つの解があり，$z = 0$ のときは $x^4 + 1 = 0$ は解を持たない．というのは，命題 2.7.3 で見たように，このとき -1 は 4 乗剰余ではないからである．よって，$z^4 = x^4 + 1$ の解の個数は，$p - 2a - 3$ 個である．$X^4 + Y^4 = Z^4$ に戻して，$p \equiv 1 \pmod 8$ のときと同様に，$Y = 0$ となる解は 4 つなので，全部で $p - 2a + 1$ 個の解を持つことがわかる． □

定理 6.2.2 の意味については §6.4 で解説する．なお，$p \equiv 3 \pmod 4$ のとき

は，解の個数は $p+1$ 個である．このことの証明は，命題 2.7.1 を使うと (もう少し正確には，$\{\alpha^4 \mid \alpha \in \mathbb{F}_p^\times\} = \{\beta^2 \mid \beta \in \mathbb{F}_p^\times\}$ を使うと)，定理 6.2.1 に帰着する．

もうひとつ，3 次曲線の有理点の個数も計算したい．次の 3 次曲線は定理 6.2.2 の 4 次曲線と深く関係した曲線である．

定理 6.2.3　p を $p \equiv 1 \pmod 4$ をみたす素数とし，a を第 5 章定理 5.9.5 の通りとする．$\mathbb{P}^2(\mathbb{F}_p)$ の中で，

$$Y^2 Z = X^3 - XZ^2$$

は，

$$p - 2a + 1 \quad \text{個}$$

の解を持つ．

証明　p, a は上の通りとして，まずは次の定理を証明する．次の定理では，射影平面の中ではなく，$x, y \in \mathbb{F}_p$ に対して単純に方程式の解の個数を数える．

定理 6.2.4　(1) $y^2 = x^4 - 1$ は $\mathbb{F}_p$ の中で $xy \neq 0$ となる解を全部で $p-2a-7$ 個持つ．

(2) g を p の原始根とする．$gy^2 = g^2x^4 - 1$ は $\mathbb{F}_p$ の中で $xy \neq 0$ となる解を全部で $p-2a+1$ 個持つ．

定理 6.2.4 の証明　(1) $f(x) = x^4 - 1$ という関数を考える．x に $\mathbb{F}_p$ の 0 でない元を代入すると，$f(x)$ は 0 か g^iH_4 $(i = 0, 1, 2, 3)$ のどれかに入る (H_4 は補題 2.8.1 の通り)．$f(x)$ が H_4 か g^2H_4 に入るときのみ，$y^2 = x^4 - 1$ は条件をみたす解を 2 つ持つ (各 x に対して y は 2 つある) ことがわかる．$x^4 - 1 \in H_4$ となる x の個数は，$x^4 - 1 = y^4$，つまり $y^4 + 1 = x^4$ の $xy \neq 0$ をみたす解の個数の $\frac{1}{4}$ である．$p \equiv 1 \pmod 8$ とまず仮定する．このとき，定理 5.5.1 により，この数は $\frac{1}{4}n(0,0) = \frac{1}{4}(p - 6a - 11)$ である．$x^4 - 1 \in g^2H_4$ となる x の個数は，$x^4 - 1 = g^2y^4$，つまり $g^2y^4 + 1 = x^4$ の $xy \neq 0$ をみたす解の個数であり，(5.6) と (5.18) によれば，この数は

$$\frac{1}{4}n(2,0) = \frac{1}{4}\beta = \frac{1}{4}(p + 2a - 3)$$

である．以上により，$y^2 = x^4 - 1, xy \neq 0$ をみたす解の個数は，

$$\frac{1}{2}(p - 6a - 11) + \frac{1}{2}(p + 2a - 3) = p - 2a - 7$$

である．

次に，$p \equiv 5 \pmod 8$ のとき，まったく同じ計算をすれば，(5.20) と定理 5.6.3 により，解の個数は

$$\frac{1}{2}n(0,0) + \frac{1}{2}n(2,0) = \beta = p - 2a - 7$$

となる．

(2)　(1) と同様に考えると，$\frac{1}{2}(n(1,2) + n(3,2))$ を計算すればよい．$p \equiv 1 \pmod 8$, $p \equiv 5 \pmod 8$ の 2 つに場合分けして，(5.6), (5.20), 定理 5.6.3 の値を代入すると，どちらの場合も $p - 2a + 1$ を得る．□

定理 6.2.3 の証明に戻る．まず，$y^2 = x^3 - x$ をみたす $\mathbb{F}_p$ の解 (x, y) で $xy \neq 0$ をみたすものの個数を求める．

$$A = \{(x,y) \mid x, y \in \mathbb{F}_p,\ x \neq 0,\ y \neq 0,\ y^2 = x^4 - 1\}$$
$$B = \{(x,y) \mid x, y \in \mathbb{F}_p,\ x \neq 0,\ y \neq 0,\ y^2 = x^3 - x\}$$

とおく．B の元の数を求めたい．$(x, y) \in A$ に対して，$s = x^2$, $t = xy$ とおくと，$st \neq 0$ であり，

$$t^2 = x^2y^2 = x^2(x^4 - 1) = (x^2)^3 - x^2 = s^3 - s$$

となり，$(s, t) \in B$ である．しかも，s は平方剰余である．よって，B の部分集合 B' を

$$B' = \{(x,y) \in B \mid x \text{ は平方剰余}\}$$

とおくと，写像 $\varphi : A \longrightarrow B'$ を

$$\varphi((x,y)) = (x^2, xy)$$

と定義することができる．$\varphi : A \longrightarrow B'$ は 2:1 の写像である．なぜならば，今度は (s, t) を B' の任意の元とすると，定義により s は 0 でない平方剰余で $s = x^2$ をみたす $x \in \mathbb{F}_p$ が存在する．s を決めると x の取り方は，$\pm\sqrt{s}$ という形で，常に 2 通りある．x を決めると，$y = tx^{-1}$ と取ることにより，A の元 (x, y) が決まる．作り方からすぐにわかるように，この (x, y) は $\varphi((x,y)) = (s,t)$ をみたしている．このように，A の 2 つの元が B' のひとつの元に対応している．以上により，B' の元の数は，A の元の数の半分である．定理 6.2.4 (1) により，B' の元の数は $\frac{1}{2}(p - 2a - 7)$ である．

実はいろいろな理論を使えば，写像 φ だけで B の元の数を計算できるのだが，

ここではもっと初等的に平方剰余でない x を持つ $y^2 = x^3 - x$ の点を数えよう．

$$B'' = \{(x, y) \in B \mid x \text{ は平方非剰余}\}$$

とおく．g を p の原始根とする．平方非剰余は gx^2 の形に表されることに注意する．

$$C = \{(x, y) \mid x, y \in \mathbb{F}_p,\ x \neq 0,\ y \neq 0,\ gy^2 = g^2x^4 - 1\}$$

とおく．C の元 (x, y) に対して，$s = gx^2, t = gxy$ とおくと，

$$t^2 = g^2x^2y^2 = gx^2 \cdot gy^2 = gx^2(g^2x^4 - 1) = s^3 - s$$

であるから，$(s, t) \in B''$ である．よって，$\psi : C \longrightarrow B''$

$$\psi((x, y)) = (gx^2, gxy)$$

なる写像が定義される．逆に，s が平方非剰余であるとすると，$s = gx^2$ と書け，s に対して x は 2 通り取れる．$(s, t) \in B''$ が最初に与えられたとして，x を $s = gx^2$ をみたすように取り，$y = t(gx)^{-1}$ ととると，$(x, y) \in C$ であり，$\psi((x, y)) = (s, t)$ となっている．よって，ψ はやはり $2:1$ 写像である．したがって，定理 6.2.3 (2) により，B'' の元の数は，$\frac{1}{2}(p - 2a + 1)$ である．

B は B' と B'' でできているので，B の元の数は

$$\frac{1}{2}(p - 2a - 7) + \frac{1}{2}(p - 2a + 1) = p - 2a - 3$$

である．$y^2 = x^3 - x$ の $\mathbb{F}_p$ での解は，これ以外に $x = 0$ または $y = 0$ の解を加えねばならない．$x = 0$ または $y = 0$ とおくと，3 点 $(0, 0)$, $(\pm 1, 0)$ があることがわかる．よって，$y^2 = x^3 - x$ の x, $y \in \mathbb{F}_p$ なる解 (x, y) は全部で $p - 2a$ 個あることがわかる．

射影平面で考えて，$Y^2Z = X^3 - XZ^2$ を考えると，$Z \neq 0$ をみたす解は $y^2 = x^3 - x$ の解と対応するので，$p - 2a$ 個である．$Z = 0$ とおくと，上の式は $X^3 = 0$ となる．よって，$X = 0$ である．$X = Z = 0$ をみたす射影平面の点は $(0 : 1 : 0)$ しかない．この点は確かに $Y^2Z = X^3 - XZ^2$ の解になっており，最終的に $Y^2Z = X^3 - XZ^2$ の $\mathbb{F}_p$ 有理点の個数は $p - 2a + 1$ である． □

種数 1 の “特異点” を持たない曲線で (特異点についてはここでは説明しない)，有理点をひとつ (演算の原点として) 固定したものを**楕円曲線**と呼ぶ．このような曲線を方程式で書くと，複素数上あるいは有理数上あるいは $\mathbb{F}_p$ $(p \geq 3)$ 上で，変数を適当に変換して，$Y^2Z = X^3 + aX^2Z + bXZ^2 + cZ^3$ $(x^3 + ax^2 + bx +$

c は重解のない 3 次式) と書けることが知られている (このとき固定した有理点は $(0:1:0)$). 楕円曲線という名前は，楕円関数でパラメトライズされることから来ている．$Y^2Z = X^3 - XZ^2$ は楕円曲線の典型的な例である．定理 6.2.3 では，この楕円曲線の $\mathbb{F}_p$ 有理点の個数を計算することに成功したのである．なお，$p \equiv 3 \pmod 4$ のときは，この楕円曲線の $\mathbb{F}_p$ 有理点の個数は $p+1$ 個である．この証明はやさしいが，省略する．

問 6.1 定理 6.2.3 と同様の方法を使うことにより，

$$Y^2Z = X^3 + XZ^2$$

の $\mathbb{F}_p$ 有理点の個数が，$p \equiv 1 \pmod 8$ のとき $p - 2a + 1$ 個，$p \equiv 5 \pmod 8$ のとき $p + 2a + 1$ 個であることを証明せよ．(ヒント：$y^2 = x^4 + 1$, $gy^2 = g^2x^4 + 1$ の $xy \neq 0$ をみたす $\mathbb{F}_p$ 有理点の個数を計算せよ．)

6.3　ガウスの数学日記の最終項目

ガウスの「数学日記」は 1796 年 3 月 30 日の正 17 角形の作図可能の宣言から高らかに始まる．若き日のガウスによるこの日記は，1814 年 7 月 9 日の書き込みで終わる．そして，最後の項目の内容は，ある曲線の $\mathbb{F}_p$ 有理点の個数の計算なのである．ガウスの日記の最終項目の内容を見てみよう．

p を今まで通り，$p \equiv 1 \pmod 4$ をみたす素数として，a を前節の通りに取った，$a^2 + b^2 = p$ をみたす奇数で，その符号を定理 5.9.5 の通りに取る．ガウスの考えた曲線は，

$$x^2 + y^2 + x^2y^2 = 1$$

である．ガウスは，この式を $\mathbb{F}_p$ 上で考えたときの解の個数が $p - 2a - 3$ 個になると述べている．われわれも今まで証明してきたことを使って，この定理を証明しよう．

定理 6.2.4 の証明の中で使った記号 A をここでも使おう．すなわち，

$$A = \{(x, y) \mid x, y \in \mathbb{F}_p,\ x \neq 0,\ y \neq 0,\ y^2 = x^4 - 1\}$$

である．同じように集合 D を

$$D = \{(x, y) \mid x, y \in \mathbb{F}_p,\ x \neq 0,\ y \neq 0,\ x^2 + y^2 + x^2y^2 = 1\}$$

とおく．i を $\mathbb{F}_p$ の中の $i^2 = -1$ をみたす元とする (このような i をひとつ取る).

$(x, y) \in D$ に対して，

$$t = iy(1 + x^2)$$

とおく．まず $1 + x^2 \neq 0$ である．というのは $1 + x^2 = 0$ とすると，$x^2 + y^2 + x^2y^2 = (1 + x^2)(1 + y^2) - 1 = -1$ となり，この値は 1 にはならないからである．よって，$t \neq 0$ である．また，$y^2(1 + x^2) = 1 - x^2$ であるから，

$$t^2 = -y^2(1 + x^2)^2 = -(1 - x^2)(1 + x^2) = x^4 - 1$$

となり，$(x, t) \in A$ となる．よって，写像 $\xi : D \longrightarrow A$ を

$$\xi((x, y)) = (x, iy(1 + x^2))$$

と定義できる．ξ は $1:1$ 対応である．というのは，逆写像として，

$$\xi^{-1}((x, y)) = (x, -iy(1 + x^2)^{-1})$$

が取れるからである ($(x, y) \in A$ のとき，$y \neq 0$ だから，$x^4 - 1 \neq 0$ であり，$1 + x^2 \neq 0$ であることに注意しておく)．

したがって，D の元の個数は，A の元の個数と同じであり，定理 6.2.4 (1) により，その個数は $p - 2a - 7$ である．$x = 0$ のとき，$x^2 + y^2 + x^2y^2 = 1$ は $(0, \pm 1)$ なる解をもち，$y = 0$ のとき，$(\pm 1, 0)$ なる解を持つ．すべて合わせると，ガウスによる次の定理が得られる．

定理 6.3.1　$x^2 + y^2 + x^2y^2 = 1$ は $\mathbb{F}_p$ の中で $p - 2a - 3$ 個の解を持つ．

正確に述べると，ガウスは $(\infty, \pm i)$, $(\pm i, \infty)$ を加えて，$(a - 1)^2 + b^2$ 個の解を持つ，と書いている．もちろん，

$$(a - 1)^2 + b^2 = a^2 - 2a + 1 + b^2 = p - 2a + 1$$

である．このように，ガウスは無限遠点をこめた考察も行っていたのである．また，ガウスが大事にした数は $p - 2a - 3$ ではなく，$p - 2a + 1$ であったという事実も注意しておく必要がある (この表記については，たとえば次の節の (6.6) と対比せよ)．

この曲線 $x^2 + y^2 + x^2y^2 = 1$ と $y^2 = x^4 - 1$, $y^2 = x^3 - x$ の間には有理写像が存在し，深く結びついている．また，ガウスが日記に書いている通り，この定理 6.3.1 は 4 乗剰余とも楕円関数とも結びついている．楕円関数や楕円曲線についてはこの本ではほとんど述べることができなかった[11)]が，4 乗剰余との結びつきは第 5 章で述べた通りである．

6.4 有限体上の曲線とヴェイユ予想

$\mathbb{F}_p$ 上の曲線の有理点の個数について述べてきて，ヴェイユ予想について語らないわけにはいかない．20 世紀の大数学者アンドレ・ヴェイユ (1906-1998) は，哲学者シモーヌ・ヴェイユ (1909-1943) の兄である (シモーヌが劣等感で深く苦しむほどの天才的な兄であった)．数学のさまざまな分野で多くの成果をあげたヴェイユであるが，この節では，現代の代数幾何学および数論幾何学の成立に決定的な影響を与えたヴェイユ予想について，なるべく簡潔に説明する．

ここからは少し難しい話になってしまうので，すべての用語を説明できないが，だいたいの雰囲気を感じ取ってもらえればと思う．

数論的多様体に対し，ゼータ関数という関数が定義され，その性質を調べることは現代数論の最重要課題のひとつである．ゼータ関数は，多様体の閉点 (次元が 0 の点) 全体をわたるオイラー積として定義される．例で説明すると，整数全体 $\mathbb{Z}$ のゼータ関数は

$$\zeta_{\mathbb{Z}}(s) = \prod_p \frac{1}{1-p^{-s}} \tag{6.4}$$

(p はすべての素数を走る) となる．実部が 1 より大きい複素数 s に対して右辺の無限積は収束し，正則関数 (正則関数とは，大体，複素関数として微分可能な関数のこと) になる．正の整数が一意的に素因数分解できることを使って，積を和に書き直せば，

$$\begin{aligned}\zeta_{\mathbb{Z}}(s) &= \prod_p (1 + p^{-s} + p^{-2s} + p^{-3s} + \cdots) \\ &= \sum_{n=1}^{\infty} \frac{1}{n^s} \end{aligned}\tag{6.5}$$

という表示が得られ，有名なリーマンのゼータ関数であることがわかる．これらの表示は s の実部が 1 より大きいときのみに有効だが，$\zeta_{\mathbb{Z}}(s)$ は複素平面全体に解析接続される (s としてすべての複素数を考えられるように，延長できる)．

$\mathbb{F}_p$ を係数とする多項式によって定義される代数多様体は，$\mathbb{F}_p$ 上の代数多様体と呼ばれるが，このゼータ関数を記述することは，その閉点がどれだけあるかという情報を与えることであり，すべての n に対する $\mathbb{F}_p$ の n 次拡大体 $\mathbb{F}_{p^n}$(p^n 個の元でできている体) に対して，$\mathbb{F}_{p^n}$ 有理点がいくつあるかがわかれば，ゼータ関数を記述することができる．

$\mathbb{F}_p$ 上の射影平面の中で，$\mathbb{F}_p$ を係数とする斉次多項式 $F(X,Y,Z)=0$ が定める

射影曲線 C_F を考えよう．C_F には特異点がないとする．ヴェイユは 1940 年代中頃に $\zeta_{C_F}(s)$ に関して次を証明した．整数係数の多項式 $P_1(t)$ が存在して，C_F のゼータ関数は

$$\zeta_{C_F}(s) = \frac{P_1(p^{-s})}{(1-p^{-s})(1-p^{1-s})}$$

となる．なお，$\mathbb{F}_p$ 上の曲線を扱っているときも，ゼータ関数は複素数を変数とする複素関数であることに注意しておく．さらに，$P_1(t)$ に関して次を証明した．

(1) g を C_F の種数とするとき，$P_1(t)$ の次数は $2g$ である．有理点の数のような離散的，数論的なものによって定義されるゼータ関数が，種数のような幾何的な量と関係することは当時驚きであった．

(2) $P_1(t) = 0$ のすべての複素数解 α に対して，$|1/\alpha| = \sqrt{p}$ が成り立つ．ゼータ関数の言葉で言えば，ζ_{C_F} の零点の実部はすべて $\frac{1}{2}$ である，と言い換えられる．というのは，$\zeta_{C_F}(s) = 0$ とすれば，$P_1(t) = 0$ の解 α を使って，$p^{-s} = \alpha$ と書けるわけだから，$p^s = 1/\alpha$ であり，$s = u + vi$ (u, v: 実数) と書くとき，$u = \frac{1}{2}$ となるからである．

$\zeta_{\mathbb{Z}}(s) = 0$ となる複素数 s は，負の偶数 (これを自明な零点という) を除くと，すべて s の実部が $\frac{1}{2}$ である，というのが有名なリーマン予想で，今でも未解決である．上の (2) はリーマン予想の類似が，有限体上の曲線のゼータ関数では成立することを述べている．

われわれが今まで調べた曲線のゼータ関数がどうなっているか見てみよう．

I. 2 次曲線 $aX^2 + bY^2 = Z^2$ (定理 6.2.1): このとき種数 0 であり，$P_1(t) = 1$ である．ゼータ関数は $\dfrac{1}{(1-p^{-s})(1-p^{1-s})}$ である．双有理同値なふたつの曲線のゼータ関数は等しいから，射影直線，射影 2 次曲線のゼータ関数はすべてこのようになる．

II. 楕円曲線 $E : Y^2Z = X^3 - XZ^2$ (定理 6.2.3): このとき種数は 1 で，$P_1(t) = 1 - 2at + pt^2$ であり，ゼータ関数は，

$$\zeta_E(s) = \frac{1 - 2ap^{-s} + p^{1-2s}}{(1-p^{-s})(1-p^{1-s})}$$

となる．

III. $X^4 + Y^4 = Z^4$ (定理 6.2.2): この曲線は種数 3 である．E を上の II と同じく，楕円曲線 $Y^2Z = X^3 - XZ^2$ とし，E' を楕円曲線 $Y^2Z = X^3 + XZ^2$ とする (E' の有理点の数については問 6-1 参照)．(詳しいことは説明できないが) 代数曲線から，“ヤコビ多様体”というアーベル多様体を構成することができ，$X^4 + Y^4 = Z^4$ のヤコビ多様体は，$E \times E \times E'$ と “同種”(isogenous) であることが示せる．このことから，ゼータ関数は $p \equiv 1 \pmod 8$ のとき，

$$\frac{(1 - 2ap^{-s} + p^{1-2s})^3}{(1-p^{-s})(1-p^{1-s})}$$

であり，$p \equiv 5 \pmod 8$ のとき，

$$\frac{(1 - 2ap^{-s} + p^{1-2s})^2(1 + 2ap^{-s} + p^{1-2s})}{(1-p^{-s})(1-p^{1-s})}$$

となる．

II のとき，$P_1(t) = 1 - 2at + pt^2$ であり，$P_1(\alpha) = 0$ とすると，

$$\alpha = \frac{1}{p}(a \pm \sqrt{a^2 - p}) = \frac{1}{p}(a \pm bi)$$

となる．よって，$\alpha^{-1} = a \mp bi$ である．したがって，確かに $|\alpha^{-1}| = \sqrt{p}$ であり，(2) が成立している．なお，リーマン予想の類似が成立するだけでなく，$\zeta_E(s) = 0$ とすると，

$$p^s = a \pm bi$$

となっており，ゼータ関数の零点が p を分解する**ガウス素数** $a \pm bi$ **という重要な情報を持っていること**がわかる．

なお，$p \equiv 3 \pmod 4$ のとき，$E : Y^2Z = X^3 - XZ^2$ のゼータ関数は

$$\frac{1 + p^{1-2s}}{(1-p^{-s})(1-p^{1-s})}$$

であり，$P_1(t) = 1 + pt^2$ である．これが (2) の性質を持つことはすぐにわかる．

III のゼータ関数に関する (2) の性質は，II と同様に確かめられる．

ヴェイユは，ゼータ関数の分子に出てくる多項式 $P_1(t)$ が C_F のヤコビ多様体の等分点から構成される空間へのフロベニウス写像 (p 乗写像) の固有多項式として得られることも示した．この空間へのフロベニウス写像のトレースを τ とするとき，C_F の $\mathbb{F}_p$ 有理点の数は，

$$p - \tau + 1 \tag{6.6}$$

と表すこともできる (一般的にはレフシェッツ固定点定理)．II で調べた楕円曲線 E のとき，定理 6.2.3 と (6.6) を比べると，$\tau = 2a$ である (この場合，楕円曲線なのでヤコビ多様体は自分自身である)．定理 6.2.2 の曲線については，上に書いたようにこの曲線のヤコビ多様体が 3 つの楕円曲線の直積と同種であることを使うと，定理 6.2.3 と 問 6-1 により，

$$\tau = 2a + 2a + 2a = 6a, \qquad p \equiv 1 \pmod 8 \text{ のとき}$$
$$\tau = 2a + 2a - 2a = 2a, \qquad p \equiv 5 \pmod 8 \text{ のとき}$$

となり，定理 6.2.2 はこれらのことと (6.6) から導くこともできる．

有限体上の曲線のゼータ関数を調べ，リーマン予想の類似を証明する，というヴェイユの仕事は，任意の体の上での抽象代数幾何学を作りあげる，という大掛かりなプロジェクトでもあった．ヴェイユは曲線を越えて，次元の高い多様体にも進み，ついにはヴェイユ予想という 20 世紀の数学を導いた予想にたどり着く．その核心部分だけを書くと，有限体 $\mathbb{F}_q$ 上の射影空間の中の非特異な n 次元代数多様体 X に対して，整数係数の多項式 $P_0(t), P_1(t), \ldots, P_{2n}(t)$ があって，そのゼータ関数 $\zeta_X(s)$ は，

(1) $\zeta_X(s) = \dfrac{P_1(q^{-s}) \cdots P_{2n-1}(q^{-s})}{P_0(q^{-s})P_2(q^{-s}) \cdots P_{2n}(q^{-s})}$ と表され，

(2) すべての i に対する $P_i(t) = 0$ の任意の複素数解 α に対して，$|1/\alpha| = q^{i/2}$ が成立する;

と予想したのである．さらに，曲線の場合のヤコビ多様体の等分点にあたるコホモロジー論の存在も予言され，この予言されたコホモロジー論を構成しようとする努力が，20 世紀の数学を大きく発展させた．

グロタンディエクによる**エタールコホモロジー**，ℓ 進コホモロジーの理論が誕生し，最終的には 1973 年にドリーニュによってこの予想は解決された．また，ド

ヴォルクの仕事を経て，p 進コホモロジー理論 (クリスタリンコホモロジーやリジッドコホモロジーの理論) もベルテロらによって構成されている．こうしてできたさまざまなコホモロジー理論は現代の整数論，数論幾何学で不可欠の道具となっている．たとえば，第 5 章の最後で説明したアルティンの相互法則は，エタールコホモロジーの枠組みでは，**ポワンカレ双対性**としてとらえられる (テイト・ポワトゥの双対性)．さらに，これらのコホモロジー論を統一するモチーフの理論も提起され，現在もさかんな研究が続けられている．

ヴェイユの講義録 [6]「整数論に関するふたつの講義，過去と現在」(1974) の 106 ページの最初の段落を訳出してみようと思う．

> 1947 年シカゴで，私は退屈で憂鬱で何をすべきかわからなかったとき，今まで読んだことがなかったガウスの 4 乗剰余に関する 2 つの論文を読み始めた．ガウス整数は 2 つ目の論文に現れるのである．最初の論文では，本質的に mod p での素体 (訳注: $\mathbb{F}_p$ のこと) における，方程式 $ax^4 - by^4 = 1$ の解の個数を調べ，それとある種のガウス和との関係を調べている [12)]．実際，この方法は，ガウスの「数論研究」の最終章で 3 次のガウス和と方程式 $ax^3 - by^3 = 1$ に対して使われたのとまったく同じ方法である．このとき，私は同様の原理を $ax^m + by^n + cz^r + \cdots = 0$ の型のすべての方程式に適用できることに気づいた．そして (少し後になってから)，これが有限体上のすべての曲線 $ax^n + by^n + cz^n = 0$ に対するいわゆる "リーマン予想" を，そしてまた，"対角的な" 方程式 $\sum a_i x_i^n \equiv 0$ で定義される射影空間の中の多様体に対する "一般化されたリーマン予想" を導くことに気づいたのである．そしてこれは次に私を有限体上の多様体に関する予想に導いたのである．この予想については，その一部はドヴォルク，グロタンディエク，M. アルティン，ラブキンによって後に証明されたが，いくつかはまだ未解決である．

最後の「未解決である」の部分は，この講義録が 1974 年の出版であることから，あとがきに，「この予想は今やドリーニュによって証明された．(中略) 整数論はとどまることなく常に進歩している．」と注がついている．上で述べられている 1947 年の発見の後，ヴェイユは「方程式の有限体の中での解の個数」という論文

を書く (1949) のだが，全集のこの論文への自注で，上の話の続きを書いている．すなわち，$\sum a_i x_i^n \equiv 0$ のゼータ関数は有理関数であるだけでなく，関数等式を持つことを知って，うれしい驚きを感じたこと，抽象代数学的に計算したベッチ数が幾何的ベッチ数に一致することを確かめられてうれしかったことなどが述べられている．

ヴェイユは「昔の偉大な数学者と熱心につき合うことは，現代の流行の著者のものを読むより多産なインスピレーションの源であることを私は早くから確信していた」(全集に収められた論文「代数曲線の数論」(1928) の自注：杉浦光夫訳) と書くほど古典に精通した数学者であった．20 世紀の数学の発展に大きく寄与した大予想が，ガウスの論文「4 次剰余の理論 第 1 部」 [3] から始まった，というのは，きわめて興味深く，特筆すべきことであると思う．

6.5 有理数体上の楕円曲線とそのモジュラー性

前節では，ガウスによる $\mathbb{F}_p$ 上の多様体の有理点の個数の計算が，20 世紀に入りヴェイユ予想に結びついたということを述べた．しかし $\mathbb{F}_p$ 上の多様体だけでなく，そもそも有理数を係数とする方程式があれば，それを有理数体上の (あるいは整数環 $\mathbb{Z}$ 上の) 射影多様体と考え，その $\mathbb{Z}$ 上の性質こそ整数論的に最も調べたいことなのである．

たとえば，$E : Y^2Z = X^3 - XZ^2$ という方程式があったとき，これを $\mathbb{F}_p$ 上で考えてもよいが，$\mathbb{Z}$ 上で考えることもできる．そうするとこのゼータ関数が定義できるが，それは各素数 p ごとの $\mathbb{F}_p$ 上の多様体のゼータ関数の積となる．この場合をきちんと書いておこう．p を $p \equiv 1 \pmod 4$ をみたす素数とするとき，今まで通り a という整数を考える．すなわち，$p = a^2 + b^2$, a は奇数，b は偶数と書き，$p \equiv 1 \pmod 8$ のとき $a \equiv 1 \pmod 4$，$p \equiv 5 \pmod 8$ のとき $a \equiv 3 \pmod 4$ となるように a の符号を取って a を定義する．このとき，$a_p = 2a$ と定義する．$p \equiv 3 \pmod 4$ のときは，$a_p = 0$ と定義する．すると，$\mathbb{Z}$ 上に定義された楕円曲線 E のゼータ関数 $\zeta_E(s)$ は

$$\begin{aligned}\zeta_E(s) &= \frac{1}{(1-2^{-s})(1-2^{1-s})} \prod_{p:\mathrm{odd}} \frac{1 - a_p p^{-s} + p^{1-2s}}{(1-p^{-s})(1-p^{1-s})} \\ &= \zeta_{\mathbb{Z}}(s)\zeta_{\mathbb{Z}}(1-s) \prod_{p:\mathrm{odd}} (1 - a_p p^{-s} + p^{1-2s})\end{aligned}$$

となる．ここに，p はすべての奇素数を走り，$\zeta_{\mathbb{Z}}(s)$ は (6.4) で見たリーマンゼータ関数である．$\zeta_E(s)$ のリーマンゼータの部分を除いた主要項を使って，

$$L(E,s) = \prod_{p:\mathrm{odd}} (1 - a_p p^{-s} + p^{1-2s})^{-1}$$

とおき，E の L 関数と呼ぶ．この無限積は s の実部が $\frac{3}{2}$ より大きいところで絶対収束している．リーマンゼータ関数の無限積を無限和に書き直したように，この L 関数も無限和に書き直せる．まず $a_1 = 1$ とし，正の偶数 $2k$ に対しては $a_{2k} = 0$ とする．奇素数 p と 2 以上の整数 e に対して，$a_{p^e} = a_p a_{p^{e-1}} - p a_{p^{e-2}}$ と a_{p^e} を帰納的に定義する．一般の正の奇数 n に対しては，n を $n = p_1^{e_1} \cdots p_r^{e_r}$ と素因数分解して，a_n を $a_n = a_{p_1^{e_1}} \cdots a_{p_r^{e_r}}$ と定義する．a_n は整数である．こうすると，

$$L(E,s) = \sum_{n=1}^{\infty} \frac{a_n}{n^s}$$

と書ける．

一般に，有理数体上の楕円曲線 E (方程式で言うと $Y^2Z = X^3 + aX^2Z + bXZ^2 + cZ^3$, a, b, c が有理数，という形で表される楕円曲線) に対して，$\mathbb{Z}$ 上でよい方程式を考え，$Y^2Z = X^3 - XZ^2$ のときと同様に，

$$\zeta_E(s) = \zeta_{\mathbb{Z}}(s)\zeta_{\mathbb{Z}}(1-s)L(E,s)^{-1}$$

をみたすように，L 関数 $L(E,s)$ を定義することができる．このとき，やはり

$$L(E,s) = \sum_{n=1}^{\infty} \frac{a_n}{n^s}$$

(a_n は整数) と書くことができる．素数 p に対して，a_p は "$E \bmod p$"の様子で決まる．"$E \bmod p$"は，有限個の例外素数を除いて $\mathbb{F}_p$ 上の楕円曲線となる (特異点を持たない)．このとき，E は p で良い還元を持つと言う．そうでないとき，悪い還元を持つと言う (たとえば，$Y^2Z = X^3 - XZ^2$ のときはすべての奇素数で良い還元を持っており，2 で悪い還元を持っている)．良い還元を持つとき，$\mathbb{F}_p$ 有理点の数を $\#E(\mathbb{F}_p)$ で表すと，$a_p = p + 1 - \#E(\mathbb{F}_p)$ である．

ここで，保型形式というものと有理数体上の楕円曲線との間に驚くべき関係があると主張するのが，谷山・志村・ヴェイユ予想である．一般の有理数体上の楕円曲線 E に対して，その L 関数を $L(E,s) = \sum_{n=1}^{\infty} \frac{a_n}{n^s}$ とするとき，

$$f(z) = \sum_{n=1}^{\infty} a_n e^{2\pi i n z}$$

という関数を考えると，これが保型形式になる．もう少し正確に書くと，楕円曲線 E に対して導手という整数 N が定義されるのだが (N を割る素数は悪い還元を持つ素数である)，$f(z) = \sum_{n=1}^{\infty} a_n e^{2\pi inz}$ は重さ 2, レベル N の保型形式 (尖点形式) になる，というのがこの予想の内容である．$f(z)$ が重さ 2, レベル N の保型形式 (尖点形式) になる，ということの意味をここでは完全には説明できないのだが，その最も重要な条件を書くと，$f(z)$ は複素上半平面上の正則関数であり，$ad - bc = 1$, $c \equiv 0 \pmod N$ をみたすすべての整数 a, b, c, d に対して，

$$f\left(\frac{az+b}{cz+d}\right) = (cz+d)^2 f(z)$$

をみたす，というのである．このように強い条件を持つ関数はめったになく，N を決めれば，そのような関数全体の空間の (複素ベクトル空間としての) 次元は有限である．また，その次元も簡単に計算できる．

たとえば，$Y^2Z = X^3 - XZ^2$ のときは，$N = 32$ であり (E が与えられれば N を計算する機械的な計算方法がある)，レベル 32，重さ 2 の保型形式 (尖点形式) 全体は 1 次元である．具体的にも表すことができる．レベル 32，重さ 2 の保型形式 (尖点形式) は，$q = e^{2\pi iz}$ とおいて，

$$q \prod_{n=1}^{\infty} (1 - q^{4n})^2 (1 - q^{8n})^2$$

の定数倍しか存在しない．

この予想の経緯を述べると，まず谷山豊によってこの予想の原型が問題として述べられた (1955)[13)]．その後，志村五郎による研究 (精密な定式化)，ヴェイユによって初めてこの予想が根拠と共に (誰でも読める) 論文に発表 (1967) と続く．$Y^2Z = X^3 - XZ^2$ のような楕円曲線は “虚数乗法” を持っており，そういう楕円曲線に対しては，志村によりこの予想は証明された (1971) [14)]．この予想のように，$L(E, s)$ が保型形式と結びつくと，積分表示を使って，$L(E, s)$ を全複素平面に正則関数として解析接続できるし，それ以外にも E についてのたくさんの性質を導くことができる．そのようなたくさんの性質のうち，数学界を越えて世間にも有名になったのは，フェルマの大定理 ($X^n + Y^n = Z^n$ は $n \geq 3$ のとき正の整数解を持たない) との関係だろう．谷山・志村・ヴェイユ予想を認めると，そこからフェルマの大定理が導かれるのである．これはもし，フェルマ方程式に正の整数解があれば，フライ曲線という楕円曲線ができ，それに谷山・志村・ヴェイユ予想を適用して，最終的には重さ 2，レベル 2 の保型形式 (尖点形式) が存在するこ

となるのだが，このような保型形式は存在せず，矛盾が導かれる，という論法であった (フライ，セール，リベットによる 1980 年代後半の仕事)．前節のヴェイユ予想については，その解決以前にコホモロジーの構成などさまざまな努力が人の目に見えるところで積み重ねられていたが，谷山・志村・ヴェイユ予想には，私の知る限り 1980 年代には何の手がかりもなかった．この頃，近い将来にこの予想が証明されることなど，誰も思っていなかったと思う．このとき，誰にも知られずに，アンドリュー・ワイルスがただ一人でこの予想に立ち向かっていたのである．導手 N が平方因子を持たないときに，ワイルスは R. テイラーの助けも借りてこの予想を解決してフェルマの大定理も証明し (1995)，一般の N の場合も C. ブレイユ，B. コンラッド，F. ダイアモンド，R. テイラーによって完全に証明された (2001)(上で年号は論文の出版年を表す)．

もう一度，この節の一番最初に述べた $Y^2Z = X^3 - XZ^2$ の場合に戻ろう．a_n をこの節の最初で述べたように定義すると，$q = e^{2\pi iz}$ として，$f(z) = \sum_{n=1}^{\infty} a_n q^n$ は重さ 2，レベル 32 の保型形式になるので，尖点形式の次元が 1 であることから係数を比較して，

$$\sum_{n=1}^{\infty} a_n q^n = q \prod_{n=1}^{\infty} (1 - q^{4n})^2 (1 - q^{8n})^2$$

となる．$p \equiv 1 \pmod 4$ をみたす素数 p に対して，a という整数 ($p = a^2 + b^2$ をみたす a で，この節の最初に書いた条件 (定理 5.9.5 の条件) をみたすもの) を知ることは，ガウス素数を知るためにも，ゼータ関数を知るためにも，$\mathbb{F}_p$ 有理点の数を知るためにも，4 次ガウス周期を知るためにも非常に重要である．上の式は，この重要な a の情報 (a はいくつかという情報) が，右辺を単純に展開にすることにより得られることを述べている ($a_p = 2a$ と定義したことを思い出そう)．このようにガウスが考えた問題は，保型形式にもまっすぐにつながっているのである．

あとがき

第 6 章で現代の数学の片鱗を述べましたが，そうしていると書きたくなることは，まだまだたくさんあります．たとえば，モジュラー曲線 (ガウスは基本領域についての考察をしています) とか佐藤・テイト予想とか．しかし，数学の話はこのあたりで終えることにしましょう．

さて本文で説明しましたように，ガウスの「数学日記」の最終項目は，$N = 32$ の楕円曲線に関するものでした．一方，ベートーヴェンは生涯で 32 曲のピアノソナタを作曲し，最後のピアノソナタは 1822 年に完成された 32 番です (作品 111)．ガウスとベートーヴェンを対比しながらこの本を書き，その気持ちを持ってこの有名なソナタの譜面を見たとき，私は大変驚きました．この 32 番のソナタの有名な冒頭は，4 次無理数の音楽だったからです！

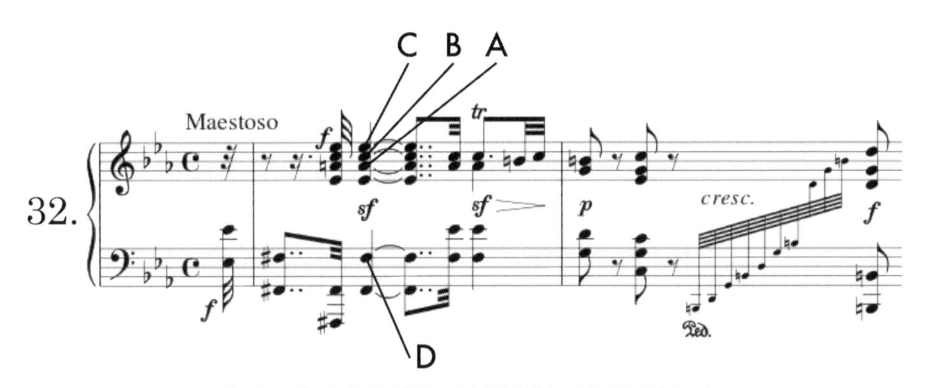

ベートーヴェン作曲 ピアノソナタ32番（作品111） 1822年
「A, B, C, D」は本書の著者による.

音楽で，1 オクターブ上の音の振動数は 2 倍で，平均律ではそれを 12 等分して半音としますから，半音上がると振動数は $\sqrt[12]{2}$ 倍になります．純正律では，たとえば 4:5:6 の振動数の和音 (“ドミソ”の和音) がその調和によって美しく聞こえると言われますが，現代の平均律で調律されている音楽では，この和音は

$1:\sqrt[3]{2}:\sqrt[12]{2}^7$ という音で近似されているわけです．このような近似のことはいろいろなところに書かれていますが，私は逆に平均律を採用したことによって，純粋な無理数の振動数を聞くことができると考えています．たとえば，振動数の比が $1:\sqrt[4]{2}:\sqrt{2}$ の和音は，**純粋な 4 次無理数の和音**であり，4 次無理数の調和を響かせていると思えるのです．

上の譜面で，sf で強調して弾かれる最初の和音の振動数に関して，A, B, C の音の振動数比は，まさに $1:\sqrt[4]{2}:\sqrt{2}$ です．また，D と A の比は $1:2\sqrt[4]{2}$ です．冒頭でこれだけはっきりと 4 次無理数の世界が歌い上げられているのです．この曲の冒頭の緊張感は，この 4 次無理数の世界から来ているように思います．

ゲッチンゲンにおいて，4 乗剰余や 4 次曲線についてガウスが考察していた 1820 年代に，ウィーンではベートーヴェンが 4 次の音楽を創っていたということに，私は無限のおもしろみを感じています．

この本では，ガウスの数学の一端しか紹介できませんでした．特に，ここで述べた話題と楕円関数とのかかわりは大変興味深いものです．興味を持った読者の方々がそのような話題や他の関連した話題に進んでもらえることを願っています．

付録

A.1　群論

この節では，群論の初歩を教科書的に記述する．

A1-1 群の定義　集合 G の上に演算 $*$ が定義されているとは，G の任意の元 x, y に対して，$x * y$ という G の元が定められている，つまり

$$G \times G \longrightarrow G, \qquad (x, y) \longmapsto x * y$$

なる写像が与えられている，ということである．G が演算 $*$ に関して**群**をなしているとは，

1) (結合法則)

$$(x * y) * z = x * (y * z)$$

　がすべての $x, y, z \in G$ に対して成立する;

2) (単位元の存在) $e \in G$ があって，すべての $x \in G$ に対して

$$e * x = x * e = x$$

　が成立する;

3) (逆元の存在) すべての $x \in G$ に対して

$$x * y = y * x = e$$

　をみたす $y \in G$ が存在する;

という 3 条件がみたされることである．

e はただ一つ存在する．というのは，e' がやはり $e' * x = x * e' = x$ をみたすとすると，2) の x に e' を代入して $e' * e = e'$ を得るが，$e' * x = x$ の x に $x = e$ を代入して $e' * e = e$ も得られるので，$e' = e$ となるからである．この e を G の**単位元**と呼ぶ．x に対して 3) をみたす y もただ一つに決まる．というのは，$x * y' = y' * x = e$ とすると，

$$y = y * e = y * (x * y') = (y * x) * y' = e * y' = y'$$

となるからである．この y を x の**逆元**と呼び，x^{-1} で表す．

整数全体の集合 $\mathbb{Z}$ は加法 $+$ に関して群をなす．このとき，単位元は 0 であり，$n \in \mathbb{Z}$ の逆元は $-n$ である．第 2 章で定義した $\mathbb{F}_p$ も加法 $+$ に関して群をなす．

$\mathbb{R}^\times = \mathbb{R} \setminus \{0\}$ を実数全体から 0 を除いた集合とすると，$\mathbb{R}^\times$ は乗法 $\times$ に関して群をなす．このとき，単位元は 1 であり，$x \in \mathbb{R}^\times$ に対してその逆元は $\frac{1}{x}$ である．$\mathbb{F}_p^\times = \mathbb{F}_p \setminus \{\bar{0}\}$ も乗法に関して群をなす．

n を正の整数として $\{1, ..., n\}$ から $\{1, ..., n\}$ への 1 対 1 写像 (全単射; 全単射という言葉については次の A1-2 参照) 全体がなす集合を S_n と書くと，S_n は写像の合成に関して群をなしている (きちんと述べると，$f, g \in S_n$ に対して，$f * g$ を $(f * g)(k) = f(g(k))$ で定義すると，$f * g \in S_n$ であり，この演算で S_n は群となる)．S_n を n 次対称群と呼ぶ．

G が上の 3 つの性質に加え，交換法則 $x * y = y * x$ もみたすとき，G は**アーベル群**であると言われる．

A1-2 準同型写像と同型　まず，写像に関する言葉を定義する．$f : S \longrightarrow S'$ を集合 S から S' への写像とする (S のすべての元 x に対して $f(x) \in S'$ が与えられている)．f が**単射**であるとは

$$f(x_1) = f(x_2) \Longrightarrow x_1 = x_2$$

がすべての $x_1, x_2 \in S$ に対して成り立つことである．これは S の異なる元には S' の異なる元が対応していることを意味する．f が**全射**であるとは，S' の任意の元 $y \in S'$ に対して，$f(x) = y$ となる $x \in S$ が存在することを言う．

たとえば，$\mathbb{R}$ を実数全体の集合とし，$f : \mathbb{R} \longrightarrow \mathbb{R}, f(x) = x^2$ という写像 f を考えると，負の数は $f(x)$ の形に書けないので，f は全射ではない．$f(-x) = f(x) = x^2$ だから，f は単射でもない．しかし，集合を変更して，$\mathbb{R}_{>0}$ を正の実数全体とし，$g : \mathbb{R}_{>0} \longrightarrow \mathbb{R}_{>0}$，$g(x) = x^2$ という写像 g を考えると，g は全射であり，また単射でもある．

$f : S \longrightarrow S'$ が単射でありかつ全射のとき，**全単射**であると言う．f が全単射のとき，f には**逆写像** $f^{-1} : S' \longrightarrow S$ が存在する (f^{-1} が**逆写像**であるとは，任意の $x \in S$ に対して $f^{-1}(f(x)) = x$ および任意の $y \in S'$ に対して $f(f^{-1}(y)) = y$ が成り立つことを言う)．なぜなら，$y \in S'$ に対して，$f(x) = y$ となる x はた

だひとつ存在するので，$f^{-1}(y) = x$ と定義すればよいからである．逆に，$f : S \longrightarrow S'$ が逆写像を持つとき，f は全単射である．

G が演算 $*$ に関して群をなし，G' が演算 $*$ に関して群をなしているとする (同じ記号 $*$ を使っているが，一般には違う演算である)．写像 $f : G \longrightarrow G'$ が**準同型写像**であるとは，

$$f(x * y) = f(x) * f(y)$$

がすべての $x, y \in G$ に対して成立することである．さらに，f が全単射のとき，f は**同型写像**であると言う．このとき，G と G' は**同型**であると言い，$G \simeq G'$ と書く．

たとえば，$\mathbb{R}_{>0}$ を乗法 $\times$ に関して群とみなし，$\mathbb{R}$ を加法 $+$ に関して群とみなす．このとき，

$$\mathbb{R}_{>0} \longrightarrow \mathbb{R}, \quad x \longmapsto \log(x)$$

は

$$\log(xy) = \log(x) + \log(y)$$

をみたすので，準同型写像であり，また全単射でもある．よって，log は $\mathbb{R}_{>0}$ から $\mathbb{R}$ への同型写像であり，(乗法を演算と考えた) $\mathbb{R}_{>0}$ と (加法を演算と考えた) $\mathbb{R}$ は群として同型である．

A1-3 部分群　G の部分集合 H が**部分群**であるとは，H は演算 $*$ で閉じており ($x, y \in H \Longrightarrow x * y \in H$)，単位元 e が H に属し，$x \in H \Longrightarrow x^{-1} \in H$ をみたすことである．このとき，H も演算 $*$ で群をなしている．

任意の $g \in G$ に対して，$g * H = \{g * x \mid x \in H\}$ と書き，この形の集合のことを H の左剰余類と呼ぶ．また，$H * g = \{x * g \mid x \in H\}$ と書き，この形の集合のことを H の右剰余類と呼ぶ．

$g * H \cap g' * H \neq \emptyset$ であれば，$g * H = g' * H$ が成立する．証明してみよう．$g * x = g' * y$ となる $x, y \in H$ があるので，$g = g' * y * x^{-1}$ であり，任意の $h \in H$ に対して，$g * h = g' * y * x^{-1} * h$ である．$y * x^{-1} * h \in H$ なので，$g * H \subset g' * H$ であることがわかる．$g' * H \subset g * H$ も同様に示せるので $g * H = g' * H$ である．つまり，2 つの左剰余類 $g * H, g' * H$ が与えられると，それらは一致するか交わらないかのどちらかである．

もちろん，$G = \bigcup_{g \in G} g * H$ であるが，上で述べたことから，G の適当な部分集

合 $S \subset G$ を取って，

$$G = \bigcup_{g \in S} g * H$$

と交わりのない和集合の形で書くことができる．ここで，S が有限集合に取れるとき，つまり有限個の $g_1, \ldots, g_r \in G$ を取って，$G = \bigcup_{i=1}^{r} g_i * H$ (交わりのない和集合) と書けるとき，H は**指数有限部分群**であると言い，$(G : H) = r$ と書く．

G が有限集合のとき，G は**有限群**である，と言い，G の元の数を G の**位数**と呼ぶ．G が n 個の元からなる集合のとき，$\#G = n$ と表す．G が有限群のとき，H も当然有限群であり，また指数有限部分群である．

$$G = g_1 * H \cup g_2 * H \cup \cdots \cup g_r * H$$

と交わりのない和集合の形で書く．各 $g_i * H$ は $\#H$ 個の元でできている．というのは，

$$H \longrightarrow g_i H, \quad h \longmapsto g_i * h$$

は g_i の逆元が存在することを使うと，H と $g_i * H$ の間の全単射であることがわかるからである．よって，G が有限群なら

$$\#G = r \cdot \#H = (G : H)\#H$$

となる．特にこの式から，部分群 H の位数は G の位数の約数であることがわかる (**ラグランジュの定理**).

部分群の例をあげる．$\mathbb{Z}$ を加法に関して群とみなすとき，任意の正の整数 n に対して，$n\mathbb{Z}$ を n の倍数の集合とすると，$n\mathbb{Z}$ は部分群であり，$(\mathbb{Z} : n\mathbb{Z}) = n$ である．

別の例をあげる．$G = \mathbb{F}_p^\times$ を乗法に関して群とみなす．$p-1$ の約数 d に対して，H_d を §2.8 のように取ると，H_d は部分群である．このとき，$\#H_d = \frac{p-1}{d}$ であり，$(\mathbb{F}_p^\times : H_d) = d$ となっている．

A1-4 元の位数　G の元 x に対して，$x^2 = x * x, \ldots, x^r = x * \cdots * x$ (r 個) と定義する．G を有限群とすると，$x^r = e$ となる正整数 r は必ず存在する (この事実は，命題 2.2.1 とまったく同じ方法で証明できる)．このような r のうち最小のものを x の**位数**と呼ぶ．群の位数と元の位数はまったく違う文脈で定義されたことに注意しておく．しかしながら，次のように考えると関係がある．x の位数が r のとき，

$$H = \{e, x, x^2, \dots, x^{r-1}\}$$

とおくと，H は G の部分群となる．H の位数 $\#H$ は r である．上で述べたラグランジュの定理から，x の位数 r は群 G の位数の約数であることがわかる (定理 2.2.2 と比較せよ)．

A1-5 正規部分群と剰余群 H を G の部分群とする．G の任意の元 $g \in G$ に対して，左剰余類 $g * H$ と右剰余類 $H * g$ を考えたとき，$g * H = H * g$ が成り立つならば，H は G の**正規部分群**であると言う．

G がアーベル群のとき (交換法則が成り立つとき)，すべての部分群は正規部分群である．

H が G の正規部分群であるとする．G の H による左剰余類全体を G/H と書く．G/H は左剰余類という集合を元とする集合であることに注意しておく．このとき，

$$(g * H) * (g' * H) = (g * g') * H$$

と定義したい．これがきちんとした定義 (well-defined) になっていることを示す．$g * H = g_1 * H,\ g' * H = g_2 * H$ のとき，

$$(g * g') * H = (g_1 * g_2) * H$$

であることを示せばよい．$g_1 \in g * H,\ g_2 \in g' * H$ より $g_1 = g * h_1,\ g_2 = g' * h_2$ $(h_1,\ h_2 \in H)$ と書ける．ここで，$H * g' = g' * H$ であることを使うと，$h_1 * g' = g' * h_3$ なる $h_3 \in H$ が存在する．よって，

$$g_1 * g_2 = g * h_1 * g' * h_2 = g * g' * h_3 * h_2 \in g * g' * H$$

となる．これは，$(g * g') * H \cap (g_1 * g_2) * H \neq \emptyset$ を意味するので，2 つの剰余類の共通部分が空でないということは，$(g * g') * H = (g_1 * g_2) * H$ である．よって，上の定義は G/H 上のきちんと定義された (well-defined な) 演算となる．この演算が結合法則をみたすことは明らかであり，単位元は $e * H$ であり，$g * H$ の逆元は $g^{-1} * H$ である．よって，G/H はこの演算で群になる．この群を G の H による**剰余群**あるいは**商群**と呼ぶ．

例として，整数全体が加法に関してなす群 $\mathbb{Z}$ を考えよう．n を正の整数とするとき，n の倍数全体 $n\mathbb{Z}$ は $\mathbb{Z}$ の部分群である．$\mathbb{Z}$ は交換法則をみたし，アーベル群なので，$n\mathbb{Z}$ は正規部分群である．$\mathbb{Z}/n\mathbb{Z}$ を具体的に表すと，

$$\mathbb{Z}/n\mathbb{Z} = \{n\mathbb{Z}, 1 + n\mathbb{Z}, 2 + n\mathbb{Z}, \dots, n - 1 + n\mathbb{Z}\}$$

と書ける ($a+n\mathbb{Z}=\{a+nx \mid x\in\mathbb{Z}\}$ である)．特に，$\mathbb{Z}/n\mathbb{Z}$ は位数 n の有限群である．

p が素数のとき，$\mathbb{Z}/p\mathbb{Z}$ を $\mathbb{F}_p$ と書き，$\overline{a}=a+p\mathbb{Z}$ と書くことにすると，§2.1 で述べたことはすべて実体を伴う形で実現している ($\overline{a}$ を集合と解釈することで，すべて集合論で定義できる)．

A1-6 巡回群　G が位数 n の群で，位数 n の元 $x\in G$ を持つとき，e, x, $x^2,\ldots,x^{n-1}$ はすべて異なるので，

$$G=\{e,x,x^2,\ldots,x^{n-1}\}$$

と書くことができる．このとき，G を位数 n の**巡回群**であると言う．

$\mathbb{Z}/n\mathbb{Z}$ は位数 n の元 $1+n\mathbb{Z}$ を持つので，巡回群である．また，p を素数とするとき，g を原始根とする (定理 2.4.1 参照) と，

$$\mathbb{F}_p^\times=\{\overline{1},\overline{g},\ldots,\overline{g}^{p-2}\}$$

と書けるので，$\mathbb{F}_p^\times$ は位数 $p-1$ の巡回群である．

μ_p を複素数の中の 1 の p 乗根全体が乗法に関してなす群であるとする．

$$\mu_p=\{1,\ \zeta,\ \zeta^2,\ldots,\ \zeta^{p-1}\} \qquad (\zeta=e^{2\pi i/p})$$

と書けるので，μ_p は位数 p の巡回群である．

G, G' が共に位数 n の巡回群であるとすると，G と G' は群として同型である．特に，$\mathbb{Z}/(p-1)\mathbb{Z}\simeq\mathbb{F}_p^\times$ であり，$\mathbb{Z}/p\mathbb{Z}\simeq\mu_p$ である．

A1-7 直積と有限アーベル群の基本定理　$G_1,\ldots,G_r$ が群のとき，**直積** $G_1\times\cdots\times G_r$ に演算を

$$(x_1,\ldots,x_r)*(y_1,\ldots,y_r)=(x_1*y_1,\ldots,x_r*y_r)$$

と定義すると，$G_1\times\cdots\times G_r$ は群となる．

G を有限群であって，アーベル群であるとすると，

$$G\simeq\mathbb{Z}/n_1\mathbb{Z}\times\cdots\times\mathbb{Z}/n_r\mathbb{Z}$$

$$n_1 \text{ は } n_2 \text{ の約数},\ldots,n_{r-1} \text{ は } n_r \text{ の約数}$$

なる同型が存在する．この定理を**有限アーベル群の基本定理**と言う．ここでは証明は述べない．

A1-8 体の定義　「体」という言葉が本書では何度か登場するので，一般的な体の定義もここで述べておく．

集合 F が体 (可換体) であるとは，F にはふたつの演算 $+$, $\times$ が定義されており，

1) F は演算 $+$ に関してアーベル群をなす．その単位元は 0 で表すことにする;
2) F の任意の元 a に対して，$a \times 0 = 0 \times a = 0$ である．また，$F^{\times} = F \setminus \{0\}$ とおくと，$F^{\times}$ は $\times$ に関してアーベル群をなす;
3) 分配法則 $a \times (b + c) = a \times b + a \times c$ がすべての $a, b, c \in F$ に対して成立する;

をみたすことである．

整数全体 $\mathbb{Z}$ は体にならないが，有理数全体 $\mathbb{Q}$ や実数全体 $\mathbb{R}$，あるいは各素数 p に対する $\mathbb{F}_p$ は体となる．

A.2　積分計算を用いた 2 次ガウス周期の符号の決定

この節では 2 次ガウス周期を符号も込めて決定する．ここで紹介するのはガウス自身による方法ではなく，(解析的なつながりを紹介するため) 積分を用いた解析的な方法を紹介したい．大学学部レベルの解析学の知識を仮定する．

まず，フーリエ展開の理論 (たとえば高木貞治「解析概論」第 6 章)，あるいはポワソンの和公式を使うことによって，

$$1 + 2[1]_2 = \sum_{k=0}^{p-1} e^{\frac{2\pi i k^2}{p}} = \sum_{n=-\infty}^{\infty} \int_0^p e^{\frac{2\pi i x^2}{p} + 2\pi i n x} dx$$

が得られる．右辺は $x = py$, $y + \frac{n}{2} = u$ とおくことによって，

$$\begin{aligned} 1 + 2[1]_2 &= p \sum_{n=-\infty}^{\infty} \int_0^1 e^{2\pi i (py^2 + npy)} dy \\ &= p \sum_{n=-\infty}^{\infty} e^{-\frac{\pi i p n^2}{2}} \int_{\frac{n}{2}}^{\frac{n+2}{2}} e^{2\pi i p u^2} du \end{aligned}$$

を得る．$n = 2k$ (偶数) のとき，$e^{-\frac{\pi i p n^2}{2}} = 1$，$n = 2k - 1$ (奇数) のとき，$e^{-\frac{\pi i p n^2}{2}} = (-i)^p$ だから，右辺を変形して，

$$1 + 2[1]_2 = p \sum_{k=-\infty}^{\infty} \left(\int_k^{k+1} e^{2\pi i p u^2} du + (-i)^p \int_{k-\frac{1}{2}}^{k+\frac{1}{2}} e^{2\pi i p u^2} du \right)$$

$$= p(1+(-i)^p)\int_{-\infty}^{\infty} e^{2\pi i p u^2} du$$
$$= \sqrt{p}(1+(-i)^p)\int_{-\infty}^{\infty} e^{2\pi i z^2} dz$$

が得られる．$\zeta_8 = \frac{1}{\sqrt{2}}(1+i)$ とおく．R を正の実数として，複素平面の中で 0 から R まで実軸上を行き，R から $R\zeta_8$ まで半径 R の円弧上を行き，$R\zeta_8$ から 0 まで直線上を行く扇形の経路を C と書く．$e^{2\pi i z^2}$ を C 上で複素積分すると，正則なので，値は 0 である．さらに $R \to \infty$ を取ると，円弧上の積分は 0 に収束

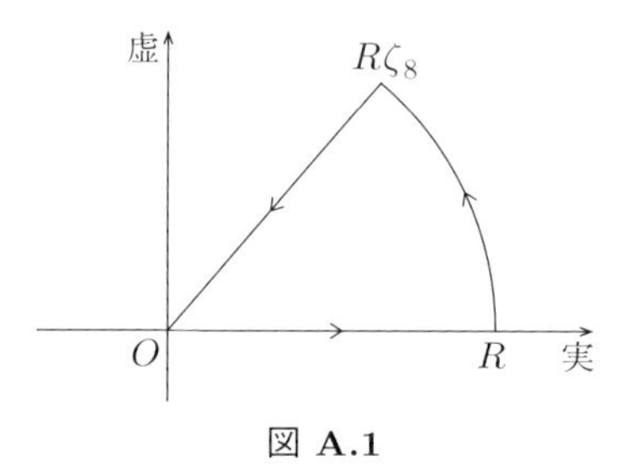

図 **A.1**

するので，$z = \zeta_8 x$ とおくと，

$$\int_0^{\infty} e^{2\pi i z^2} dz = \zeta_8 \int_0^{\infty} e^{-2\pi x^2} dx$$

を得る．よって，

$$\begin{aligned} 1+2[1]_2 &= \sqrt{p}(1+(-i)^p)\zeta_8 \int_{-\infty}^{\infty} e^{-2\pi x^2} dx \\ &= \sqrt{p}(1+(-i)^p)\frac{1+i}{2\sqrt{\pi}} \int_{-\infty}^{\infty} e^{-x^2} dx \\ &= \sqrt{p}(1+(-i)^p)\frac{1+i}{2} \end{aligned}$$

となる．(最後の積分はガウス積分 $\int_{-\infty}^{\infty} e^{-x^2} dx = \sqrt{\pi}$ である．ガウス周期をガウス積分を使って計算したことになる．)

よって，$p \equiv 1 \pmod 4$ のとき $1+2[1]_2 = \sqrt{p}$ となり，$p \equiv 3 \pmod 4$ のとき $1+2[1]_2 = i\sqrt{p}$ となる．したがって，

$$[1]_2 = \begin{cases} \frac{-1+\sqrt{p}}{2} & p \equiv 1 \pmod 4 \\ \frac{-1+i\sqrt{p}}{2} & p \equiv 3 \pmod 4 \end{cases}$$

が得られる.

A.3 定理 5.9.5 で b が ℓ で割り切れる場合

この節の目標は定理 5.9.5 (2) の証明を与えることであるが，大学学部レベルの代数学初歩 (環論初歩) の知識を仮定して，見通しよく示すことにする.

ℓ を b を割り切る奇素数であるとする．このとき，

$$p = a^2 + b^2 \equiv a^2 \pmod{\ell}$$

であるから，$\mathbb{F}_\ell$ 上では $\sqrt{p} = \pm a$ である (この節でも $\overline{a}$ のような記号は使わず，そのまま a と表すことにする)．したがって，環 $\mathbb{Z}\left[\frac{-1+\sqrt{p}}{2}\right]$ の ℓ を含む極大イデアルは，$(\ell, \sqrt{p}+a)$ と $(\ell, \sqrt{p}-a)$ のふたつである．$\zeta = e^{2\pi i/p}$ として，環 $\mathbb{Z}[\zeta]$ の ℓ と $\sqrt{p}+a$ を含む極大イデアル $\mathcal{L}$ をとり，$\mathbb{Z}[\zeta]/\mathcal{L}$ の中で考えることにする.

まず，$p \equiv 1 \pmod{8}$ の場合を証明する．§5.9 で述べた 2 次式 $\varphi_4(x)$ の判別式は $D = \frac{p-a\sqrt{p}}{2}$ であったことを思い出そう．$\mathbb{Z}[\zeta]/\mathcal{L}$ の中では，$\sqrt{p} = -a$ であるから，

$$D \bmod \mathcal{L} = \frac{a^2 - a(-a)}{2} = a^2$$

となる．$D \bmod \mathcal{L}$ が $\mathbb{F}_\ell$ の 0 でない 2 乗元なので，$\varphi_4(x) = 0$ は $\mathbb{F}_\ell$ の中にふたつの解を持つ．したがって，$[1]_4 \bmod \mathcal{L}$ と $[g^2]_4 \bmod \mathcal{L}$ は共に $\mathbb{F}_\ell$ に入り，しかも異なっている.

さて，ℓ 乗写像は標数 ℓ の体上で環準同型だから (あるいは本文の命題 5.9.1 により)，

$$[1]_4^\ell \equiv [\ell]_4 \pmod{\mathcal{L}}$$

である．また，$\mathbb{F}_\ell$ の元 α はすべて $\alpha^\ell = \alpha$ をみたす (フェルマの小定理) ので，$[1]_4 \bmod \mathcal{L}$ が $\mathbb{F}_\ell$ の元であることから，

$$[1]_4^\ell \equiv [1]_4 \pmod{\mathcal{L}}$$

である．よって，

$$[\ell]_4 \equiv [1]_4 \pmod{\mathcal{L}} \tag{A.1}$$

が得られる.

ℓ は p の平方剰余であると仮定したので，$[\ell]_4$ は $[1]_4$ か $[g^2]_4$ のどちらかに等しい．$[1]_4 \not\equiv [g^2]_4 \pmod{\mathcal{L}}$ であるから，上の合同式 (A.1) は等式 $[\ell]_4 = [1]_4$ を導く．よって，$\ell \in H_4$ であり，ℓ は p の 4 乗剰余である.

次に $p \equiv 5 \pmod 8$ の場合を考えよう．今度は

$$D = -\frac{p - a\sqrt{p}}{2} \equiv -a^2 \pmod{\mathcal{L}}$$

である．$\ell \equiv 1 \pmod 4$ のときは，$\sqrt{-1} \in \mathbb{F}_\ell$ なので，$D \bmod \mathcal{L}$ は $\mathbb{F}_\ell$ の 0 でない 2 乗元となり，$p \equiv 1 \pmod 8$ のときとまったく同じ議論が適用できて，ℓ は p の 4 乗剰余となる．

次に，$\ell \equiv 3 \pmod 4$ とすると，$\sqrt{-1} \notin \mathbb{F}_\ell$ だから，$D \bmod \mathcal{L}$ は $(\mathbb{F}_\ell^\times)^2$ に入らず，$\varphi_4(x) \bmod \mathcal{L}$ は $\mathbb{F}_\ell[x]$ の中で既約である．したがって，$\varphi_4(x) = 0$ の 2 解は ℓ 乗写像で移り合い ($\mathbb{F}_\ell(\sqrt{-1})/\mathbb{F}_\ell$ のガロア群はフロベニウス写像，つまり ℓ 乗写像で生成されているから)，

$$[1]_4^\ell \equiv [g^2]_4 \pmod{\mathcal{L}}$$

が得られる．よって，このときは

$$[\ell]_4 \equiv [g^2]_4 \pmod{\mathcal{L}}$$

であり，($[1]_4 \not\equiv [g^2]_4 \pmod{\mathcal{L}}$ に注意すると) $[\ell]_4 = [g^2]_4$ となる．したがって，$\ell \in g^2 H_4$ であり，ℓ は p の 4 乗剰余ではない．これで定理 5.9.5 (2) が証明された．

以上の証明を本文にあるような初等的な言葉に置き換えることは，煩雑だが難しくない．また，b が ℓ で割り切れないときも，上と同様の証明を与えることができる．極大イデアル $\mathcal{L}$ としては，この節のような条件をつける必要はなく，ℓ を含む任意の極大イデアルが取れる．このとき，$D \notin \mathcal{L}$ なので，上と同様に，ℓ が p の 4 乗剰余になることは，

$$[\ell]_4 \equiv [1]_4 \pmod{\mathcal{L}}$$

と同値であり，これは

$$[1]_4^\ell \equiv [1]_4 \pmod{\mathcal{L}}$$

と同値である．よって，これは $\varphi_4(x) = 0$ が $\mathbb{F}_\ell$ に解を持つことと同値となり，$D_\ell \bmod \ell$ が ($\mathbb{F}_\ell$ 上の 2 次式) $\varphi_4(x)$ の判別式であることに注意すれば，

$$\left(\frac{D_\ell}{\ell}\right) = 1$$

と同値である．以上により定理 5.9.5 (3) も得られる．

参考文献

[1] C. F. Gauss, 『*Disquisitiones Arithmeticae*』[数論研究](1801)

[2] C. F. Gauss, Theorematis fundamentalis in doctrina de residuis quadraticis demonstrationes et ampliationes novae, [平方剰余の理論における基本定理の新しい証明と拡張], (1818); Werke II, 47-64

[3] C. F. Gauss, Theoria residuorum biquadraticorum, Commentatio prima [4 次剰余の理論 第 1 部], Comment. Soc. regiae sci. Göttingen 6 (1828); Werke II, 65-92

[4] C. F. Gauss, Theoria residuorum biquadraticorum, Commentatio secunda [4 次剰余の理論 第 2 部], Comment. Soc. regiae sci. Göttingen 7 (1832), 93-148; Werke II, 93-148

[5] C. F. Gauss, Analysis residuorum [剰余の理論の解析], (1863); Werke II, 199-265.

[6] A. Weil, Two lectures on number theory, past and present [整数論に関するふたつの講義，過去と現在], Enseign. Math. XX (1974), 87-110

[7] アンドレ・ヴェイユ『数論 歴史からのアプローチ』(足立恒雄・三宅克哉訳) 日本評論社 (1987)

[1] は『ガウス整数論』(高瀬正仁訳，朝倉書店) として邦訳されている[15]．[2], [3], [4] も『ガウス数論論文集』(高瀬正仁訳，ちくま学芸文庫) 中に邦訳がある．[5] の邦訳はない．なお，ガウスの数学日記については，高瀬正仁『ガウスの≪数学日記≫』 日本評論社 (2013) があって，参照するのに便利である．

注

1)(p.7) ユークリッドは方べきの定理の証明に相似を使わないので，この作図は相似の理論なしで与えられている．ギリシア時代，通約不能数の発見によって，比の理論は深刻な危機に陥った．比の理論はエウドクソスの理論によって救われるのだが，ユークリッドは比例の理論を使わずに証明できるものは，使わずに証明するのである．

2)(p.77)$x^2+\bar{g}y^2=1$ をみたす $x,\,y\in\mathbb{F}_p^\times$ の数と $x^2+\bar{g}y^2=\bar{g}$ をみたす $x,\,y\in\mathbb{F}_p^\times$ の数が等しい (なぜなら，前者の式をみたす (x,y) に対して，$(\bar{g}y,x)$ は後者の式をみたし，この対応は $1:1$ であるから)．$c_1,\,c_g$ はそれぞれの数の $\frac{1}{4}$ だから，このことからも $c_1=c_g$ は出る．

3)(p.77) というのは，任意の正の整数 k に対して，σ_g を k 回行ったものを $(\sigma_g)^k$ と書くことにすると，それは $(\sigma_g)^k(\alpha)=\sum_{i=1}^{p-1}c_i\zeta^{ig^k}$ となるが，$(\sigma_g)^k(\alpha)=\alpha$ だから，命題 4.4.4 により両辺の ζ^{g^k} の係数を比べて $c_{g^k}=c_1$ が得られる．したがって，すべての i に対して $c_i=c_1$ であり，$\alpha=c_1\sum_{i=1}^{p-1}\zeta^i=-c_1$ となるからである．

4)(p.86) ガウスの第 7 証明の鍵は 2 次ガウス周期の基本定理を使うことである．したがって，ここで述べた証明はガウスの第 7 証明と本質的に同じである．わずかな違いは，周期は複素数だから，それをどう有限体上の話にするか，という代数的な部分だけに現れる．ここで述べた証明で使われていた「$\mathbb{F}_\ell$ 上で考えた $x^\ell-x=0$ の解はすべて $\mathbb{F}_\ell$ の元であって他にはない」(ガロア理論で同じことを述べると，「フロベニウス写像で不変なものは $\mathbb{F}_\ell$ の元のみである」) の代わりに，ガウスは (現代の言葉で説明すると) 有限体の拡大体の元のトレースにあたるものを使っている．また，ガウスが与えた証明もこの節で与えた証明と同じく，有限体の拡大体を多項式を使って表した証明なのだが，ガウスの証明では，多項式の未知数 x に ζ を代入するのだが，ここでは x に $[1]_2$ を代入する形に持って行ったところが，違いと言えば違いである (ガウスの第 7 証明の詳細については『数学セミナー』(2017 年 7 月号) の私の記事を参照)．

5)(p.87) なお有限体の拡大の理論はガロアによって独立に発見されて発表されている．ガロアはガウスの遺稿を読むことはなかったと思う．また，第 7 証明に近い証明もヤコビを始めとするいろいろな人達によって再発見されたようである．

6)(p.87) 現在最もよく知られている平方剰余相互法則の証明は，有限体上のガウス和を用いる方法だと思われる．この証明方法では，$\mathbb{F}_\ell$ の代数閉包の中の 1 の p 乗根を使うか，ある意味で同じことだが，ここで述べたように ℓ を含む $\mathbb{Z}[\zeta]$ の極大イデアル $\mathcal{L}$ を取って mod $\mathcal{L}$ する必要がある．ガウスの頃はもちろんこのようなものがないので，この部分をどう多項式の言葉に置き換え，いかに簡潔に性質を導くかに工夫があるのである．また，ガウスは完成されたものの足場は残さない証明を行う，と言われることがある．ガウスが第 7 証明を胸中に持って，第 6 証明を行ったことを考えると，この出版された論文の中の第 6 証明は，まさしく足場を残さない典型的な証明になっている．

7) (p.87) この文章はラテン語から直接訳したが，ドイツ語訳も読み，Lebewohl という言葉を見つけたとき，私はベートーヴェンのピアノソナタ第 26 番「告別 (Das Lebewohl)」を思い出さないわけにはいかなかった．ガウスのこの論文もベートーヴェンのソナタもどちらも 1810 年代の作品である．

8) (p.87) これは著者が (第 7 証明に関しては) 原典にあたっていないためであると思われる．

9) (p.162) ガウス和を使った相互法則の証明を，小野孝著「ガウスの和ポアンカレの和」では，「目がクルクルまわるようでしょう．数学に証明はたくさんありますが，これほど不思議な気持に襲われる証明はめったにないと思います」と述べられている (平方剰余相互法則の証明に対してそのように書かれている)．ここでは平方剰余相互法則よりはるかに難しい 4 乗剰余相互法則の証明を述べたが，上で述べてきたように原始的なアイディアから一歩一歩進んで行けば，少なくとも目がまわることはなかったのではないかと思う．

10) (p.164) もちろん，集合の間の同値関係を知っている読者は，同値関係を使って定義する方がよい．

11) (p.178) 方程式 $x^2 + y^2 + x^2y^2 = 1$ はレムニスケートから得られる三角関数の類似 (楕円関数) がみたす式である．

12) (p.183) 第 5 章で述べたように，ガウスは [3] ではガウス和との関係を調べる方向には向かわず，相互法則 (補充法則) の方向に向かっている．この部分はヴェイユが思い違えたか，筆が滑ったのであろう．

13) (p.186) 谷山は ℓ 進表現などモチーフ的なものに最も早い時期に着目した数学者であったことを述べておきたい．

14) (p.186) この楕円曲線については，ヴェイユの定理も適用可能で，保型形式と結びつくことがわかる．

15) (p.201) ガウスの本が日本語に訳されたことは大変すばらしいが，この本は arithmetica をすべてアリトメティカという片仮名に訳してあるために，とても読みにくい．「はじめに」の注 2) を参照．

索引

栗原　将人

くりはら・まさと

略歴

1961 年　神奈川県生まれ
1984 年　東京大学理学部数学科卒業
1992 年　東京都立大学助教授
2005 年　慶應義塾大学教授
　　　　現在に至る．博士(理学)
　　　　日本数学会代数学賞受賞 (2002 年)

著書

『数論 II 岩澤理論と保型形式』(共著，岩波書店)
『背理法』(共著，数学書房) など

数学書房選書 6

ガウスの数論世界をゆく

——正多角形の作図から相互法則・数論幾何へ

2017 年　5月30日　第 1 版第 1 刷発行
2024 年　1月20日　第 1 版第 4 刷発行

著者　栗原将人
発行者　横山 伸
発行　有限会社　数学書房
〒 101-0051　東京都千代田区神田神保町 1-32-2
TEL　03-5281-1777
FAX　03-5281-1778
mathmath@sugakushobo.co.jp
振込口座　00100-0-372475

印刷 製本　精文堂印刷株式会社
組版　野崎 洋
装幀　岩崎寿文

ISBN 978-4-903342-26-9

数学書房選書　桂 利行・栗原将人・堤 誉志雄・深谷賢治　編集

1. 力学と微分方程式　山本義隆◆著　A5判・pp.256

2. 背理法　桂・栗原・堤・深谷◆著　A5判・pp.144

3. 実験・発見・数学体験　小池正夫◆著　A5判・pp.240

4. 確率と乱数　杉田 洋◆著　A5判・pp.160

5. コンピュータ幾何　阿原一志◆著　A5判・pp.192

6. ガウスの数論世界をゆく
——正多角形の作図から相互法則・数論幾何へ——　栗原将人◆著　A5判・pp.224

7. 個数を数える　大島利雄◆著　A5判・pp.240

以下続刊

・複素数と四元数　橋本義武◆著

・微分方程式入門
——その解法——　大山陽介◆著

・フーリエ解析と拡散方程式　栄 伸一郎◆著

・多面体の幾何
——微分幾何と離散幾何の双方の視点から——　伊藤仁一◆著

・p進数入門
——もう一つの世界の広がり——　都築暢夫◆著

・ゼータ関数の値について　金子昌信◆著

・ユークリッドの互除法から見えてくる
現代代数学　木村俊一◆著

（企画続行中）